彩图 1 酱辣萝卜

彩图 2 糖醋萝卜

彩图 3 萝卜泡菜

彩图 4 酱胡萝卜

彩图 5 酱辣椒

彩图 6 酱茄子

彩图 7　酱黄瓜

彩图 8　泡大白菜

彩图 9　盐腌榨菜

彩图 10　雪里蕻泡菜

彩图 11　甜辣藠头

彩图 12　糖醋蒜

彩图 13　腌香椿

彩图 14　腌姜芽

彩图 15　甜酱洋姜

彩图 16　扬州宝塔菜

彩图 17　腌四季豆

彩图 18　酱豇豆

彩图 19　咸嫩青豆

彩图 20　泡冬笋

彩图 21　腌莴笋

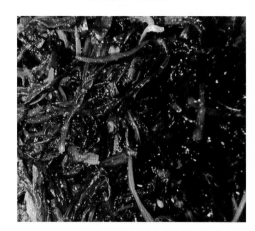

彩图 22　腌芹菜叶

彩图 23　糖醋藕片

彩图 24　咸辣海带

现代果蔬花卉深加工与应用丛书

果蔬花卉腌制
技术与应用

卜路霞　编著

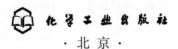

化学工业出版社

·北京·

本书对果蔬花卉的种类及化学成分、腌菜制品加工的基本原理、腌制加工对原辅材料的要求等进行了简单介绍，阐述了盐渍菜、酱渍菜、糖醋渍菜和泡酸菜腌制加工的基本工艺，并详细描述了80余种包括根菜类蔬菜、瓜果类蔬菜、白菜类蔬菜、香辛类蔬菜、薯芋类蔬菜、其他类蔬菜、果品与花卉的腌制实例。文前更给出多幅腌制成品高清彩图，直观形象，实用性强。

本书不仅可供果蔬花卉腌制加工企业、大中专院校和科研院所的专业技术人员阅读和参考，也可以为城乡广大家庭自制佐餐小菜提供技术参考。

图书在版编目（CIP）数据

果蔬花卉腌制技术与应用/卜路霞编著. —北京：化学
工业出版社，2018.5
（现代果蔬花卉深加工与应用丛书）
ISBN 978-7-122-31699-8

Ⅰ. ①果… Ⅱ. ①卜… Ⅲ. ①蔬菜加工-腌制②果品加
工-腌制③花卉-食品加工-腌制 Ⅳ. ①TS255.3

中国版本图书馆 CIP 数据核字（2018）第 045354 号

责任编辑：张　艳　刘　军　　　　　　文字编辑：孙凤英
责任校对：王　静　　　　　　　　　　装帧设计：王晓宇

出版发行：化学工业出版社（北京市东城区青年湖南街 13 号　邮政编码 100011）
印　　装：北京新华印刷有限公司
710mm×1000mm　1/16　印张 14¼　彩插 2　字数 264 千字
2018 年 6 月北京第 1 版第 1 次印刷

购书咨询：010-64518888（传真：010-64519686） 售后服务：010-64518899
网　　址：http://www.cip.com.cn
凡购买本书，如有缺损质量问题，本社销售中心负责调换。

定　　价：39.80 元　　　　　　　　　　　　版权所有　违者必究

前言 FOREWORD

　　腌菜酱菜，是一种古老的果蔬花卉加工和贮藏方法，在我国已有悠久的历史。劳动人民在长期的生产实践中积累了丰富的经验，同时创造出了许多具有民族特色和地方特征的酱腌菜制品，如四川榨菜、云南大头菜、北京六必居的酱菜等早已驰名中外，深受广大消费者欢迎。随着新产品、新工艺、新技术的不断出现以及人民物质生活水平的提高，腌制菜在人民的膳食结构中发生了新的变化，腌制果蔬花卉种类也更加丰富。

　　果蔬花卉腌制品能刺激人的味觉，增进食欲，帮助消化和促进人体健康。腌制品在调节农产品的淡旺季供应、丰富副食品、增值农产品、为劳动人民创收等方面占有相当重要的地位。腌制加工方法简单，成本低廉，风味独特，易于保存，合乎大众化原则，并逐步进入世界市场。一些高档的腌菜和调味菜，已成为寻常百姓餐桌上的佐餐佳品和方便食品。在对外经济贸易中，我国的腌菜制品畅销国外，在世界各地都享有很高的声誉。

　　本书介绍了盐渍菜类、酱渍菜类、糖醋渍菜类、泡酸菜类腌制加工的基础知识、基本理论和基本技术，按照蔬菜、果品和花卉的分类详细地介绍了各种制品加工的基本技术和加工实例。全书共分九章。第一章系统和科学地阐述了果蔬花卉的种类及化学成分、腌菜制品加工的基本原理、腌制加工对原辅材料的要求等内容。第二章介绍了盐渍菜、酱渍菜、糖醋渍菜和泡酸菜腌制加工的基本工艺。第三～八章详细介绍了根菜类、瓜果类、白菜类、香辛类、薯芋类以及其他类等蔬菜原料腌制加工的基本技术和实例。第九章介绍了部分果品和花卉腌制加工的基本技术和实例。本书技术内容翔实，语言通俗易懂，实用性强，为读者提供了较全面有价值的腌制加工资料。

　　本书不仅可以供果蔬花卉腌制加工企业、大中专院校和科研院所的专业技术人员阅读和参考，也可以为城乡广大家庭自制佐餐小菜提供技术参考。

　　本书在编写过程中得到天津商业大学李建颖教授指导，深表感谢。同时，在编写过程中还参考了许多文献资料，并于书后列出了参考文献资料，在此深表谢意！

　　由于编著者的水平及资料所限，书中难免有遗漏和不足之处，恳请广大读者、同仁及专家提出宝贵意见，在此表示感谢。

卜路霞

2018 年 3 月于天津农学院

目 录 CONTENTS

01 第一章
果蔬花卉产品腌制加工技术概述　　/ 001

第一节　果蔬花卉的种类及化学成分　/ 001
　一、果蔬花卉的分类　/ 001
　二、果蔬花卉的化学成分及品质　/ 002
第二节　果蔬花卉产品腌制加工的基本原理　/ 005
　一、食盐的渗透作用　/ 005
　二、微生物的发酵作用　/ 005
　三、蛋白质的分解作用　/ 006
　四、香辛料和调味料的防腐杀菌作用　/ 007
　五、影响腌制过程的主要因素　/ 007
第三节　果蔬花卉产品腌制加工对原辅材料的要求　/ 010
　一、腌制对原料的要求　/ 010
　二、腌制对调味料的要求　/ 010
　三、腌制对食品添加剂的要求　/ 012
　四、腌制对用水的要求　/ 013
第四节　果蔬花卉产品腌制加工场地及设备　/ 013
　一、腌制对场地的要求　/ 013
　二、腌制常用设备和器具　/ 013
第五节　果蔬花卉腌制品的检验和保存　/ 014
　一、腌制品的变质现象　/ 015
　二、腌制品的检验　/ 015

02 第二章
果蔬花卉原料选择及腌制加工工艺　　/ 017

第一节　盐渍菜类加工工艺　/ 017
　一、原料的选择和处理　/ 017

二、盐渍品的加盐腌制 / 019

三、盐渍过程中食品添加剂的加入 / 021

第二节 酱渍菜类加工工艺 / 021

一、原料的选择和处理 / 021

二、产品的盐渍过程 / 022

三、产品的酱渍处理 / 023

第三节 糖醋渍菜类加工工艺 / 025

一、原料的选择和处理 / 025

二、产品的盐渍过程 / 025

三、产品的糖醋渍处理 / 025

第四节 泡酸菜类加工工艺 / 026

一、原料的选择和处理 / 026

二、产品的发酵过程 / 029

三、加工品的保存方法 / 030

03 第三章
根菜类蔬菜的腌制加工技术与应用 / 031

第一节 根用芥菜的腌制技术与应用 / 031

一、根用芥菜的盐渍技术与应用 / 031

二、根用芥菜的酱渍技术与应用 / 035

三、根用芥菜的糖醋渍技术与应用 / 041

第二节 萝卜的腌制技术与应用 / 042

一、萝卜的盐渍技术与应用 / 042

二、萝卜的酱渍技术与应用 / 046

三、萝卜的糖醋渍技术与应用 / 052

四、萝卜的泡酸菜技术与应用 / 054

第三节 胡萝卜的腌制技术与应用 / 056

一、胡萝卜的盐渍技术与应用 / 056

二、胡萝卜的酱渍技术与应用 / 059

三、胡萝卜的糖醋渍技术与应用 / 062

四、胡萝卜的泡酸菜技术与应用 / 062

第四节 其他根菜类蔬菜的腌制技术与应用 / 063

一、芜菁的腌制技术与应用 / 063

二、根芹菜的腌制技术与应用 / 065

三、牛蒡的腌制技术与应用 / 065

四、根用甜菜的腌制技术与应用　　/ 066

五、辣根的腌制技术与应用　　/ 067

04 | 第四章
　　　 瓜果类蔬菜的腌制加工技术与应用　　　/ 068

第一节　辣椒的腌制技术与应用　/ 068

一、辣椒的盐渍技术与应用　/ 068

二、辣椒的酱渍技术与应用　/ 070

三、辣椒的糖醋渍技术与应用　/ 072

四、辣椒的泡酸菜技术与应用　/ 073

第二节　番茄的腌制技术与应用　/ 074

一、番茄的盐渍技术与应用　/ 074

二、番茄的酱渍技术与应用　/ 075

三、番茄的糖醋渍技术与应用　/ 076

第三节　茄子的腌制技术与应用　/ 076

一、茄子的盐渍技术与应用　/ 076

二、茄子的酱渍技术与应用　/ 078

三、茄子的泡酸菜技术与应用　/ 081

第四节　黄瓜的腌制技术与应用　/ 081

一、黄瓜的盐渍技术与应用　/ 081

二、黄瓜的酱渍技术与应用　/ 082

三、黄瓜的糖醋渍技术与应用　/ 085

四、黄瓜的泡酸菜技术与应用　/ 088

第五节　西葫芦的腌制技术与应用　/ 089

一、西葫芦的盐渍技术与应用　/ 089

二、西葫芦的酱渍技术与应用　/ 090

三、西葫芦的糖醋渍技术与应用　/ 091

四、西葫芦的泡酸菜技术与应用　/ 092

第六节　其他瓜果类蔬菜的腌制技术与应用　/ 092

一、甜瓜的腌制技术与应用　/ 092

二、冬瓜的腌制技术与应用　/ 094

三、西瓜的腌制技术与应用　/ 095

四、南瓜的腌制技术与应用　/ 097

五、苦瓜的腌制技术与应用　/ 098

六、丝瓜的腌制技术与应用　/ 099

七、瓠瓜的腌制技术与应用　　/ 099

05 第五章
白菜类蔬菜的腌制加工技术与应用　　/ 100

第一节　大白菜的腌制技术与应用　　/ 100

　　一、大白菜的盐渍技术与应用　　/ 100

　　二、大白菜的酱渍技术与应用　　/ 102

　　三、大白菜的糖醋渍技术与应用　　/ 104

　　四、大白菜的泡酸菜技术与应用　　/ 105

第二节　芥菜的腌制技术与应用　　/ 110

　　一、茎用芥菜（榨菜）的盐渍技术与应用　　/ 110

　　二、叶用芥菜（雪里蕻）的盐渍技术与应用　　/ 115

　　三、芥菜的酱渍技术与应用　　/ 119

　　四、芥菜的糖醋渍技术与应用　　/ 120

　　五、芥菜（雪里蕻、雪菜）的泡酸菜技术与应用　　/ 121

第三节　圆白菜（结球甘蓝）的腌制技术与应用　　/ 123

　　一、圆白菜的盐渍技术与应用　　/ 123

　　二、圆白菜的酱渍技术与应用　　/ 124

　　三、圆白菜的糖醋渍技术与应用　　/ 124

　　四、圆白菜的泡酸菜技术与应用　　/ 126

第四节　苤蓝（球茎甘蓝）的腌制技术与应用　　/ 127

　　一、苤蓝的盐渍技术与应用　　/ 127

　　二、苤蓝的酱渍技术与应用　　/ 129

　　三、苤蓝的糖醋渍技术与应用　　/ 133

　　四、苤蓝的泡酸菜技术与应用　　/ 134

第五节　其他白菜类蔬菜的腌制技术与应用　　/ 135

　　一、花椰菜的腌制技术与应用　　/ 135

　　二、白菜（青菜）的腌制技术与应用　　/ 136

　　三、菜心（菜薹）的腌制技术与应用　　/ 137

　　四、乌塌菜的腌制技术与应用　　/ 137

　　五、芥蓝的腌制技术与应用　　/ 138

06 第六章
香辛类蔬菜的腌制加工技术与应用　　/ 139

第一节　薤头（藠）的腌制技术与应用　　/ 139

一、藠头的盐渍技术与应用　/ 139

二、藠头的酱渍技术与应用　/ 140

三、藠头的糖醋渍技术与应用　/ 141

四、藠头的泡酸菜技术与应用　/ 142

第二节　大蒜的腌制技术与应用　/ 142

一、大蒜的盐渍技术与应用　/ 142

二、大蒜的酱渍技术与应用　/ 144

三、大蒜的糖醋渍技术与应用　/ 145

四、大蒜的泡酸菜技术与应用　/ 148

第三节　洋葱的腌制技术与应用　/ 148

一、洋葱的酱渍技术与应用　/ 148

二、洋葱的糖醋渍技术与应用　/ 149

三、洋葱的泡酸菜技术与应用　/ 149

第四节　其他香辛类蔬菜的腌制技术与应用　/ 150

一、葱的腌制技术与应用　/ 150

二、韭菜的腌制技术与应用　/ 150

三、芫荽的腌制技术与应用　/ 152

四、香椿的腌制技术与应用　/ 152

07 第七章
薯芋类蔬菜的腌制加工技术与应用　　/ 153

第一节　姜的腌制技术与应用　/ 153

一、姜的盐渍技术与应用　/ 153

二、姜的酱渍技术与应用　/ 154

三、姜的糖醋渍技术与应用　/ 158

四、姜的泡酸菜技术与应用　/ 160

第二节　洋姜（鬼子姜）的腌制技术与应用　/ 161

一、洋姜的盐渍技术与应用　/ 161

二、洋姜的酱渍技术与应用　/ 162

三、洋姜的糖醋渍技术与应用　/ 163

四、洋姜的泡酸菜技术与应用　/ 163

第三节　甘露子（草石蚕）的腌制技术与应用　/ 164

一、甘露子的盐渍技术与应用　/ 164

二、甘露子的酱渍技术与应用　/ 164

三、甘露子的糖醋渍技术与应用　/ 166

四、甘露子的泡酸菜技术与应用 　/ 167

第四节　其他薯芋类蔬菜的腌制技术与应用 　/ 167

一、土豆（马铃薯）的腌制技术与应用 　/ 167

二、甘薯的腌制技术与应用 　/ 169

三、芋头的腌制技术与应用 　/ 170

四、山药的腌制技术与应用 　/ 171

08 第八章
其他类蔬菜的腌制加工技术与应用 　/ 172

第一节　豆类蔬菜的腌制技术与应用 　/ 172

一、菜豆的腌制技术与应用 　/ 172

二、豇豆的腌制技术与应用 　/ 174

三、黄豆的腌制技术与应用 　/ 175

四、蚕豆的腌制技术与应用 　/ 176

五、扁豆的腌制技术与应用 　/ 177

六、刀豆的腌制技术与应用 　/ 177

第二节　多年生蔬菜的腌制技术与应用 　/ 178

一、竹笋的腌制技术与应用 　/ 178

二、芦笋的腌制技术与应用 　/ 180

三、蘘荷的腌制技术与应用 　/ 180

四、黄花菜的腌制技术与应用 　/ 181

第三节　绿叶菜类蔬菜的腌制技术与应用 　/ 182

一、莴笋的腌制技术与应用 　/ 182

二、芹菜的腌制技术与应用 　/ 186

第四节　水生类蔬菜的腌制技术与应用 　/ 188

一、藕的腌制技术与应用 　/ 188

二、茭白的腌制技术与应用 　/ 190

第五节　菌藻类蔬菜的腌制技术与应用 　/ 191

一、蘑菇的腌制技术与应用 　/ 191

二、海带的腌制技术与应用 　/ 192

三、石花菜的腌制技术与应用 　/ 193

第六节　其他类蔬菜的腌制技术与应用 　/ 193

一、蕨菜的腌制技术与应用 　/ 193

二、马齿苋的腌制技术与应用 　/ 194

三、黄瓜香的腌制技术与应用 　/ 195

09

第九章
果品与花卉的腌制加工技术与应用　　／196

第一节　果品的腌制技术与应用　／196

一、苹果的腌制技术与应用　／196

二、葡萄的腌制技术与应用　／197

三、山楂的腌制技术与应用　／198

四、青梅的腌制技术与应用　／199

五、芒果的腌制技术与应用　／200

六、梨子的腌制技术与应用　／201

七、佛手的腌制技术与应用　／202

八、桃子的腌制技术与应用　／203

九、杏子的腌制技术与应用　／203

十、柚子皮的腌制技术与应用　／205

十一、橘子皮的腌制技术与应用　／205

十二、杏仁的腌制技术与应用　／206

十三、核桃仁的腌制技术与应用　／207

第二节　花卉的腌制技术与应用　／208

一、凤仙花的腌制技术与应用　／208

二、鸡冠花的腌制技术与应用　／208

三、桔梗的腌制技术与应用　／209

四、槐花的腌制技术与应用　／210

五、菊花的腌制技术与应用　／210

附录　／211

Ⅰ　食品安全国家标准　酱腌菜（GB 2714—2015）　／211

Ⅱ　酱腌菜卫生标准的分析方法（GB/T 5009.54—2003）　／212

Ⅲ　波美度与盐水浓度、相对密度和加盐量的关系　／214

Ⅳ　泡菜盐水的种类和级别　／215

参考文献　／216

第一章 果蔬花卉产品腌制加工技术概述

我国是世界上果蔬花卉产品的生产大国，通过深加工来延长储藏期，调节地区余缺和季节余缺是十分重要的手段。近年来，随着人民生活水平的提高，生活节奏的加快，我国腌制菜加工产业发展十分迅速。据不完全统计，仅成都周边地区的泡菜生产企业就已经突破1000家；而传统蔬菜腌制加工在江浙一带也十分发达。目前我国泡菜已经出口到美国、加拿大和日本等多个国家和地区。腌制果蔬花卉产品具有很广阔的市场前景，对果蔬花卉进行深加工，既可以实现农产品就地加工增值，又可以解决城乡人民就业和致富问题，产生了良好的经济效益和社会效益。

第一节 果蔬花卉的种类及化学成分

一、果蔬花卉的分类

我国蔬菜、果树、花卉资源丰富、种类繁多、栽培面积大、产量高，其中适用于进行腌制加工的种类也很多。

1.蔬菜植物分类

供腌制加工的蔬菜，根据其加工特性和食用器官，主要可分为以下几类：根菜类蔬菜，包括萝卜、胡萝卜、根用芥菜、芜菁和根甜菜等，以其膨大的直根为食用部分；瓜果类蔬菜，包括瓜类和茄果类，瓜类蔬菜主要包括黄瓜、甜瓜、南瓜、冬瓜、丝瓜、苦瓜等，茄果类蔬菜主要有番茄、茄子和辣椒等；白菜类蔬菜，主要包括大白菜、甘蓝、芥菜、菜心和乌塌菜等；香辛类蔬菜，包括洋葱、大蒜、大葱、薤头和韭菜等含有挥发性芳香油，有辛辣味的蔬菜；薯芋类蔬菜，主要包括姜、草石蚕、菊芋和马铃薯等含有淀粉的蔬菜；豆类蔬菜，包括菜豆、豇豆、黄豆、豌豆和扁豆等；多年生蔬菜，包括竹笋、黄花菜和百合等；绿叶菜类蔬菜，包括菠菜、芹菜、茼蒿和莴笋等；水生类蔬菜，包括莲藕、茭白、慈姑、荸荠和菱等；菌藻类蔬菜，包括蘑菇、海带、黑木耳和裙带菜等；野生蔬菜，包括蒲公英、马齿苋、地肤和荠菜等。

2. 果实分类

我国果树栽培历史悠久，资源极为丰富。用于腌制加工的果实种类，根据园艺学的分类，可将果实分为以下几类：仁果类，果实是由果皮、果肉和五室子房构成的，主要有苹果、山楂等；核果类，这类果实是由外果皮、中果皮、内果皮和种子构成的，主要有杏、梅等；浆果类，这类果实的果肉呈浆状，故称为浆果，主要有葡萄等；柿枣类，这类果实包括枣、酸枣等；柑橘类，这类果实由外果皮、中果皮、内果皮和种子构成，主要品种有柑、橘、橙、柚、柠檬等；其他类，主要包括芒果、杨梅、橄榄等。

3. 花卉植物分类

花卉的种类繁多，反映在分类上也比较复杂，按照其植物学分类法，大约有 2 万～3 万种。主要的花卉有十字花科的紫罗兰、羽衣甘蓝等，蔷薇科的月季花、西府海棠、日本樱花等，另外还有豆科、菊科、茄科、葫芦科、百合科、葡萄科等花卉。花卉不仅具有观赏价值，而且许多花卉还具有食用价值，我国自古就有食用花卉的历史，食用花卉的分布广、种类多。在我国可供食用的花卉很多，目前常用的就有 50 多种。用于腌制的常见花卉有桔梗、凤仙花、鸡冠花、槐花等。

二、果蔬花卉的化学成分及品质

果蔬花卉是由许多的化学物质组成的，其中有些成分是一般食物中所缺少而为人体正常新陈代谢所必需的。在深加工的过程中，这些化学成分常常发生各种不同的变化，从而影响果蔬花卉加工产品的食用品质和营养价值。

1. 果蔬花卉的化学成分

根据化学物质在果蔬花卉品质形成中的作用，化学成分可分为风味物质、营养物质、色素物质和构成质地的物质等。

（1）风味物质

① 糖。原料中的含糖量对微生物的发酵和酸度的生成有极大的影响。糖是果蔬花卉中的主要甜味物质，主要包括葡萄糖、果糖和蔗糖，其次还有阿拉伯糖、甘露糖以及山梨糖醇、甘露糖醇等。蔗糖在弱酸或转化酶的作用下，能水解转化为果糖和葡萄糖，其水解产物称为转化糖。果蔬花卉甜味的浓淡与含糖总量有关，也与含糖种类有关，同时还受有机酸、鞣质（又称单宁）等物质的影响。

②　有机酸。果蔬花卉含有多种有机酸，主要有柠檬酸、苹果酸、酒石酸和草酸，在这些有机酸中，酒石酸的酸性最强，并有涩味。果蔬花卉酸味的强弱不仅同含酸量、缓冲效应及其他物质（特别是糖的存在）有关，更主要的是同其组织中的 pH 有关。pH 越低，含酸量越高，酸味越浓。酸味会随着温度的升高而增强。

③　多酚类物质。原料中的涩味成分主要是鞣质物质，即多酚类物质，以儿茶酚和无色花青素为主。鞣质在果实中普遍存在，在蔬菜中含量很少。鞣质具有收敛性的涩味，对果蔬花卉及其制品的风味起着重要的作用。在加工过程中，多酚类物质水解为氨基酸以后，会发生酶褐变与非酶褐变，影响果蔬花卉产品的品质。

④　含氮物质。原料中的含氮物质种类很多，其中主要的是蛋白质和氨基酸，此外，还有酰胺、铵盐、硝酸盐及亚硝酸盐等。含量一般在 0.6%～9% 之间，其中以豆类含量最多，叶菜类次之，根菜类和果菜类含量最低。原料中含氮物质的量虽少，但对加工也有重要的影响。新鲜原料中所含的蛋白质在加工过程中，在蛋白酶的作用下，可生成多种氨基酸，有的氨基酸本身还具有香气。因此，原料中含氮物质的多少决定着产品的外观色泽、香气和鲜美滋味。

⑤　芳香物质。果蔬花卉的香味由其本身含有的各种不同的芳香物质所决定。芳香物质是成分繁多而含量极微的油状挥发性混合物，其中包括醇、酯、酸、酮、醛、萜、烯等有机物质。果蔬花卉种类不同，所含芳香物质的种类也不同，而且在同一种果蔬花卉中，不同部位的芳香物质含量也不相同。果蔬花卉中所含有的芳香物质，不仅构成果蔬花卉产品的香气，而且能刺激食欲，因而有助于人体对其他营养成分的吸收。

（2）营养物质

①　维生素。果蔬花卉所含的维生素，是人体所需各种维生素的基本来源。其中以维生素 A 原（胡萝卜素）、维生素 C（抗坏血酸）为最重要。维生素 C 接触氧气很容易被氧化破坏，在酸性环境中比较稳定。其他维生素如维生素 B_1 与胡萝卜素的含量，在腌制过程中均变化不大。维生素 B_1 在酸性条件下稳定，耐热，在碱性条件下易受到破坏。果蔬花卉中含有的胡萝卜素，在动物的肠壁和肝脏中能转化为维生素 A。维生素 A 不溶于水，碱性条件下稳定。

②　矿物质。矿物质是原料中具有特殊食用意义的化学成分，一般含量（以灰分计）在 0.2%～3.4% 之间。其中根菜类 0.6%～1.1%，茎菜类 0.3%～2.8%，叶菜类 0.5%～2.3%，果菜类 0.3%～1.7%。果蔬花卉中含有钙、磷、铁、硫、镁、钾、碘等多种矿物质，其对加工制品的品质有重要的影响。

③　淀粉。淀粉是一种多糖，是 α-葡萄糖聚合物。淀粉是糖原，未成熟的果实含淀粉较多，在后熟时，淀粉转化为单糖和二糖，甜味逐渐增加。淀粉含量多

的果蔬花卉，如马铃薯、莲藕等可作为提取淀粉、制取葡萄糖和酿酒的主要原料。

（3）色素物质

① 叶绿素。叶绿素是使原料呈现绿色的色素，从绿色植物中提取叶绿素，可作为食品用着色剂。叶绿素不溶于水，易溶于乙醇、乙醚等有机溶剂中，叶绿素不耐光、不耐热。在发酵性盐渍、糖渍及醋渍过程中，由于乳酸和其他有机酸的作用，叶绿素会因脱镁而失去原有鲜绿的颜色。

② 类胡萝卜素。类胡萝卜素是一大类的脂溶性黄橙色素，主要由胡萝卜素、番茄红素及叶黄素组成。类胡萝卜素对热、酸、碱等都具有稳定性。在碱性介质中比在酸性介质中稳定。

③ 花青素。花青素通常以花青苷的形式存在于果蔬花卉的组织细胞液中，是形成红紫等颜色的主要色素。花青素是水溶性色素，在加工时会大量流失，其对温度和光都敏感，并能与金属离子反应生成盐类。花青素普遍存在于果蔬花卉中，是维生素 P 的组成部分。

（4）构成质地的物质

① 水分。一般新鲜果品含水量 70％～90％，新鲜蔬菜含水量在 75％～95％。原料中水分含量，与制品品质有密切关系。例如，从多年的生产实践证明榨菜含水量若在 70％～74％这个范围内，榨菜的鲜、香均能较好地表现出来。由于含水的多少与氨基酸的转化密切相关，如果榨菜含水量 80％以上，可溶性氮相对减少，氨基酸呈亲水性，向着羧基方向转化，则产品香气较差；反之含水量在 75％以下，保留的可溶性含氮物相对增加，氨基酸呈疏水性，在水解中生成甲基、乙基及苯环等芳香物质较多，产品香味较浓。

② 纤维素和半纤维素。纤维素和半纤维素这两种成分在原料中普遍存在，是构成细胞壁的主要成分，起着支持植物骨架的作用。其中纤维素含量为 0.3％～2.3％，特别是在皮层和机械组织、输导组织的细胞壁中含量更多。而这些组织又多数分布在植物的叶、茎及根菜的营养器官中。当原料老熟之后，纤维素中即产生木质和角质，成为坚硬而粗糙的物质，使其食用品质下降，这种原料不宜用作加工的原料。

③ 果胶。果胶物质以原果胶、果胶和果胶酸三种形式存在于果蔬花卉组织中。原果胶是一种含有甲氧基的多缩半乳糖醛酸的缩合物，它存在于原料细胞壁的中胶层里，并与纤维素结合在一起，具有黏结细胞和保持组织硬脆性能的作用。如果原果胶受到酶（如原果胶酶、果胶酶等）的作用而水解为水溶性果胶，或者水溶性果胶进一步水解为果胶酸和甲醇等产物时，就会丧失其黏结作用，使原料组织的硬脆度下降，甚至变为软烂状态，严重影响腌制品的质量。

2. 果蔬花卉的品质鉴定

果蔬花卉品质是指果蔬花卉满足某种使用价值全部有利特征的总和，主要是指食用时果蔬花卉外观、风味和营养价值的优越程度。果蔬花卉品质可归为两大类：感官特性和生化特性。感官特性又分为外观品质、质地品质和风味品质。外观指产品大小、形状、色泽、表面特征、鲜嫩程度、整齐度、成熟一致性、有无斑痕和损伤等。质地品质是指果蔬花卉坚实度、硬度、软度、脆性、多汁性、粉性、粗细度和韧性等。风味品质是指果蔬花卉入口后给予口腔的触、温、味和嗅的综合感觉。此外，还有辛、辣、鲜、涩和芳香味等。生化特性是指以营养为主的果蔬花卉内在属性，是果蔬花卉体内的生化物质的营养功能综合形成的果蔬花卉内在品质特性。

第二节　果蔬花卉产品腌制加工的基本原理

果蔬花卉在腌制过程中的生物化学变化作用复杂而缓慢，其原理主要是利用食盐的高渗透压作用、微生物的发酵作用、蛋白质的分解作用，在抑制了有害微生物活动的同时，增加了腌制菜的色、香、味。

一、食盐的渗透作用

高浓度的食盐溶液具有很高的渗透压，在腌制过程中，植物细胞液和原生质层形成半渗透膜，与细胞外的食盐溶液构成了一个渗透系统，并发生了渗透作用。由于食盐溶液的渗透压大于原料细胞液的渗透压，细胞液的水分就向外渗透，细胞中液体体积变小，从而降低了细胞液对原生质层和细胞壁的压力，原生质和细胞壁也就跟着缩小，使细胞体积逐渐变小。但由于原生质比细胞壁的收缩性大，当细胞壁停止收缩后，原生质仍能随着细胞液的水分外流而继续收缩，最后使原生质与细胞壁完全分开，并出现较大的空隙，即所谓"质壁分离"现象，从而使微生物活动受到抑制，甚至会由于生理干燥而死亡。

二、微生物的发酵作用

微生物发酵在原料腌制过程中起着十分重要的作用，它不仅对腌菜制品风味有影响，而且也能抑制有害微生物的活动，从而有利于产品的储存。腌制过程中微生物的发酵作用多种多样，但主要的发酵作用是乳酸发酵作用、酒精发酵作用和醋酸发酵作用。

1. 乳酸发酵

乳酸发酵作用是乳酸菌所进行的将葡萄糖、乳糖等单糖或二糖转化为乳酸的发酵类型。任何腌菜制品在腌制过程中都存在着此发酵作用，只不过有强弱之分。根据乳酸菌发酵产生乳酸的情况，可将乳酸发酵分为两类：正型乳酸发酵和异型乳酸发酵。

正型乳酸发酵的微生物通常在45℃左右或较高温度下生长。腌菜制品中常见的正型乳酸菌有德氏乳酸菌、植物乳杆菌和乳酸链球菌等。这些微生物所进行的正型乳酸发酵是植物原料腌制过程中的主要形式。异型乳酸发酵一般在腌制早期发生，随着乳酸的积累，则异型乳酸菌的活动受到抑制。添加食盐量达10%浓度以上也能抑制异型乳酸发酵发生。

2. 酒精发酵

由微生物所进行的将糖类转化为乙醇的发酵作用，称为酒精发酵作用。进行酒精发酵作用的微生物主要是酵母菌，也有少量其他微生物的参与。

酵母菌是一类真核微生物，种类繁多，有近圆形的单细胞的，也有菌丝状细胞的。植物原料腌制中的酵母菌主要是单细胞的。酵母菌生长的最适温度为25～30℃。

自然界中，酵母菌主要分布在含糖较多的偏酸性环境中，如果实、蔬菜、花蜜、五谷、草、叶及果园土壤中。植物原料腌制中的酵母菌可以由原料采摘后本身表面带来、腌制用具吸附或从腌制过程中自然落入而来。腌制中常见的酵母有啤酒酵母、产醭酵母及鲁化酵母等。

3. 醋酸发酵

在正常腌制中，会有轻微的醋酸发酵作用。所谓醋酸发酵是指醋酸细菌在通气条件下将乙醇等转化为醋酸的发酵作用。

醋酸菌是一些革兰氏阴性、需氧、能运动的杆菌。这些细菌对醇类进行不完全的氧化，导致酸类最终产物的积累。用乙醇作为基质时，产生醋酸。另外这些细菌对酸性环境有较高的耐受力，大多数菌株能在pH5下生长，但现在知道，醋酸细菌实质上是区分为葡萄糖细菌属和醋酸细菌属的。腌制中常见的醋酸菌有膜醋菌、黑醋菌、红醋菌和醋酸菌等。

三、蛋白质的分解作用

供腌制用的果蔬花卉原料除含糖分外，还含有一定量的蛋白质和氨基酸。各种原料所含蛋白质及氨基酸的总量和种类是各不相同的，在腌制和后熟过程中，其中所含的蛋白质在微生物的作用和原料自身所含的蛋白质水解酶的作用下，逐渐被分解为氨基酸，氨基酸本身具有一定的鲜味和甜味。这一变化在腌制过程和后熟期中是十分重要的生物化学变化，也是腌制品产生一定的色泽、香气和风味的主要来源，但其变化是缓慢而复杂的。

1. 鲜味的形成

原料中的蛋白质在蛋白酶作用下生成各种氨基酸，都具有一定的鲜味，如成熟榨菜氨基酸含量，按干物质计算为 $18\sim19$mg/g，而在腌制前只有 12mg/g 左右，提高 60% 以上。

在腌制品中鲜味的主要来源是谷氨酸与食盐作用生成的谷氨酸钠（即味精）。此外，微量的乳酸及具甜味的甘氨酸、丙氨酸和丝氨酸等，对鲜味的丰富也是大有帮助的。

2. 香气的形成

蛋白质水解生成氨基丙酸，具有一定的香气。原料中的有机酸或氨基酸与发酵中的酒精产生酯化反应，能生成乳酸乙酯、醋酸乙酯和氨基丙酸乙酯，形成不同的芳香。在腌制过程中，乳酸菌类将糖生成乳酸的同时，还生成具有芳香性的双乙酰。有的蔬菜组织中含有黑芥子苷，其水解后产生芥子油和糖，形成一种具芳香气味的物质。

3. 色泽的形成

蛋白质水解所生成的酪氨酸，在微生物或原料组织中所含的酪氨酸酶的作用下，经过一系列的氧化作用，最后生成一种深黄褐色或黑褐色的黑色素，使加工品呈深黄褐色或黑褐色（即酶褐变）。氨基酸与还原糖作用也可生成黑色物质（即非酶褐变）。一般来说，腌制品装坛后的后熟时间愈长，温度愈高，则黑色素的形成愈多愈快。

四、香辛料和调味料的防腐杀菌作用

一些香辛料和调味品，如大蒜、生姜、葱和醋等，由于具有独特的滋味和气味，在果蔬花卉加工中起着重要的作用，它除赋予果蔬花卉制品独特的风味外，还可以抑制和矫正果蔬花卉制品的不良气味，促进消化吸收，还具有抗菌防腐功能。如大蒜具有特殊的蒜辣气味，含有多种维生素及矿物质等营养物质，有帮助消化、增进食欲、消毒杀菌的作用。

五、影响腌制过程的主要因素

1. 原料

果蔬花卉原料中含有水、矿物质、维生素、糖、有机酸和多酚类物质等多种成分，因此原料化学成分是影响腌制过程的主要因素。不同化学成分，在腌制加工过程中的变化和要求也不同。举例如下。

（1）水分　相同食盐浓度的腌制品，若原料中含水量不一，耐保存情况也不一。如榨菜含食盐为12%时，含水量在75%以下的较耐保存；而含水量在80%以上的则风味平淡，易酸化不耐保存。

（2）糖　在一定限度内，含糖量与发酵作用成正相关，1g糖通过乳酸发酵可生成1g乳酸，1g糖通过酒精发酵可以生成0.51g酒精。对于含糖量较少的原料品种，可采取适当加糖的方法调整其含糖量。如泡菜要求积累的乳酸量为0.4%～0.8%，从理论上计算，原辅材料中只需要1%的糖就足够了，但由于还会产生酒精发酵、调味等的要求，就需要加入稍多一点的糖，如新泡菜的腌制一般要加入3%的糖。

（3）维生素　在腌制过程中，由于原料组织死亡，维生素C接触氧气很容易被氧化破坏，而含量降低。另外，维生素C的破坏与腌制时间有关，腌制时间越长，维生素C损失也就越大。然而，维生素C在酸性环境中比较稳定。如果腌制过程中加盐量较少，生成乳酸较多时，维生素C损失就比较少。如果腌制品保存不好，制品露出盐液表面或多次冻结和解冻也会加速维生素C的破坏。

2. 辅料

（1）食盐　食盐是制作腌菜制品的基本辅助原料。食盐用量是否合适，是能否按要求腌制成各种风味腌制品的关键。食盐用量过多，不仅较多地破坏了原料的营养成分，而且会使制品味苦，还能使其他辅料改变味道；食盐用量过少，腌制品容易发霉、发酸、腐烂，不但影响制品的质量，而且降低了保藏性。

在腌制时，盐水浓度一般在5%～15%范围内，有时可低到2%～3%，视需要的发酵程度而异。盐分在7%以上时，一般有害细菌就不能生长了，在10%以上就不易"生花"了。不过盐分达到10%以上时，乳酸菌的活动就大为减弱，减少了酸的生成。因此，若需要高度乳酸发酵，就应该用低浓度盐分。一些仅依靠食盐来保藏的腌制品，如盐渍菜，食盐浓度在15%左右，但最多不能超过20%。

（2）酱　酱系指以黄豆及面粉为原料经发酵酿造而成的红褐色稠状含盐调味品。它是酱菜生产中不可缺少的主要原辅材料。用于制作酱菜的酱类主要有甜面酱、黄酱和豆瓣酱等。制作甜面酱的主要原料为面粉，制作黄酱的主要原料为黄豆和面粉，而豆瓣酱的主要原料是黄豆。因各地区消费习惯的不同，在制作酱菜时选择酱的种类也各不相同。酱菜的质量、色、香、味的形成与制酱技术密切相关，酱的质量好坏会直接影响酱菜质量的优劣，因此，能否制出优质的酱，是保证酱菜质量的先决条件。

3. 环境

（1）温度条件　腌制咸菜温度不宜过高，一般不能超过 20℃。温度高时，能促进腐败菌的生殖，引起咸菜腐烂变质、变味。冬季要进行保温，一般保持 2~3℃为宜，温度过低，咸菜受冻，也会变质变味。

（2）酸度（pH）条件　腌制环境中的酸度对微生物的活动有极大的影响。这是因为每一种微生物生长繁殖所能适应的 pH，都有一定的范围。如果环境的 pH 过低或过高，则微生物细胞中的很多组分被破坏，微生物便受到抑制或死亡。同时，不同种类的微生物对 pH 的适应性各不相同。另外，酸度对原料的蛋白质酶类及果胶酶的活性也有影响。

（3）空气条件　咸菜类要存放于阴凉通风处。在腌制初期必须揭掉腌器的盖，以利于散热，防止腐烂变质。特别注意要将腌器放在通风良好的地方，但要防止太阳直接照射到菜上，致使温度升高。

（4）卫生条件　腌菜制品一般是直接入口的副食品，因此，卫生条件好坏，直接影响着人体健康。所以，注意腌制原料和器具的卫生处理是十分重要的。

原料本身常常带有对人体有害的微生物以及有毒的化学农药。腌制前一定要把原料清洗干净，除去污泥、细菌和农药，并且摘掉黄帮烂叶，削去虫蚀斑痕。有些原料在洗净之后进行晾晒，一方面可以蒸发水分，缩小原料体积，便于腌制；另一方面可以通过阳光的直接照射，利用紫外线杀死附着在原料表面的有害微生物。晒菜的时间可根据腌制的要求和原料的种类具体而定。

4. 人工操作

（1）倒缸　倒缸是腌制过程中很重要的工序。倒缸就是将腌器里的制品上下翻倒。这样可使原料不断散热，受盐均匀，并可保护原有的颜色。原料采收后仍进行着生命活动，即呼吸作用。其呼吸作用的快慢、强弱，与品种、成熟时期、组织结构等有着密切的关系。因此，腌制时，必须及时倒缸，尽快散去原料的呼吸热量，从而避免腐烂并保持鲜菜本色。

（2）晾晒　有些品种如榨菜、梅干菜在腌制前先要进行晾晒，去除部分水分，防止在盐腌时菜体的营养成分过多地流失，影响制品品质。

（3）烫漂　烫漂处理，可以驱逐原料内的空气，使菜体显出鲜艳的颜色，并可使影响产品品质的氧化酶失活，也可以杀死原料表面的虫卵和无芽孢微生物。特别是对于花卉腌制的原料，进行烫漂、水漂等前期的处理是必不可少的，因为有些花卉中含有一些对人体不利的酶，只有通过加热烫漂才可安全食用。

（4）蒸煮　蒸煮处理，可以改变原料组织细胞的通透性，便于料液的渗入，从而缩短腌制时间，提高腌菜制品的品质。特别是对于组织细胞致密的根茎类原料，常采用多次蒸煮和多次浸卤的方法进行腌制。

综上所述，影响腌制过程的因子很多，必须巧妙地控制各因素，促进优变，防止劣变。在腌制过程中，只有合理制订加工方法，兼顾各个方面的影响因素，而不是单一地去考虑某个方面，这样才能生产出品质优良、风味美好的产品。

第三节　果蔬花卉产品腌制加工对原辅材料的要求

一、腌制对原料的要求

由于果蔬花卉制品的种类不同，对原料的要求也不同，但是，无论何种制品，均要求原料新鲜、质优、无腐烂及冷（冻）害等现象。果蔬花卉加工对原料的要求有：合适的种类和品种、适当的成熟度以及新鲜而完好的状态。正确选择适合于加工的原料种类品种是制品品质优良的首要条件。果蔬的成熟即指果蔬完成了细胞、组织或器官的发育之后进行的一系列营养积累和生化变化，表现出特有的风味、香气、质地和色彩的过程，是表示原料品质与加工适性的重要指标之一。要求果蔬原料新鲜、完整和饱满还因为果蔬本身是活体，采后仍在进行一系列的代谢活动，营养物质会消耗，不良物质会积累，破坏了原料本身的营养和风味品质。因此，果蔬加工要求从采收到加工的时间尽量缩短，如需放置或长途运输则应有一系列的保藏措施，在包装、运输过程中应尽量避免伤害果蔬组织。

二、腌制对调味料的要求

果蔬花卉腌制品的各种鲜香风味，除植物原料自身含有外，还须依赖于各种调味品和香辛料，以增加滋味。

1. 食盐

食盐是腌制品的主要辅料，它不仅赋予制品一定的咸味，而且还具有防腐保藏作用。食盐的品质可以影响制品的品质，盐渍用食盐要求，质纯而少杂质，NaCl含量应在97%以上，颜色洁白，无可见的外来杂物，无苦涩味，无异味。

2. 酱油

酱油为我国传统调味品，以黄豆、豆饼、面粉、麸皮为主要原料酿制而成。按发酵类型可以分天然酿造和保温发酵两种，天然酿造酱油色泽红褐、酱香味浓、滋味鲜美，最适于酱菜使用。酱油感官质量要求红褐色或棕褐色，鲜而有光泽，不发乌；酱香味和醇香味浓，无其他不良气味；咸甜适口，味鲜美而醇厚，无苦涩、酸、霉等异味；体态澄清，浓度适当，无沉淀，无霉衣浮膜。

3. 甜面酱

甜面酱是我国民间传统的调味料，以小麦为主要原料，经制曲、发酵酿制而成，分干、稀两种。干甜面酱是烹调与佐餐的调料，稀甜面酱是制作酱菜的主要辅料，滋味鲜甜。

4. 豆酱

豆酱又称豆瓣酱。豆酱应为红褐色或棕褐色，鲜艳有光泽；有酱香和酯香味，无其他不良气味；咸淡适口，味鲜而醇厚，无焦苦和酸味及其他异味。

5. 食糖

食糖的主要成分为蔗糖，能赋予制品甜味。食糖包括绵白糖、白砂糖和红糖等，其中以白砂糖质量较佳，含糖量达 99％以上，色泽洁白，颗粒晶莹，杂质、还原糖及水分含量低，所以腌制加工甜味小菜时，最好选用白砂糖作为调味料。

6. 食醋

食醋是具有芳香的酸性调味料。著名的山西老陈醋、镇江米醋、保宁麸醋以及其他用传统工艺酿制的食醋，都适于用作酱腌菜和糖醋渍菜的调味料。要求食醋呈琥珀色或红棕色；具有食醋特有的香气，无其他不良气味；酸味柔和，稍有甜味，不涩，无异味；体态澄清，浓度适当，无悬浮物和沉淀物，无霉花或浮膜等杂质。

7. 味精

味精是谷氨酸钠的商品名称，使用味精可增强产品的鲜味。味精在酸性介质中易生成不溶性的谷氨酸，从而降低鲜味，故一般泡酸菜类中不用，主要用于酱菜中。

8. 酒类

腌制用的调味酒包括白酒和黄酒。酒的主要成分是酒精和水。制作小菜时，加入适量的白酒或黄酒，不仅可以产生特殊的香味，而且具有杀菌防腐的作用。

9. 香辛料

中国是应用香料植物最早的国家之一。香料除含有浓郁的芳香气味，还具有一定的防腐抑菌功能，食用香料植物中起到抑菌防腐作用的活性物质是精油。因此，香辛料是加工腌制菜的重要调味品。用于腌制的香辛料种类很多，有些蔬菜如洋姜、大蒜、辣椒、生姜、芫荽、香芹等，本身就有香料的作用。专供香辛料应用的也都是植物组织的某一部分干燥而成的。常用的香辛料主要有花椒、桂皮、八角茴香、小茴香、胡椒和丁香等。

三、腌制对食品添加剂的要求

食品添加剂的主要作用是能够改善和提高加工制品的色泽、风味等感官质量，减少或避免加工制品的不良变化，加强和提高制品的保藏性。果蔬花卉腌制品所用的食品添加剂可以分为甜味剂、酸味剂、鲜味剂、着色剂和防腐剂。

1. 甜味剂

甜味剂是以较小的剂量即可赋予加工品较高甜度的物质。食品添加剂中甜味剂种类繁多，在果蔬花卉腌制加工中常用的有糖精钠、甜蜜素和蛋白糖等。

（1）糖精钠　糖精是一种人工合成的无营养价值的甜味剂，为无色晶体，熔点228℃，难溶于水。糖精的钠盐易溶于水，称为水溶性糖精或糖精钠。糖精钠甜味相当于蔗糖的500~700倍，糖精溶液加热煮沸后，会逐渐分解生成磺酸氨苯甲酸，从而产生苦味。因此要准确掌握其用量，用量过多会产生苦味。我国规定，食品中用量不能超过0.15mg/g。

（2）甜蜜素　甜蜜素为白色针状或片状结晶，或结晶性粉末。无臭，溶于水，对光、热和空气稳定。甜蜜素的甜度高，具有蔗糖风味又兼有蜜香，甜度是蔗糖的30~50倍，是一种无营养型的合成甜味剂。

（3）蛋白糖　蛋白糖又称"阿斯巴甜"，是从蛋白质中提炼出来的高甜味调料，其甜味与砂糖极为相似，甜度约为砂糖的200倍。具有低热量，对血糖值无影响，不会造成蛀齿，对苦味有表层覆盖效果等特点。目前在100多个国家的5000余种食品中使用，其味道与安全性广受认可。

2. 酸味剂

酸味剂是以赋予食品酸味或降低酸度（pH）为目的的食品添加剂。酸味剂有多种，而果蔬花卉腌制加工中常用的酸味剂主要是调配醋、柠檬酸、苹果酸和乳酸等。

3. 鲜味剂

鲜味剂也称为风味增效剂，可以增强制品的风味，或产生鲜味。腌菜加工中常用的鲜味剂有味精、虾油和鱼露等。

4. 着色剂

果蔬花卉腌制品多数不用着色，但干制酱菜常使用着色料以增加色泽，同时改善酱菜的外观和风味。着色料主要有酱色、酱油、食醋和姜黄等。酱油、食醋及红糖等在增加制品风味的同时，也能改善制品的色泽。

5. 防腐剂

防腐剂是指能防止由微生物引起的腐败变质，延长食品保藏期的食品添加剂。果蔬花卉腌制品在储存时，有些制品常使用少量的防腐剂，以杀灭和抑制酵母菌、霉菌和细菌的生长。但是，直接用于保藏食品或直接与食品接触的防腐剂必须符合食品添加剂卫生标准，要求对人体绝对安全。果蔬花卉腌制品常用的防腐剂有苯甲酸钠、山梨酸钾和脱氢醋酸钠等。

四、腌制对用水的要求

腌制加工需要大量用水，诸如原料和容器的洗涤，设备的清洗，原料的烫煮、冷却和漂洗，配制灌液（盐水、糖浆等），杀菌消毒后的冷却，地面的冲洗及生活用水等，都离不开水。首先，腌菜制品加工的一切用水的水质都必须符合国家饮用水卫生标准，保证澄清透明，无悬浮物质，无臭、无色、无味，静置无沉淀，不含重金属盐类，更不允许任何致病菌及耐热性细菌的存在。其次，水的硬度对成品菜的质量也有很大影响。凡不符合加工要求的天然水，均须经过净化和软化处理，以达到使用要求。

第四节　果蔬花卉产品腌制加工场地及设备

制作与生产腌菜制品的单位，无论是大、中、小型专业加工厂，还是个体专业户都必须选择适当的场所，配备适宜的加工设施与器具，这对提高产品质量、增加产量、延长保存时间等都具有重要的作用。

一、腌制对场地的要求

加工场地的位置与其他食品企业场地设置一样，本着既方便生产的顺利进行，又便于实施生产过程的卫生质量控制这一原则进行厂区的规划和布局。不能与农药厂、化工厂、垃圾场、污水坑等有污染源的场地相毗邻。应选择地势较平坦、排水便利、交通运输方便、环境和卫生条件良好的地方，并有充足的水源和良好的水质的场地建厂。

二、腌制常用设备和器具

1. 腌制常用设备

（1）水泵　水泵是腌制加工中普遍使用的设备，主要用于输送盐水、废水和循环盐卤等。水泵的种类很多，有离心式、轴流式、水轮式等。在腌制加工中，一般多采用离心式水泵。这种水泵是由泵壳、叶轮、泵轴、轴承等部分组成的，具有容易搬动、容易维修、使用方便的特点。

（2）去皮机　常用去皮机有旋皮机、擦皮机。旋皮机用电机带动一个旋转的轴，轴上由离合器带动3～6个制动头，每个头上装有卡子或钉。去皮时，把苹果、梨等大型仁果类插在钉上，使之顺时针旋转，右手握刀，刀口紧贴果皮，一经转动，既薄又匀的条形果皮即自动削下。削完后，在果顶和果洼还残留少量的皮，可辅以人工去净。

擦皮机的槽内轴上装有粗糙的磨或硬尼龙刷，随着主轴的转动，物料落在其上，因离心力作用使擦下的皮渣随水冲走，使原料表面光滑。

（3）切菜机　腌菜制品和改制菜制品的形状是多种多样的。切菜机可以替代手工操作，大大降低劳动强度，提高劳动生产效率。目前各地使用的切菜机形式较多，有一次成型的，也有二次成型的。可以把菜切成丝状、条状、片状和块状，还可切成菱形块、梅花块、蜈蚣条等不同的形状。主要机型有离心式切菜机、转盘式加剁刀切菜机、大头菜开片机和圆盘式切菜机等。

（4）压榨机　压榨机是酱腌菜生产中用来脱盐、脱水的主要设备。目前生产中应用的压榨机有杠杆式木制压榨机、螺旋式压榨机和水压式压榨机等。

（5）电磨　电磨可分为立式和卧式两种，主要用于酱腌菜的磨碎加工。

（6）包装设备　酱腌菜制品除可采用筐、坛、塑料桶和塑料袋大包装外，目前市场上的瓶装和复合薄膜袋小包装，已成为时尚消费品。因此，需根据制品包装的要求配备相应的包装设备，以提高产品的包装质量。

（7）杀菌设备　对于一些用玻璃瓶或复合薄膜包装袋进行密封包装的制成品，可采取相应的杀菌技术措施，抑制和杀灭有害微生物，使制品得以长期保存，不致败坏。

2. 腌制常用容器

腌制常用容器有腌菜池、陶质缸、泡菜坛、木桶或塑料桶等，根据腌菜的用量和规模，选择不同的容器进行酱腌菜的加工。另外，由于腌菜制品均含有较高的食盐或酸度，容易腐蚀容器，并会导致有害物质的析出，所以对腌制加工用容器的材料，应该进行严格的选择。

3. 腌制常用工具

腌制常用工具有刀具、木案板、缸盖（罩）、箅盖、酱菜袋等。其中，刀具是手工切制酱腌菜必备的工具，主要有不锈钢菜刀、刨刀、尖刀和剪刀等。另外，用于腌菜的工具还有石头、晒席、手推车、箩筐、水管、齿耙、瓢和盆等器具。

第五节　果蔬花卉腌制品的检验和保存

腌制加工，除了要求能提高产量，改进品质以外，还应该长期保存，延长制品的货架寿命，提高其商品价值。然而，在腌制加工或储存运输过程中，制品的质量也可能发生劣变。为避免或减少腌制品败坏的发生，应该了解腌制品败坏的原因，并针对败坏的原因采取适当的防止措施，以便达到长期保藏的目的。

一、腌制品的变质现象

各种腌菜制品都含有丰富的营养物质，虽然食盐、乳酸等具有防腐作用，但在环境条件的影响下，仍然会不断地发生各种变化，使腌制品逐渐变质或败坏。腌菜制品的败坏一般表现为外观不良、变色、发黏、变质、变味、长霉、软化等。引起这些变化的原因很多，基本上可以归纳为物理、化学和生物三个方面的因素。

1. 物理因素

造成腌菜制品败坏的物理因素，主要是光照和温度。在加工或储藏期间如果经常受日光照射，会造成原料和成品中的营养成分的分解，引起变色、变味和抗坏血酸的损失。强光还能引起温度的升高，温度也会引起腌制品品质的变化，温度过高或过低对腌制品的加工与保存都是不利的。高温不仅可以促进各种生物化学变化、水分蒸发、增加挥发性风味物质的损失、使制品变质变味和质量、体积的改变，还有利于微生物的生长繁殖，以致发酵过快或造成腐败，这些都会增加对腌制品的危害。而过度的低温如形成冰冻的温度，也可使制品的质地发生变化。

2. 化学因素

腌制加工中，各种化学变化如氧化、还原、分解、化合等都可以使腌菜制品发生不同程度的败坏。如在加工和保存期间，长时间暴露在空气中与氧接触，或与铁质容器和用具接触，都会发生或促进氧化变色，使制品变黑。一些绿叶菜类的腌制品，在酸性条件下的失绿，以及酶促褐变、非酶促褐变等化学变化，都会引起腌菜的变色。温度过高引起蛋白质分解生成 H_2S 等生物化学变化，都会使制品发生变质、变色的败坏现象。

3. 生物因素

有害微生物的活动是引起酱腌菜制品败坏变质的主要原因。在腌菜的加工或保存当中，如果出现有害微生物的活动，引起发酵和腐败，就会降低制品的品质，乃至失去食用价值。

二、腌制品的检验

腌制产品质量标准，包括了产品质量的感官指标、理化指标和卫生指标的具体项目，并在这些项目中规定了该种产品应达到的质量水平。

1. 感官检验

（1）感官检验的内容　感官检验是指凭借人体自身的感觉器官，对产品的质量状况做出客观的评价。也就是通过用眼睛看、用鼻子嗅、用耳朵听、用口品尝和用手触摸等方式，对产品的色、香、味和外观形态进行综合性的鉴别和评价。产品的感官检验通过人的味觉、嗅觉、视觉、触觉进行鉴定，以语言、文字作定性评价描述。由于感官鉴定时多凭经验进行评定，因此感官检验室和检验人员必须达到一定的要求。

（2）腌制品感官指标　腌制品的感官检查项目包括色泽、气味、滋味是否正常，有无异物，有无霉变、腐败变质等情况。腌制成品一般按色、香、味、形四个方面来鉴别其质量。

"色"要求色泽鲜艳、光亮、透明。盐渍类，一般呈碧绿色或黄白色。酱渍类，一般呈红褐色、棕红色或金黄色。泡渍类，一般呈乳白色。不论哪类制品，里外颜色要一致，都应保持固有的颜色。

"香"要求腌制、酱制、泡制的产品，要有较浓的酱香、醋香气，咸中有味，淡中有香，要保持原料固有的香味。

"味"要求味道鲜美纯正，酸、甜、咸、辣适度，表皮和内部滋味一致，无异味，质地脆嫩，体现风味和特点。盐渍类，不苦不涩；酱渍类，滋味鲜美醇厚；糖醋渍类，酸甜嫩脆。

"形"要求外形整齐美观，条块大小均匀，不连不碎，无杂质，无异物。加工制作卫生，盛装容器干净。

不符合上述要求的属于次品。

2. 理化检验

理化指标是指对产品的有效成分、化学性质和物理性质做出的质量规定。理化指标中规定了表示严重危害人体健康的指标和间接反映产品卫生质量可能发生变化的指标，以及表示商品规格质量的指标。如：某些重金属含量、水分含量、还原糖和酸含量等，均应根据产品的性质做出合理的规定。理化指标的检验必须具备一定的试剂和仪器，通过科学的检验方法进行评定。

3. 微生物检验

微生物指标是指应加以控制或限制严重危害人体健康和产品可能被污染或被污染程度，并可能对人体健康有一定威胁的含菌种类和数量的规定。如致病菌、大肠杆菌和菌落总数等，应做出严格限量的规定。微生物指标也必须通过科学严密的检验方法进行检验鉴定。

第二章 果蔬花卉原料选择及腌制加工工艺

02 Chapter

腌制菜是以新鲜蔬菜、果品、花卉为原料，采用不同腌制工艺制作而成的蔬菜腌制加工品，是我国加工最普遍，产量最多的一种蔬菜加工制品，具有悠久的历史。我国资源丰富、人口众多，各地风俗习惯差异较大，在长期的生产实践中，我国劳动人民创造和积累了多种多样、各具特色的腌制加工品及其制作方法，根据腌制工艺的不同可以分为盐渍菜、酱渍菜、糖醋渍菜、泡酸菜。

第一节 盐渍菜类加工工艺

盐渍菜又称腌菜或咸菜，将新鲜原料，经盐腌或盐渍加工而成，主要是利用食盐和其他调味品腌制而成的湿态、半干态和干态的加工制品，如咸芥菜头、咸雪里蕻、咸萝卜干和梅干菜等。产品鲜香嫩脆，是产量很大的一种腌制品。

盐渍菜是利用高浓度食盐和各种调料进行盐腌、保存，并改善风味的加工制品，属酱腌菜类制品的一种，也是制作酱菜和其他杂腌菜的半成品原料。盐渍菜的盐渍过程，利用高浓度食盐溶液的高渗透压力，一是抑制有害微生物的生长，使之能长期保存；二是渗出菜内一部分水分，除去菜内某些苦味和辛辣味，并赋予其咸味。我国南北各地盐渍菜制品品种繁多，其腌制原理基本一致。

一、原料的选择和处理

原料选择首先应针对原料的品种、成熟度、形态和新鲜度等选择加工原料；其次，要尽量及时加工，不能堆放太久，否则会因呼吸作用产生的热不能及时排出，给微生物生长带来有利条件，使原料在加工前就腐烂变质。

1. 原料选择

蔬菜的种类繁多，其中多种蔬菜都可以作为腌菜的原料，由于蔬菜品质与成品质量有密切的关系，所以制作腌菜时，一般选用肉质肥厚紧密、固形物含量高、质地脆嫩、粗纤维少、加工适性良好的蔬菜种类，如根菜类、茎菜类和果菜类等。另外，还要根据各类菜的生物学特点选择适当的品种。如茎用芥菜（榨菜）品种中的三转子、蔺市草腰子，其粗纤维少，突起钝圆，凹沟浅，产品形态美观，是制作榨菜的优良品种。此外，蔬菜的成熟度应为七八成熟而且新鲜。

选择果实和花卉原料时，由于新鲜原料带有很强的季节性，要充分注意食用部位的成熟度和新鲜度，做到适时采收及时加工。过生过熟的果实都不能生产出优质的产品。采收偏早，果实生硬，可后熟几日再行加工；采收偏晚，果实过熟，肉质疏松，不宜腌制。有的花卉品种原料成熟或开花期只有短短一周时间，所以要注意季节性。此外，选择食用部位质地脆嫩、粗纤维少、有良好加工适性的品种进行盐渍也是很重要的，这样不仅产品口感好，而且成品率高。

2. 原料的处理

（1）整理　根据各类蔬菜的特点进行削根、去皮、摘除老叶、黄叶或叶丛（如大蒜的叶丛）等不可食用的部分，剔除有病虫害、机械伤口、畸形及腐烂变质等不合格原料。

（2）洗涤　原料在田间生长及采收、运输过程中，其表面会附着尘埃、泥土和大量微生物。因此，在加工前必须用清水进行洗涤，以保证产品清洁。洗涤用水应符合饮用水标准。

（3）去皮　有些原料的表皮比较坚硬和粗糙，如茎蓝、莴笋等其外皮含有纤维素和角质，不仅不能食用，而且还会影响腌制速度和制品质量。为了便于加工和提高制品品质，在腌制之前需要削去外皮。去皮的方法一般多采用手工，也可利用机械去皮。

（4）切分　为了保证产品具有良好的风味和美观的外形，需将原料切制成丝、条、块、片等各种形状。一方面，可使细胞中的可溶性物质外渗，促进食盐的溶解，同时使腌制液中的各种有效成分迅速进入到原料细胞中去，缩短生产周期。另一方面，在腌制过程中，同一品种的原料大小、厚薄相差悬殊，就会出现小的、薄的腌好了，而大的、厚的还没有腌透的现象，如果由于原料形态的不一，而延长腌制时间，小的、薄的原料就会过熟，从而影响成品的质量。

（5）晾晒　根据制品工艺的要求，有些原料在腌制前要进行晾晒，脱除一部分水分，使菜体萎蔫、柔软，在腌制处理时不致折断，食盐用量也可相对减少，又可防止盐腌时菜体内营养物质的流失。

（6）加盐腌制　盐渍品的加盐腌制就是利用食盐高渗透压力的能力，对原料的品质起到固定和保鲜作用，使腌制品质地脆嫩、具有良好的盐渍品风味。

（7）倒缸（池）　倒缸（池）就是使腌制品在腌制容器中上下翻动，或者使盐水在池中上下循环。倒缸是蔬菜在腌制过程中必不可少的工序。

（8）封缸（池）盐渍时间因原料的种类和用途不同而异，一般需 30 天左右即可成熟。如果暂时不食用或加工，则可进行封缸（池）保存，封缸和封池略有不同。

封缸就是将腌好的咸菜或半成品咸菜坯，如同倒缸一样，一缸一缸地倒入空缸中，而后把缸压紧，菜面距缸口需留 10～13cm 的空隙，盖上竹篦盖，压上石块，然后把原有的盐水经加热、冷却、澄清后，再灌进缸内。

封池就是当用菜池腌制时，可将菜坯一层层踩紧，最上面盖上竹篦或竹席，而后压上石块、木檩或其他重物，用泵灌入经过澄清的原有盐水，并使盐水淹没过席面 10cm 左右，进行封池保存。

（9）检查　无论是封缸或封池，都要经常检查保持盐水浓度达到 20°Bé 以上，并要防止脱卤或生水浸入而引起的败坏。同时，应密切注视菜卤 pH 的变化，如果 pH 上升，就预示着菜坯有腐坏的可能，要及时加以处理。

二、盐渍品的加盐腌制

利用食盐对原料进行盐渍的腌制方法，主要有干腌法、湿腌法、晒腌法和烫漂盐渍法四种，根据不同的原料类型要采用不同的盐渍方法。

1. 干腌法

新鲜原料直接用食盐而不加水腌制成咸坯的方法，即干腌。这种方法适用于含水量较多的原料，如萝卜、雪里蕻、鸡冠花等。干腌法主要有加压干腌法和不加压干腌法两种。

（1）加压干腌法　这种盐腌方法的具体操作是将鲜菜洗净后，把菜与食盐按一定的配比拌匀，按照"层菜层盐，下少上多"的原则，即腌菜时，铺一层菜，撒一层盐，层层如此拌匀，直到装满容器。用盐时，容器下部少于容器上部的用盐比例，菜顶层再撒一层封缸（池）盐，最上面加盖木排，再压上石头或其他重物即可。这种腌制方法利用了重石的压力和盐的渗透作用，使菜体部分水分外渗，将食盐溶解形成盐卤，逐步淹没菜体，使之充分吸收盐分。由于这种方法在腌制过程中只加食盐不加水，可使菜坯保存在蔬菜的原汁盐卤中，所腌制的成品可保持浓厚的蔬菜原有鲜味，而且省工。

（2）不加压干腌法　这种腌制方法与加压干腌法的区别在于腌菜时不用重物进行压菜。这种腌制方法由于加盐次数不同，又有双腌法和三腌法之别，即分为两次加盐和三次加盐。例如对水分含量较高的黄瓜腌制时可先用少量食盐腌 1～3 天，待蔬菜渗出大部分水分后将菜坯捞出，沥去苦卤，也可以说是先卤一次，再第二次或第三次添加食盐进行腌制。这种腌制方法的特点是能使制成的咸菜坯基本上保持舒展、饱满、鲜嫩的外观与质地。对于这些原料，如果一次加入高浓度的食盐，则会造成组织中的水分骤然大量流失，从而导致菜体严重皱缩。

2. 湿腌法

湿腌法就是在加盐的同时，添加适量的清水或盐水。这种方法适用于含水量较少、个体较大的原料，如蔬菜类的芥菜、苤蓝等。湿腌法可以分为浮腌法和泡腌法。

(1) 浮腌法　即将新鲜原料放在一定浓度盐水中腌制成咸坯的方法，这种方法多用于我国北方的老腌咸菜。将食盐与清水按一定比例配成盐卤倒入缸（池）中，加入洗净的鲜菜，使菜漂浮在盐液中，并定时倒缸，经长时间太阳照射，待水分蒸发、菜卤浓缩，年复一年的盐卤逐渐变为红色，便形成了一种老腌咸菜。如果使用咸菜老汤腌制咸菜，其香味浓郁、口感清脆，品质尤佳。

(2) 泡腌法　将新鲜蔬菜放在一定浓度盐水中浸泡，定时将咸卤放出，补盐至最初浓度，再淋浇在菜面上。反复如此，直到咸坯达到要求的含盐量为止。先将预处理好的原料放入池内，加入预先溶解好的食盐水，1～2天后，菜体水分渗出，使盐水浓度降低，用泵抽出盐卤水，在原卤水中添加食盐，使卤水再调至原来的浓度，再将调制后的卤水淋入池中，如此反复循环7～15天，将菜坯浸没于盐卤中进行腌制。这种腌制方法适用于肉质致密、质地坚实、干物质含量高、含水量少的原料（如芥菜头等）的大规模生产。

3. 晒腌法

晒腌法是一种腌、晒结合的方法，即单腌法盐腌，晾晒脱水成咸坯。盐腌是为了减少菜坯中的水分，提高食盐的浓度，以利于装坛储藏。进行晾晒，目的是去除原料中的一部分水分，防止在盐腌时菜体的营养成分过多地流失，影响制品品质。有些品种如榨菜、梅干菜，在腌制前先要进行晾晒，去除部分水分，而有些品种如萝卜头、萝卜干等半干性制品，则要先腌后晒。

4. 烫漂盐渍法

新鲜的蔬菜、花卉先经100℃沸水漂烫2～4min，捞出后用常温水浸凉，再经盐腌而成盐渍品或咸坯。烫漂处理，可以驱逐原料内的空气，使菜体显出鲜艳的颜色，并可使影响产品品质的氧化酶失活，特别是对于花卉腌制的原料，进行烫漂、水漂等前期的处理是必不可少的。将新鲜花卉原料置于沸水中浸烫2～4min，取出后浸泡在冷水中，每天换一次水，漂洗3～5天后方可食用。这样不仅可以使花卉中对人体不利的有害酶失活，也可以杀死花卉表面的虫卵和无芽孢微生物。

三、盐渍过程中食品添加剂的加入

盐渍菜加工过程中，经常有意加入和使用少量化学合成物或天然物质，以达到增强产品感官性状，防止产品腐败变质的目的，最常使用的是防腐剂、甜味剂和色素等。这些添加剂不是原料的天然成分，多数是没有营养价值的，甚至有些是微毒的，因此，必须严格控制添加剂的用量，多用只会有害而无益。在盐渍加工中必须按照国家食品添加剂使用卫生标准严格掌握其用量。

第二节 酱渍菜类加工工艺

酱渍菜类的加工，一般是以咸菜坯为原料，经过脱盐处理后，将盐腌的菜坯浸渍于甜酱、豆酱（咸酱）或酱油中，使酱料中的色香味物质扩散到菜坯内，这是菜坯和酱料渗透平衡的过程。酱菜的质量决定于酱料好坏，优质的酱料酱香突出，鲜味浓，无异味，色泽红褐，黏稠适度。酱渍菜类制品由于调味料的不同，又可分为酱渍菜和酱油渍菜两种类型。

酱渍菜是把新鲜的原料，经盐渍成咸坯后，再用甜面酱、黄酱和豆瓣酱等酱渍而成的小菜，俗称为酱菜。此外，也有把原料直接浸入酱内进行酱制的。为改善酱制品的风味，还可以在酱料中适当添加一些调味料，如酱黄瓜、酱莴笋、酱姜等。

酱油渍菜制品是将经盐腌的咸菜坯，脱盐后，用以酱油为主的调味品和香辛料等多种辅料浸渍而成的。它不仅有别具风格的鲜味和芳香气味，而且以酱油代替各种酱类，可以节省制酱的设备与场地，同时简化工艺技术，缩短制作周期，所以近年来在各地普遍推广。如北京辣菜、榨菜萝卜、面条萝卜等。

一、原料的选择和处理

1. 原料选择

酱渍菜制品，要求外形美观、大小均匀，色泽鲜艳，风味鲜、香、脆、嫩。因此对各种原料的品种、规格、质量，有一定要求。传统名特酱渍菜的制作，素以选料考究而被称道。一般情况下凡肉质肥厚，质地嫩脆，粗纤维少，色、香、味好，形状大小适当，无病虫、无腐烂的各种果蔬花卉原料均可加工酱渍菜。

2. 原料的处理

（1）原料的分级 为了便于按同一工艺条件进行加工，制得品质一致的产品，原料在加工前应进行分级。分级前必须选优去劣，剔除霉烂、病虫害、畸形、机械伤严重、过老过嫩、品种不一及变色等不合格原料，并去除杂质。选别工作主要是通过人的感官拣选，可以在固定的工作台或传送带上进行。合格的原料，按大小、品质分级，达到每批原料品质基本一致，再视不同情况分别进行加工处理，一般多采用手工分级。

（2）原料的洗涤　原料的洗涤难度较大。一是量大，加工时间集中；二是原料品种繁多，规格形状各异；三是根菜类及块茎类蔬菜（如萝卜、芥菜等）携带泥沙较多，有些甚至被粪肥、农药等污染。在加工前将原料洗涤干净，对于减少附着于原料表面的微生物，保证产品卫生，具有十分重要的意义。

喷施过农药的原料，更应注意清除药害。一般需用 0.5%～1.0% 盐酸溶液或 0.05%～0.1% 高锰酸钾浸泡数分钟，再洗净药剂，也可起到杀菌的作用。根菜类及块茎类原料，生长在土中，黏附泥土多，表面粗糙有凹眼，须经浸泡、刷洗或高压水冲，才能洗净。浸泡还能促使虫体爬出。洗涤用水应符合饮用水标准，洗涤要保持水的清洁，防止不清洁水循环使用，增加污染。

（3）原料的去皮　有些原料的表皮比较坚硬和粗糙，如苤蓝、莴笋等其外皮含有纤维素和角质，不仅不能食用，而且还会影响腌制速度和制品质量。为了便于加工和提高制品品质，在酱制之前都需要削去外皮、粗筋、须根和黑斑烂点。

（4）原料的切分　酱渍菜中的很多品种，都需将原料切制成丝、条、块、片等各种形状，目的是使细胞中的可溶性物质迅速外渗，以使发酵作用迅速进行，而且酱料中的色香味物质会扩散到组织细胞中，缩短生产周期，还可使制品美观。

切分的方法目前已多采用切菜机代替手工操作，它不仅效率大大提高，而且菜形美观，整齐划一。切菜机的类型大体上可分两类，一类为单功能切菜机，如：大头菜开片机、苤蓝头擦丝机、橘形切菜机等；另一类为多功能切菜机，这类机器可将菜坯切成丁、丝、块、条、片等形状，如常见的离心切菜机，可根据需要调换刀具，一机多用。

二、产品的盐渍过程

原料准备就绪后即可进行盐渍处理。盐渍的方法分干腌和湿腌两种。干腌法就是用占原料鲜重 14%～16% 的干盐直接与原料拌和，或与原料分层撒盐于缸内或大池内。此法适合于含水量较大的原料，如萝卜、莴苣及菜瓜等。湿腌法则用 25% 的食盐溶液浸泡原料，盐液的用量约与原料质量相等，适合于含水量较少的原料，如大头菜、苤蓝、薤头及大蒜头等。盐腌处理的期限随原料种类不同而异，一般为 7～20 天。

盐渍的目的主要包括：利用高浓度食盐的高渗透压力的作用，致死细胞，改善细胞膜的渗透性，利于将来酱渍时，酱液能更好更快地渗透到组织细胞内部；由于食盐的渗透作用，原料含有的部分苦涩物质、黏性物质均可以排出；由于发酵作用仍然可以缓慢地进行，故可以进一步改善原料的风味，增进原料的透明度；盐渍时原料大量脱水，因而使原料体积缩小，组织变得紧密有韧性和脆性，在随后的加工工序中便于操作而不致破损或折断；盐渍时由于食盐大量反渗入细胞内，细胞内的水分大量外溢，细胞内的含水量相对减少，因而酱渍时不致因原料水分过多而过分冲淡酱的浓度；盐渍时由于食盐浓度较大，可以在一定的时期内保存原料不致败坏，当然，原料如需要长期保存时，食盐浓度还应该适当增加，含盐量至少应达到15％。

无论进行酱渍或糖醋渍，原料必须先用盐腌，只有少数原料如草食蚕、嫩姜及嫩辣椒可以先不用盐腌而直接进行酱渍。

三、产品的酱渍处理

酱渍处理是酱菜加工的最后一道工序，也是非常关键的一道工序。所谓酱渍就是把腌好的菜坯，放入酱内进行浸渍，靠稀甜酱（黄酱）的置换渗透作用，使酱汁的鲜香气味逐步渗入菜坯，制成美味的酱菜。盐渍处理后的菜坯食盐含量很高，必须用清水浸泡进行脱盐、脱水处理后才能进行酱渍。

1. 脱盐

脱盐又称为拔淡。经盐渍后的咸菜坯（半成品），一般含盐量较高，有的高达18％～20％。含盐量很高的菜坯不易吸收酱汁，而且带有苦味。为了使菜坯能很好地吸收酱或酱油的风味，在酱制前应脱除菜坯内过高的盐分和苦卤，以降低咸菜坯细胞液的浓度，使之与酱汁之间形成较大的浓度差。咸菜坯细胞液与酱汁之间的浓度差越大，在加工中渗透速度也就越快，也就是说酱菜的成熟期就越短。

脱盐的方法要根据菜坯品种的不同及含盐量的多少而定。通常是先将咸菜坯置于清水中浸泡，加水量与菜坯的比例为1∶1，水要没过菜坯。最好将菜坯用流动的清水浸泡，脱盐效果更好。浸泡时间不仅要根据咸菜的含盐量大小来决定，还要根据季节的不同加以掌握，一般要浸泡1～3天。夏季半天到一天即可，冬天则需要2～3天。脱盐处理并不要求把菜坯中的食盐全部脱除干净，而是脱去绝大部分的食盐而保留小部分的食盐，用口尝尚能感到少许咸味而又不太显著时，即为脱盐适合的标准。含盐量大约在10％以下为宜。

2. 脱水

将浸泡后的菜采用沥干和压榨的方法使水分脱出，以便酱渍。

脱水的方法可根据菜坯品种的不同而加以选择。经过压榨后比较容易还原的菜坯，如芥菜丝和萝卜丝，可采用机械压榨脱水的方法。而有些菜坯经压榨后很难还原，如黄瓜、萝卜等，这些品种不宜采用机械压榨的方法。为保持其制品外形整齐美观，可装在竹箩中，箩与箩重叠码放，也可以装入布袋中，用袋重叠压，每压5～6h进行一次上下箩（袋）的置换，调整压力，靠自身的质量压干多余的水分。最有效的脱水方法是离心脱水，将脱盐的菜坯装入小纱布袋中，置于离心机中离心脱水，几分钟的时间即可，这种方法的脱水效果比压榨机的脱水效果更好，脱水的程度可以通过离心时间的长短来调节，榨菜均可用此方法脱水。

3. 酱渍

酱渍是影响酱菜质量的关键工序。咸菜坯经过脱盐脱水后，放入酱或酱油中浸渍，由于料液的浓度较高，而咸菜坯的细胞膜已成为全透性膜，失去了对物质的选择作用，料液中各种美味成分大量地向菜坯的细胞内渗入，其结果不仅使菜坯细胞恢复了膨压，菜体外形如初，而且形成了各种酱菜不同的风味。酱渍的方法可分为酱渍和酱油渍两种。

（1）酱渍法

① 直接酱制法。即将脱盐、脱水后的菜坯直接浸没在豆酱或甜面酱中进行酱制的方法。一般体型较大或韧性较强的菜坯品种，多采用此法进行酱制。如酱萝卜、酱黄瓜和酱芥菜等。菜坯与酱的比例为1∶(0.7～1)。酱制过程中，每天必须打耙2～3次。打耙时将酱耙在酱缸中上下搅动，使缸内的菜坯随着酱耙的搅动不断更换位置，直至缸内最上层的酱色，由深褐色变成浅褐色时，即为打耙一次。打耙可以使菜坯吸酱均匀，色、香、味表里一致。

② 袋酱法。把经脱盐、脱水的菜坯装入布袋中，然后再用酱淹没覆盖布袋进行酱制。这种方法适用于体型较小、质地脆嫩、容易折断损伤或经切分成片、块、条、丝等形状的菜坯。这类菜坯若用直接酱制法，会因菜坯个体小，与酱混合后难以取出。袋酱法所用的布袋最好选用粗纱布或棉布缝制，其大小一般以每袋装菜坯2.5～3.0kg为宜。酱的用量一般与菜坯的质量相等。

酱渍过程中，在菜坯吸附酱色和酱味的同时，菜坯中的水分也会逐渐渗出，使酱的浓度不断降低。为了获得品质更为优良的酱菜，可以采用连续三次更换新酱的酱渍方法。具体做法是：第一次在第一个酱缸内酱渍一周，酱料浓度降低后，取出菜坯转入第二个酱缸中，用新鲜的酱再酱渍一周，随后取出菜坯转入第三个装有新酱料的缸内，继续酱渍一周，即可成熟。已成熟的酱菜可以在第三个酱缸内长期保存。为了节约用酱，除第一个酱缸内的酱在重复使用2～3次后不宜再用，需要更换以外，第二个酱缸内的酱使用2～3次后，可改作下一批的第一次酱渍用酱，第三个酱缸内的酱使用2～3次后，可改作下一批的第二次酱渍用酱，而下一批的第三个酱缸则需另配新酱。如此循环更新使用，既可保证酱菜的优良品质始终保持在同一水平上，又可节约用酱，降低生产成本。

（2）酱油渍法　将经过切分、脱盐、脱水处理的咸菜坯放入经调味的酱油料液中，菜坯吸附酱油料液的色泽和风味，即制成酱油渍制品。用不同配方配制的调味料液浸渍咸菜坯，则可制成各具特色的酱油渍小菜。酱油渍制品的浸渍时间长短，应根据菜坯种类及气温高低具体掌握。一般切分细碎的菜坯酱油渍 3～7 天，块形较大的菜坯浸渍时间可延长至 7～15 天。酱油渍过程中也应注意打耙，使菜坯浸汁均匀，保证酱菜制品具有良好的色泽和风味且品质一致。

第三节　糖醋渍菜类加工工艺

糖醋渍菜类制品是将菜坯浸渍在糖醋调味料液中，吸附料液的色泽和风味而制成的，利用其防腐作用，可使制品长期保存。制品甜酸可口、爽脆。

糖醋菜就是将新鲜原料，经盐腌或盐渍成咸坯后，先储备用，再经精加工降低咸坯含盐量，用糖或醋或糖醋腌制而成的制品，如糖蒜、糖醋萝卜等。

一、原料的选择和处理

适用于糖醋加工的原料广泛，多选用肉质肥厚致密、质地鲜嫩的原料，如茎用芥菜、大蒜、藠头、嫩姜、黄瓜、菊芋、草石蚕、藕、芒果等。

原料处理时，首先剔除成熟度过老、外皮、毛根、老叶和病虫害等不可食用部分，并用清水冲洗干净，再按食用习惯切分。

二、产品的盐渍过程

整理好的原料用8％左右食盐盐渍几天，至原料呈半透明。盐渍的作用主要是排除原料中的不良风味（如苦涩味），增强原料组织细胞膜的渗透性，使呈半透明状，以利于糖醋渗透。如果以半成品保存原料，则需补加食盐至15％～20％，并注意隔绝空气，防止原料露空。这样可大量处理新鲜原料，随时提供，以便进一步加工制成成品。

三、产品的糖醋渍处理

1. 脱盐处理
把盐渍处理的菜坯用清水浸泡漂洗，脱除咸菜菜坯中的部分盐分和不良风味。脱盐后应沥干水分。

2. 糖醋液配制

糖醋液与制品品质密切相关，要求甜酸适中。一般要求含糖 30%～40%，选用白砂糖，也可用甜味剂如甘草、糖精和蛋白糖等代替部分白砂糖；含酸 2% 左右，用醋酸或柠檬酸混合使用。为增进风味，还可适当加一些调味品，如加入 0.5% 的酒、3% 的辣椒、0.05%～0.1% 的香精或香料（如丁香、豆蔻、桂皮等）。根据不同糖醋制品的质量标准和特点，按配方配制糖醋渍料液。料液配制后，一般应进行加热灭菌，冷却后备用。

3. 糖醋渍处理

把腌好的原料用清水浸泡脱盐，至稍有咸味捞起，沥干水分，随即放入坛内，灌入配制好的糖醋液，使料液没过菜坯，而后再放入竹篾将菜坯压紧，以防上浮。糖醋料液用量一般与原料等量，1～2 个月后即可食用。

第四节　泡酸菜类加工工艺

泡酸菜是泡菜和酸菜的统称，是将原料在调制好的盐水或清水中进行乳酸发酵，加工而成的制品。成品带有汁液和发酵产生的酸味，如泡菜、酸黄瓜、酸甘蓝和我国北方的酸白菜等。

泡菜和酸菜主要是利用自然乳酸发酵产生乳酸，辅以低盐来保存原料并增进其风味的一种加工制品，是我国民间非常广泛、大众化的加工品，也是世界三大名酱腌菜之一。其品质规格是：清洁卫生，色泽鲜丽，咸酸适度，盐 2%～4%，酸（乳酸汁）0.4%～0.8%，组织细嫩，有一定的甜味及鲜味，并带有原料的本味。凡是过咸、过酸、咸而不酸、酸而发苦、色泽败坏都不符合品质要求。泡酸菜是湿态乳酸发酵制品，因制作容器和调味料的不同，又有泡菜和酸菜之分，但其制作原理和加工基本技术并无太大差异。

一、原料的选择和处理

1. 原料的选择

适宜做泡菜的原料种类很多，但应尽可能选择肉质肥厚、组织紧密、质地细脆、无病虫害、无腐烂新鲜状态的原料。例如果品类中的苹果、柚子、板栗等，蔬菜类中的甜瓜、嫩豇豆、嫩姜、藠头、大头菜、球茎甘蓝、菊芋及大蒜等久泡而不易变质，可储藏一年以上；萝卜、胡萝卜、菜头、甘蓝、菜豆、草石蚕、青辣椒、青番茄等较耐泡制，可储藏 3～6 个月；冬瓜、嫩黄瓜、嫩菜豆、大白菜及莴笋等则不宜久泡，只能储藏 1 个月左右，随泡随吃。

2. 原料预处理

（1）整理　剔除原料表面的粗皮、粗筋、须根、老叶以及表皮上的黑斑烂点等不可食用的部分。如子姜要去秆、剥去鳞片，四季豆要抽筋，大蒜要去皮，总之要去掉不可食用及病虫害腐烂的部分。

（2）清洗　用符合卫生标准的流动清水洗净原料表面的泥沙、尘土、微生物及残留农药。为了除去农药，可在洗涤水中加入 0.05％～0.1％高锰酸钾（或 0.05％～0.1％盐酸或 0.04％～0.06％漂白粉），先浸泡 10min 左右（以淹没原料为宜），再用清水冲净原料。

（3）切分　对整理好的原料一般不进行切分，但体型过大者仍以适当切分小块为宜。例如柚子去皮后要逐一剥出柚子瓣（瓤囊）；苹果要去皮、挖核，用刀剖成两半；胡萝卜、萝卜等根菜类切成长 5cm、厚 0.5cm 的薄片；芹菜去叶、去老根，切成 4cm 长的小段；莴笋削去老皮，斜刀切成长 5cm、厚 0.5cm 的薄片等。

（4）晾晒　对于泡制时间较长的原料，在阳光下将它们晒至萎蔫，再进行处理、泡制。这样既可以降低食盐的用量，又可以使成菜脆健、味美、不走籽（豇豆），久储也不易变质。如萝卜、豇豆、青菜、蒜薹等，又如白菜、洋白菜等，因其所需时间短，只需在阳光下晾干或沥干洗菜时附着的水分，即可预处理、泡制，这样有利于保持其本味、鲜色。

（5）预腌出坯　所谓预腌出坯是指在装坛泡制前，先将原料置于较高浓度的食盐溶液（10％～25％）中，或直接用盐进行预腌，然后再进行泡制，即先出坯后泡制。工业化生产泡菜时，为了便于管理，原料菜要先经预腌出坯。出坯的主要目的在于增强原料的渗透效果，除去多余的水分，在泡制中可以尽量减少泡菜坛内食盐浓度的降低，也去掉一些原料中的异味，防止腐败菌的滋生。但出坯也会造成原料中的可溶性固形物的流失，尤其是出坯时间越长，养分损失越大。对一些质地柔嫩的原料，为增加其硬度，防止泡制时菜体软烂，可在预腌出坯的盐水中添加 0.2％～0.3％的氯化钙。

（6）泡菜盐水的配制　泡菜盐水是指原料经预腌出坯后，用来泡制的盐水。配制泡菜盐水时，除加一定量的食盐以外，还要加入适量的作料和香料，以起辅助渗透盐分、保脆、杀菌和调香调味的作用。因此，泡菜盐水的质量会直接影响泡菜的品质和风味。泡菜盐水的配制过程如下：

① 配制泡菜盐水的水质以硬水为好，因其有较多的矿物质，可以保持原料的脆性。经处理后的软水不宜用来配制盐水。

② 配制泡菜盐水时所用的水，应该经过煮沸、冷却，减少和杀灭微生物，保证泡菜的质量和卫生。

③ 配盐水用的食盐，应该是纯度较高、品质好，含硫酸镁、硫酸钠及氯化镁等苦味物质少，氯化钠含量达 95% 以上的优质盐。

④ 泡菜盐水的含盐量因地区条件和泡菜种类的不同而异，从 6%～28% 不等，可根据食用习惯而定。

⑤ 对于某些原料，为了增加泡菜的脆度，防止软烂，可以在配制盐水时添加适量的钙盐，如氯化钙、碳酸钙和磷酸钙等。

（7）装坛　制作泡菜时应对泡菜坛进行严格的选择，要选用火候好、釉色好、无裂纹、无砂眼、坛沿深、盖子吻合好的泡菜坛。凡是有砂眼、裂纹的泡菜坛均不可使用，否则将会引起盐水败坏和烂菜现象，在使用前要对泡菜坛子进行检查。具体检查方法之一：可将坛口向上压入水中，看坛内有无渗水现象；方法之二：用手或瓦片轻轻敲击坛壁，凡发出钢音者为无裂纹；方法之三：在坛沿水槽中装一半水，将纸点燃后放入坛内，立即盖上坛盖，能使坛沿水吸入坛内的即为好坛。

选好泡菜坛后，洗刷干净，控干水分，然后再将经过预处理的原料装入坛内。由于原料种类、泡制时间、储存时间的不同，装坛方法有干装坛法、间隔装坛法和盐水装坛法之分。

① 干装坛法。将泡菜坛洗净、拭干。把需要泡制的原料菜装至半坛时放入香料包，继续装到八九成满，然后用竹片卡紧（或用石块压紧），再徐徐灌入带有作料的盐水，待盐水漫过原料菜后盖上坛盖，用清水注满坛沿水槽。这种方法适宜于自身浮力较大、泡制时间较长的原料，如辣椒、茄子、刀豆等。

② 间隔装坛法。将泡菜坛洗净、拭干。把所要泡制的原料与作料（如干辣椒、小红辣椒等）按两层原料一层作料分层间隔装坛，装至半坛时，放入香料包，继续装至八九成满，用竹片卡紧（或用石块压紧）后，再将混有其他作料的盐水徐徐灌入坛中，当盐水漫过原料后，盖上坛盖，用清水注满坛沿水槽。这种装坛方法可以充分发挥作料的效果，适宜于个体较小的原料，如四季豆、豇豆等。

③ 盐水装坛法。将泡菜坛洗净、拭干。先将盐水和作料灌入坛内，搅拌均匀后装入需要泡制的原料，装至半坛时放入香料包，再继续装至八九成满（盐水应淹没原料），盖上坛盖，最后用清水注满坛沿水槽。这种装坛方法适宜于在泡制时能自行沉没水中的原料，如根、茎菜类中的萝卜、茎蓝、芋头和藠头等。

无论哪一种装坛方法，在装坛时都应注意所用器具的清洁卫生，原料不要装得过满，坛内应保留一定的空隙，以备盐水热胀。盐水应淹没所泡的原料菜，切忌原料露出液面，以免原料菜因接触空气而氧化变质。

二、产品的发酵过程

我国泡菜腌制品的发酵，已由传统工艺逐渐形成了固有的微生物区系和优良的发酵生态体系。产品的发酵过程中，通过培育有益微生物，一方面抑制了其他有害微生物的破坏作用，使其不能造成泡菜的腐败变质和对人体的危害；另一方面，有益微生物的生命代谢活动过程中产生的代谢产物，改善了泡菜的风味，提高了营养价值。根据发酵过程中的物理变化可以划分为三个阶段。

1. 初期发酵阶段

新鲜的原料装入泡菜坛后，主要生长繁殖的是附着在原料上的兼性和厌氧微生物，以异型乳酸发酵为主，酒精发酵比较微弱。在此过程中，大肠菌群的细菌将糖分变换成乳酸、醋酸、琥珀酸、乙醇、二氧化碳等，发酵初期产生的乳酸量较少，一般为 $0.3\%\sim0.4\%$，多余的气体可从坛口水槽中排出，逐渐形成嫌气状态，利于正型乳酸发酵，抑制了许多有害微生物的生长繁殖。因此，泡制 $2\sim5$ 天，含酸量约为 $0.3\%\sim0.4\%$，是泡菜的初熟阶段，原料咸而不酸、有生味。

2. 中期发酵阶段

此阶段主要生长繁殖的微生物是乳酸菌和发酵性酵母，以正型乳酸发酵为主。随着乳酸生成量的缓缓增加，坛内的 pH 渐渐降低，大肠菌群不能繁殖乃至死亡。取代大肠菌群而获得优势的是乳酸菌，乳酸菌将糖分完全变换成乳酸，不产生气体。发酵中期，坛中的气体生成量减少，而乳酸生成量迅速增加，达到 $0.4\%\sim0.8\%$。到达此水平后，耐酸性较弱的微生物全都不能繁殖，乃至死亡。因此，发酵中期的最终状态是大肠菌群和腐败细菌受到强烈的抑制，而乳酸菌和酵母兴盛繁殖。这一时期为泡菜的完熟期，一般需要 $5\sim9$ 天的时间，菜体味酸、清香。

3. 后期发酵阶段

此时期继续进行同型乳酸发酵，乳酸积累量达 1% 以上，pH 继续下降，此时只有乳酸菌能够繁殖。再进一步进行乳酸发酵后，乳酸含量可达到 1.2% 以上，但达到此状态后，乳酸菌的生长繁殖就会受到抑制，发酵速度缓慢，乃至停止。此阶段菜质酸度高，风味不协调。

通过三个阶段的发酵作用，一般在初期发酵的末尾和中期发酵阶段，乳酸的含量为 0.6% 时，泡菜的风味和品质最佳，因此，常以这个阶段作为泡菜成熟期。但原料的种类、盐水的种类及气温对成熟也有影响。夏季气温较高，用新盐水泡制叶菜类蔬菜需 $3\sim5$ 天，而大蒜、藠头要半个月以上；冬季气温较低，则泡制时间需延长一倍。从泡制的盐水的种类看，陈年老盐水泡制的风味和品质要好于新盐水泡制的产品。

三、加工品的保存方法

泡菜成熟后，可适当增加食盐，用食盐水注满坛口水槽，使封口严密。如果不揭盖取食，即可长期保存，但储存期过长，泡菜酸度会不断增加，菜体也逐渐变软，从而影响泡菜的品质。因此，泡菜储藏难、不便运输和销售是制约工业化生产的重要因素。为此，可采用罐（袋）藏加工和低温储藏来解决。

1. 罐藏加工

（1）装罐　泡菜需用抗酸、抗盐涂料铁罐，或用旋转玻璃瓶和复合薄膜袋等包装容器。装罐前容器先清洗消毒。铁罐和玻璃瓶固形物装量要求不能低于60%，软包装不能低于80%。汤汁可用原来的泡菜汁，也可另外调配。

（2）排气、密封　装罐后的铁罐和玻璃瓶在85～90℃的排气箱中水浴排气，待铁罐和玻璃瓶的中心温度升至75～80℃时，即可完成排气，进行密封。若采用真空封罐（0.04～0.05MPa），排气温度可适当降低5～10℃。排气后趁热密封。软包装采用真空封口机抽真空（0.09～0.095MPa）。

（3）杀菌、冷却　为了保持罐藏泡菜的质量及风味，排气和杀菌最好在同一工艺流程中完成，即在排气的同时，完成杀菌的步骤。密封后立即杀菌，时间依容器种类、大小而定，一般为70～80℃、10～15min。杀菌后迅速冷却，玻璃瓶要分段冷却。

2. 低温储藏加工

抽真空包装结合冷藏是保存酸菜的最佳工艺。泡酸菜抽真空包装（0.095MPa）在0～4℃存放1年后仍保持其固有的色泽、香气、滋味及质地清脆等特点，而且不用添加防腐剂。

加热杀菌不适宜于泡酸菜储藏。这是因为温度过低，杀菌不完全，易胀袋变质；温度过高，其色泽、香味、质地等均受到不同程度的影响。另外，泡酸菜的营养在于其含大量活性乳酸菌。加热杀菌使泡酸菜中的维生素C大量损失（达50%左右）以及使乳酸菌失去活性，从而降低了泡酸菜的营养价值和保健功能。

第三章 根菜类蔬菜的
腌制加工技术与应用

第一节 根用芥菜的腌制技术与应用

一、根用芥菜的盐渍技术与应用

1. 根用芥菜的盐渍技术

（1）原料配比　根用芥菜 100kg，食盐 25kg，清水 30kg。

（2）制作方法

① 原料选择。选用个大、均匀、表面光滑的新鲜芥菜头为原料，剔除个头过小、空心、烂心、硬心、开裂和病虫危害等不合格芥菜头及杂物。

② 整理、清洗。将芥菜头去除叶丛，削平顶部，挖净须根，削除粗糙的表皮。用清水洗净芥菜头表面的泥沙和污物。

③ 晾晒。将洗净的芥菜头先晾晒除去表面的水分，再晒至菜身略为柔软。

④ 盐腌。按 100kg 根用芥菜加 25kg 食盐，将洗净的芥菜头与食盐，一层芥菜撒一层食盐，装入缸内层层码好。缸下部用盐量比上部要少。装满缸后，在芥菜头表面撒满一层食盐，而后浇入清水进行盐腌。

⑤ 倒缸。盐腌后每天倒缸一次，以散发热量和辛辣气味，并促使食盐的溶解。当食盐溶化后每隔一天倒缸 1 次。一周后每隔 2～3 天倒缸 1 次。30 天左右腌制成熟，可用石块压紧，使盐水没过芥菜头，进行封缸保存。

盐渍时应注意检查盐水是否淹没了菜体，否则易生霉，招致腐烂损失。一旦发生霉烂或汤浑，要及时把菜体从缸内取出来，沥干水分，进行晾晒，同时把浑汤的盐水加热至沸，进行杀菌灭霉。等到加过热的汤彻底冷却后，重新把菜体放入盐汤内，并随时注意盐汤的量；不足时，还要及时添加同浓度的盐汤，加以补足。平时要检测盐水浓度，若浓度不足易招致生霉软烂。

（3）产品特点　色泽呈浅褐色，质地脆嫩，味咸而鲜。

2. 根用芥菜的盐渍实例

【广西大头菜】

（1）原料配比　鲜大头菜 50kg，盐 6～8kg。

（2）制作方法

① 采收、选料。大头菜在收获前，先要割 1 次心；再生 1 次芽时，便可收获腌制。这样加工出的大头菜肉质嫩脆。大头菜如收获得晚，则根渣多；但收获过早，则其腌制品的出品率低，成本高。

② 清洗、晾晒。先将大头菜削去须根（留叶），去掉沙土，在太阳下晒半天或 1 天，晒至菜身略为柔软。

③ 切片。将大头菜切成薄片，每片厚约 1cm。

④ 头踏菜的腌制。将大头菜薄片分层放入缸内或池内，每层以 10～13cm 为宜，放一层菜撒一盐。撒盐时须撒均匀，再把菜踏实，直到把缸装满为止。装满后，缸面上须用石头压紧，使菜水浸过菜面，再经 12h 左右，便可拿掉石头，此时菜本身的苦味就可除去。这时捞出的菜，称为头踏菜。头踏菜用盐 3～4kg。

⑤ 二踏菜的腌制。头踏菜捞出后等 8～10h，使菜水流干，再将菜按腌头踏菜的方法，分层装入缸内，撒盐，压上石头，使菜水上升，盖过菜面（此次水容易上升）。腌制 8～10h 后，取下石头，再经 2～3h 后，即可将菜捞出，放在太阳下暴晒 3 天左右，至菜七成干（这时菜有韧性）。这时的菜为二踏菜，还是半成品。二踏菜用盐 2～3kg。二踏菜可以食用，但其味有些辣，色青，菜身略硬。

⑥ 装坛。随后将二踏菜亦如前法收入缸内，分层踏实，加盐，用灰沙密封缸口，约经 1 月后便可食用。这段时间内如不翻动，储存可达 8 个月至 1 年。封缸时加盐 1kg。

（3）产品特点　呈片状，色泽黄亮，其味香嫩。

【北京桂花糖熟芥】

（1）原料配比　腌芥菜头 50kg，食盐 10kg，桂花 50g，白砂糖 12.5kg，老汤 15kg。

（2）制作方法

① 原料选择。应选用表面光滑、大小均匀的新鲜芥菜头。以"两道眉"为最好，这种芥菜头根部两边有两道细毛根，削去毛根后备用。芥菜头要无黑心，规格以每千克 4～6 个为宜。

② 盐腌。先将芥菜头放入缸内，按每 50kg 加盐 10kg 的比例，把盐撒在菜

坯上，加入 7.5～10kg 清水。

③ 倒缸。加盐以后每天倒缸 1 次，倒缸时要扬汤散热，以散发辣气，并促使盐粒溶化。入缸腌制 10 天以后可改为隔天倒缸 1 次，1 个月后即可封缸储存，封缸后不可缺汤，如果汤被风干，需要及时补加盐水，以保证产品质量。

④ 去皮、脱盐。将腌好的芥菜头用刀均匀去皮，并将菜体用竖刀切口，同时剔除空心及质次者。选个头均匀的芥菜头入缸，用清水浸泡撇咸，每天换水 1 次，冬季换 3 次水，春季换 2 次水，夏季换 1 次水，将腌坯捞出，控净余水。

⑤ 煮制。腌坯倒入锅里，按配方加入白砂糖和老汤（即上次煮料用的汤），汤要没过腌坯，老汤不够时，可放清水加白砂糖。开始煮时用急火，开锅后改用微火，直至芥菜头煮软，以用竹筷能插入为宜。煮得过软产品易碎，煮不透则风味欠佳。煮制时间一般约需 3h。

⑥ 拌料。煮好后出锅称重，糖熟芥每 50kg 加入桂花 50g，拌均匀，仍在原汤内浸渍，经 24h 后即为成品。

（3）产品特点　颜色红褐，有光泽，外皮呈核桃纹状；味咸甜适宜，清香利口，质地软而不碎。

【佛手疙瘩】

（1）原料配比　芥菜头 500kg，盐 18kg，花椒粉、饴糖、小茴香各适量。

（2）制作方法

① 原料选择。以北京小红门一带产的两道眉芥菜头为最佳。用芥菜头加工成佛手形，故称佛手疙瘩。辅料为块状饴糖、小茴香、花椒粉。

② 去皮、切分。秋天把收上来的疙瘩削去外皮和缨子（缨子留下待用），再从根部竖切两刀，切出十字形刀口，成佛手果状。

③ 晾晒。晒去 40% 的水分，即可入缸腌制。

④ 盐腌。按一层疙瘩撒一层盐入缸，同时加入茴香，最后加适量的水。每日倒缸 1 次，经 3～4 天盐化后，再腌 6～10 天出缸装坛，称为腌疙瘩。

⑤ 蒸糖色。取一个干净的蒸锅，放入饴糖和花椒粉，用水调匀。将腌疙瘩和切下的缨子放入蒸锅，以疙瘩不露出水面为好，一起加热到 80℃ 即可出锅。加热过程中要不断地上下搅动，使疙瘩受热均匀。

⑥ 装坛。把出锅的疙瘩装入坛内，每层撒上一些花椒粉，最后压实。把疙瘩上的菜缨加工成梅干菜，再把梅干菜编成辫子用来封坛。随后将菜坛放在阴凉通风处，坛口朝下堆码整齐。

⑦ 九次蒸煮。1～2 个月后取出，再放入锅中，用糖色蒸煮，然后再封坛存放。这样反复 6～9 次，最后才是成品。这是制作佛手疙瘩的特殊手艺，称作"九蒸佛手"。整个工艺过程要用 1 年多时间。

（3）产品特点　呈黑紫色，切开断片略有光泽，甜咸适口，酱香浓郁，质脆不软，带有弹性。

【五香大头菜】

（1）原料配比　净鲜大头菜1000kg，食盐、糖色各80kg，大茴香3.5kg，花椒2.2kg，草果、良姜各1kg，丁香300g，五香粉750g。

（2）制作方法

① 原料选择。秋冬之交，选用无病虫害、无伤裂、皮色青绿、个头匀称、单个重250g以上的新鲜大芥菜为原料。

② 去皮、切分。进厂后洗净表面泥沙，削去外皮，逐个顺切成4～6瓣，略呈柚瓣形状。

③ 初腌。按每100kg大头菜加8kg食盐的比例，下一层菜，撒一层盐，装入缸内，装满为止。随即洒入18kg含盐7％的老清卤，无老清卤时可加入糖色3kg。装坛的第二天即可翻缸，第三天澄卤，随即将菜捞入空缸。待盐卤静置后，去除盐卤表面浮沫及盐卤中的沉淀物，回收清卤浇入菜缸。

④ 翻缸、晾晒。每3天翻缸1次，30天后出缸，进行晾晒，晒至含水量为40％。

⑤ 复腌。将晾晒后的菜坯二次下缸，倒入盐卤腌制，用老清卤60％、清水40％。加入大茴香、花椒各1kg，草果、良姜各0.5kg，充分煮沸，冷却后浇入菜缸。为使菜坯腌透，而又不与空气直接接触，盐卤以淹没菜坯10cm为宜。

⑥ 翻缸、晾晒。加盐卤后，每3天翻缸1次。约20天，菜坯腌透出缸。再上筛晾晒，晒至含水量为45％。

⑦ 再腌。将二次晾晒后的菜坯下缸，用老清卤70％、清水30％，倒入菜缸。方法同复腌，先将盐卤煮沸、冷却浇入菜缸，没过菜坯。第二天即可翻缸。

⑧ 翻缸、晾晒。每3天翻缸1次，约20天，待菜坯腌制得里外紫黑，表面润泽时，即可出缸，进行第三次晾晒，晒至含水量为53％。

⑨ 拌料。将大茴香1.5kg、花椒1.2kg、丁香300g，共同粉碎，过箩。每缸入菜约150kg，分5层下菜，下一层菜，均匀撒一层五香粉，每层用五香粉约150g。下菜施料，须层层压实，以利于菜坯入味。盖上盖子，防止污染。7～8天后即成五香大头菜。

⑩ 装坛、封口。将五香大头菜分装入坛，每坛约25kg。边装边压，坛装满，菜压实，并把之前箩出的香料，再均匀地撒在菜面上，随即封口，封口用料三层。一层无毒塑料布，一层荷叶，一层虎皮叶。将坛口扎敷妥帖，再以胶泥或水泥密封。置阴凉通风处储放备用。

（3）产品特点　色泽乌黑明润，表里一色，筋脆五香，芥味独特。

二、根用芥菜的酱渍技术与应用

1. 根用芥菜的酱渍技术

【酱渍技术】

（1）原料配比　咸芥菜 100kg，甜面酱 70kg。

（2）制作方法

① 原料选择。选用已腌制为成品的咸芥菜为原料。

② 切分。将芥菜削除根须，加工成宽、厚均为 0.2cm 的细丝。

③ 脱盐、脱水。把切好的芥菜丝放在清水里浸泡脱盐。浸泡 24h，中间换水 2～3 次。待盐度降低后捞出，用压榨机压榨脱水，也可把芥菜丝装入筐内，堆叠放置，压出水分至七成干。

④ 酱渍。将脱盐后的芥菜丝装入酱袋内，放入甜面酱中进行酱渍。在酱渍过程中每天打把 2～3 次。每隔 5 天取出酱袋放风 1 次，淋去咸卤。重新装袋入酱，继续酱渍。一般酱渍 10～15 天即为成品。

（3）产品特点　色泽红褐色，质地脆，酱香浓，味甜咸。

【酱油渍技术】

（1）原料配比　咸芥菜 100kg，酱油 40kg，味精 50g，苯甲酸钠 100g。

（2）制作方法

① 原料选择。选用已腌制为成品的咸芥菜头为原料。

② 切分。用切菜机将咸芥菜头切分为粗度 0.2cm 的细丝。

③ 脱盐、脱水。把切好的芥菜丝放在清水里浸泡脱盐。浸泡 24h，中间换水 2～3 次。待盐度降低后捞出，用压榨机压榨脱水，也可把芥菜丝装入筐内，堆叠放置，压出水分至七成干。

④ 酱油渍。将酱油在锅中加热至沸，按配比加入味精和苯甲酸钠搅拌溶化，混合均匀，晾凉，制成调味酱油。将芥菜丝装入缸内，倒入调味酱油，翻拌均匀进行酱油浸渍，每天翻拌 1～2 次。7 天左右即可为成品。

（3）产品特点　色泽呈浅黄褐色，质地清脆，味道鲜咸、酱香可口。

2. 根用芥菜的酱渍实例

【遵义大头菜（贵州）】

（1）原料配比　鲜大头菜 100kg，食盐 9kg，二酱 10kg，甜酱 7kg，红糖 10kg。

（2）制作方法

① 整理、清洗。将鲜大头菜削去根、皮，然后洗净切成两半。

② 盐腌、晾晒。下缸盐腌，盐分 3 次下完，每天翻缸 2 次，翻 1 次加 1 次

盐。4 天后捞出，用清水洗净，晾晒去掉表面水分。

③初酱。将大头菜与二酱混合。经 100 天取出，滤去半成品酱。

④复酱。将一部分红糖制成糖色，并与甜酱、余下的红糖混合均匀。将大头菜放入混合甜酱中，60 天后取出晾晒 3 天，然后装入缸中，压实按紧，3 天后取出晾晒至干即为成品。

（3）产品特点　色黑红，味甜香，质柔韧。

【云南大头菜】

（1）原料配比　新鲜芥菜头 5kg，盐 450g，黄酱 600g，白酱 125g，红糖 400g，糖蜜 250g，饴糖 100g。

（2）制作方法

①原料选择。选用新鲜肥嫩的芥菜头，以内不起筋、外不抽薹者为佳。

②整理、清洗。用反刀削菜尖，除掉根须和伤疤，使芥菜头成圆形。用水冲去泥沙，清洗干净。

③去皮、切分。芥菜头削皮时，用平刀顺着削，皮削得越薄，菜头越光滑越好。然后一刀两开。太大的芥菜，要在中间再划一个刀口，但不得切断。

④盐腌。用盐揉菜，每次揉进的盐不要太多，可多揉几次，一般要分 4 次才能把盐揉匀。揉后装入缸内，上面再撒盐。

⑤翻缸。在腌制过程中，分 3 次翻缸，每隔 2 天翻 1 次，每次都要再下些盐。第一、二次用盐占 80％，第三次用盐占 20％。3 次翻缸后，即可出缸，放在竹帘上晾干水。

⑥酱制。将红糖、饴糖、盐、白酱等调料混合调匀，成为腌制酱汁。将缸洗净，铺上一层黄酱，再将菜头装入，装至离缸口约 10cm 处，压实压紧，上面再铺一层黄酱，盖上木板、上压石块，1～2 天后翻缸。翻缸后分 3 次下酱汁，第一次下 60％，第二、三次各下 20％，每次都要使酱汁没过菜面，一般要经过60～80 天的酱制时间。

⑦晾晒。将经过酱制的菜头捞出，晾到不往下滴酱卤时为止，再放到用黄酱和糖色调好的酱缸内搅匀，然后捞出，倒在竹席上晒 2～3 天。

⑧封缸。最后下缸压紧、密封，经 30 天后取出，菜头光亮透心，即为成品。

（3）产品特点　色泽油润，透亮，质地软带有弹性，菜心呈红褐色，口味脆香，回味由咸变甜。

【上海大头菜】

（1）原料配比　鲜大头菜 50kg，盐（配制盐水）、豆饼酱各 4kg，二级酱油 7kg，甜面酱酱油 1kg，回笼糖浆 7.5kg，白砂糖 1.4kg，红砂糖 0.2kg，回笼酱 15kg，甜面酱 8kg，糖精 50g，甘草粉 12.5g，苯甲酸钠 20.25g，五香粉 40g，甘草粗粉适量。

（2）制作方法

① 整理。鲜大头菜最好每个 500g 以上，要圆正、光滑、无冻伤，切除茎、叶和根须。用刀背削去须根，不削皮，使外形端正。

② 晾晒。挑选整理后，晒 2～3 天，要平放不重叠，使每只菜身都晒到太阳，晚上要盖草包。晒到菜身发软、变轻为止。

③ 切分。每个大头菜对半切成两块，刀口要光洁，切开后如发现有空心、木心、硬筋、烂斑、受冻的要剔除。

④ 初腌。预先准备 16°Bé 的盐水，倒入容器中，把整理好的菜坯浸没，上面撒些封面盐，隔 2～3h 用酱耙拌动 1 次。浸卤 24h，盐水下降到 10～12°Bé 时，将菜坯在卤水中淘洗干净，翻入另一只同样准备好 16°Bé 盐水的容器内，再浸 24h，仍用酱耙拌动数次，以盐水下降到 13°Bé 左右，菜坯咸度在 8°Bé 为最好。

⑤ 晒坯。第三天进行第二次晒坯。每块坯子都要平放，刀口面向上，带皮面向下，使每块菜都晒到太阳，以后每次晒坯都应如此。晒 2～3 天，菜坯成桥形，边缘高起，即可初酱。

⑥ 初酱、三晒。一层菜坯，一层回笼酱下缸，如果是第一次生产，没有回笼酱，则要用同等数量的成品酱。酱要加得均匀，做到处处有酱，上面要加封面酱，防止脱酱发酥，要日晒夜露，下雨加盖，防止雨淋。初酱 15～30 天，捞起用回笼酱洗出，进行第三次晒坯。初酱时间一般不要超过 30 天，时间过长容易发酥，平时要加强管理，不能使菜坯露出酱面。如果气候不正常或者连续下雨，要回到 6～28°Bé 的回笼酱里保养，等晴天再晒。

⑦ 复酱、四晒。用甜面酱 8kg、豆饼酱 4kg、甘草粗粉 125g 和二级酱油 4.5kg，加适量的甘草水（用甘草粉加水煮沸，有一定甜味，代替清水），混合成 4°Bé 的稀薄酱，将菜坯酱入，酱没，不能露出酱面，并要经常拌动，检查，日晒夜露，下雨加盖。复酱期 1 个半月，不超过 3 个月为宜。出缸做第四次晒坯。

⑧ 初浸糖浆。利用上年积累的初浸回笼糖浆，除去上年产品带入的酱脚，加进二级酱油 2.5kg、苯甲酸钠 15g，用甘草水配成浓度为 22°Bé 的汁液，冷却，拌匀后浸渍 1 周。捞出，把菜坯翻入空缸，以减少糖浆浪费，次日摊到晾架上，第五次晒干。

⑨ 复浸糖浆。利用上年积累的复浸糖浆，加进白砂糖 1.4kg、糖精 40g、苯甲酸钠 2.5g，用甘草水溶化成浓度 36°Bé 的汁液，将菜坯浸没。浸渍的时间长，质量好，得率高。晴天要撬缸拌动晒太阳，阴天或时晴时雨的天气可盖缸不动，防止雨淋。需要上市时，出缸进行第六次晒干。

⑩ 拌料、七晒。用红砂糖 200g、清水 150g 煮化，加入甜面酱酱油 1kg、糖精 10g、苯甲酸钠 2.5g，拌和，将第六次晒干的菜坯浸入，加盖闷缸，3 天后翻缸，缸底的糖浆要浇在菜坯上面，再闷缸 3 天后，做最后 1 次晒坯。这次晒后即为成品，故一定要在晴天晒，防止因雨淋而影响产品质量和储藏期。如果是阴雨天气，则将菜坯送回到 36°Bé 糖浆里保存。产品储藏期为 1 年。

⑪ 包装入库。把茴香 12.5g、花椒 1.25g、盐 30g、沙姜 30g 炒干后，加入 0.25g 苯甲酸钠、0.25g 糖精拌匀，磨成五香粉，一层产品加上一层五香粉放置缸内，次日上坛包装。

（3）产品特点　有浓郁甜酱香味，回味鲜甜，质脆，色淡棕红，纤维紧密，外表起皱纹，不酥，中心呈棕黄色，无木心、空心、根须、老皮。成品每只 100g 以上。

【淮安菊花大头菜（江苏）】

（1）原料配比　老卤大头菜 14.5kg，甜酱汁 600g，酱油 1kg，黄酱汁 600g，调料卤 800g，焦糖色 300g，食糖 600g，糖精 15g，味精 20g，黄酒 200g，香料 15g，大曲酒 100g，干菊花 10g，菊花香精 1g，苯甲酸钠 15g。

（2）制作方法

① 原料选择。选择形美、色黄、鲜嫩、香脆、圆整的淮安老卤大头菜为主料。每只菜重 150～250g。

② 切坯。将选好的老卤菜，削底去顶，底部要削平放稳，适当整形后，以十字交叉方向各切若干片，下刀要直，片形匀称约厚 0.2cm，深度各占坯身 3/4，或根据菜底厚度留 1～1.5cm，用手捏开呈菊花状。注意形态美观。

③ 压榨。把切削整形后的大头菜，均匀地放在压榨机菜箱内，开动机器压榨，压榨去菜卤 40%。或把菜装入笭筐内，几层叠垒把菜卤压去，备用。

④ 初酱。把压榨后的菜坯及时投入菜缸内，室内温度应在 25℃ 以上。按以下配方用料：酱油 1kg，焦糖色 100g，调料卤 800g，糖精 7g，安息香酸钠 2～4g，用开水煮沸调匀后灌入菜内。卤温根据季节掌握在 45～70℃，腌没菜坯，每天翻动一次，浸泡 7～10 天。

⑤ 复酱。将酱菜坯捞入竹笭，叠放 2～3 层压力脱卤，可上下互调。脱卤后，再日晒至开裂，然后入缸复酱。将焦糖色 100g、黄酱汁 600g、糖精 7g、安息香酸钠 2～4g 用开水煮沸后，倒入菜缸内，每天上下翻动一次，再浸泡 7～10 天。

⑥ 再酱。第二次捞菜压卤，日晒 3～4 天，使酱菜坯晒至质量为原来的 60% 为宜。然后置拌料盆内，成品菜 10kg 用甜酱汁 600g、焦糖色 100g、食糖 600g、味精 20g、香料 15g、黄酒 200g、安息香酸钠 5～6g，放入适量开水，调配煮沸过滤后，均匀地洒在菜上（香料应放在布袋内先煮沸，卤冷却后再加入味精）。

⑦ 拌料。调料卤洒在菜坯上后，每天翻动 1 次，连续 5～7 天，然后用大曲酒 100g、菊花香精 1g，加入适量开水配成卤汁，均匀地喷洒在菜上，翻拌 1 次，在缸内盖闷 2～3 天。

⑧ 装坛。将坛子洗净、晒干，再用少许安息香酸钠放入适量开水调成溶液，洗净坛子内壁和坛口。然后把菊花菜装入坛内，装时按 0.1％ 的干菊花，均匀地撒入酱菜的上、中、下三层。装坛后及时封口，存于阴凉通风处。

（3）产品特点　形态美观，质地柔韧，口味香甜，气味芳香。

【酱芥丝】

（1）原料配比　芥菜头 5kg，食盐 1kg，酱油 3kg，白糖 50g，味精少许。

（2）制作方法

① 整理、清洗。将选择好的芥菜头去掉根须、泥土，洗净，沥干水分。

② 盐腌。用 1kg 食盐与芥菜按照一层芥菜头、一层食盐的顺序装入缸内，顶部压上石头，每天翻动 1 次，连续进行 4 天，至食盐全部溶化，30 天后即为咸菜头坯。

③ 切丝。将咸芥菜头用刀加工成长 6～8cm、宽 0.2cm 的细丝。

④ 脱盐、脱水。放入清水中浸泡 4h 左右换 2 次水，待略有咸味时捞出，控干水分。

⑤ 酱油渍。把酱油放入锅内煮沸，加入白糖、味精，并使其全部溶化，制成料汁，晾凉后备用。将芥菜丝与料汁一同倒入缸内，每天用清洁的筷子或竹棒翻动 1 次，5 天后即为成品。

⑥ 成品。可生食，或同猪肉、鸡肉、鸭肉炒食，味道极佳。

（3）产品特点　呈红褐色，质地脆嫩，清香可口。

【山西竹叶青】

（1）原料配比　咸芥头 50kg，酱油 20kg，味精 200g，糖精 10g，安息香酸钠 15g，竹叶青酒 150g。

（2）制作方法

① 去皮、压榨。将咸芥头去皮，两面切几刀，但不要切断，然后上榨，压去 30％ 的水分后放入缸内。

② 酱油渍。将酱油煮沸，加入味精、糖精和安息香酸钠，搅拌均匀后晾凉，然后倒入装有咸芥头的缸内，每天翻动 1 次。

③ 晾晒。1 周后将菜捞出晾晒，2 天后再放入缸内。

④ 封坛。将竹叶青酒洒在上面，然后封好缸口，放置 3 天即成。

（3）产品特点　色酱红，味清香芬芳。

【龙须大头芥（江苏常州）】

（1）原料配比　鲜头芥 60kg，14°Bé 淡酱油 50kg，酿造酱油 9kg，味精

210g，黄酒 3.5kg，橘子精 10g，香料、苯甲酸钠、花椒各 50g，糖精 5g，大曲酒 375g，食糖 1.5kg。

（2）制作方法

① 整理、清洗。鲜芥菜收后，削去头缨、尾须、表皮疙瘩，清水洗涤，沥干。

② 切丝。用切菜机，切成粗 0.2～0.25cm 细的芥丝。要求芥丝均匀、长短相似。

③ 晾晒。鲜丝应及时均匀地铺在芦席上暴晒，每天翻晒 2 次，力求干燥均匀。晒至乳白色，干燥戳手为宜。

④ 酱油渍。将干芥丝放入缸内，将 14°Bé 淡酱油煮沸后，冷至 60℃时，均匀地倒入缸内，漫头浸烫。每天翻拌 1 次，6 天后取出，晾晒 2 天，至表面干燥，入缸，再用 60℃淡酱油再次浸烫 2 天，取出，暴晒至表面干燥，即可入缸拌料。

⑤ 拌料、装坛。将辅料混合搅匀，入锅加热煮沸 30min，撇去液面泡沫，冷至 65℃，将干芥放入缸中，将热卤均匀倒入，边倒边拌，使卤汁均匀拌入。拌卤后每天翻拌 2 次，5 天后即可装坛，经 15 天后即可食用。

（3）产品特点　色泽黄嫩，丝条均匀，质地脆嫩，滋味鲜甜，咸淡适口，香气适宜。

【玫瑰大头芥】

（1）原料配比　鲜头芥 50kg，食盐 6kg，酱油（14°Bé）50kg，酿造酱油、稀甜卤各 5kg，酱色（无氨）、食糖各 2.5kg，曲酒 500g，糖精 5g，干玫瑰花、玫瑰香精各 12g，苯甲酸钠 50g。

（2）制作方法

① 选料、整理。选小雪前后采收，江苏淮安地区的本种头芥。采收后，削去头尾缨须、表皮疙瘩，洗涤晾干。

② 盐腌。将晾晒后的芥菜放入缸内，用老卤漫头浸泡。3 日后翻缸，鲜头芥每 50kg 用盐 6kg，逐层撒匀腌制 3～4 天，缸面卡紧，用 18～20°Bé 盐卤漫头储存。储存时应保持 18°Bé 的浓度。

③ 切制。选用圆形、整齐、大小均匀、每只重 150～200g 的咸头芥。削去表皮，沿头芥对角两面交叉方向，分别切成 0.5～0.8cm 的薄片，深度占芥头的 1/2 左右，形成上下交叉连接的网状，呈兰花形。

④ 晾晒。暴晒 4 天，晒至皱缩，为原重的 70%时，即为半成品玫瑰芥坯。

⑤ 酱油渍。玫瑰芥坯倒入缸内，用煮沸后冷至 65℃的 14°Bé 淡酱油或二酱卤漫头浸烫。每天翻拌 1 次，浸泡 6 天。出缸，晒 2～3 天，至芥面皱缩后倒入缸内。原卤煮沸后冷至 65℃，倒入，漫头浸泡 4 天，出缸暴晒 1～2 天，至芥面干燥。

⑥ 拌料、装坛。将各种辅料混合搅匀，入锅煮沸 25min，撇去液面泡沫，出锅前放入干玫瑰花及香精搅拌。待冷至 65℃，将干芥放入缸内，均匀拌入。每日翻缸 1 次，翻后按实，翻缸 7 次，后闷缸 3 天即成，装坛密封储存。

（3）产品特点 呈兰花形，棕褐色，鲜甜脆嫩，有玫瑰清香。

三、根用芥菜的糖醋渍技术与应用

1. 根用芥菜的糖醋渍技术

以糖醋芥头丝为例。

（1）原料配比 咸芥菜头 1kg，白糖 300g，香醋 500g。

（2）制作方法

① 原料选择。以腌制为成品的咸芥菜为原料。

② 切分。将咸芥菜削去粗皮和根须，而后切分成长 4cm、宽 1cm、厚 0.5cm 的长条。

③ 脱盐、脱水。将咸芥菜条放入清水中浸泡 12h 左右，中间换水 1～2 次，进行脱盐。然后捞出，放在筐内进行堆叠自压出 20％的水分。

④ 糖醋液的配制。按配料比例将白糖、香醋在锅内煮沸，晾凉后制成混合糖醋液。

⑤ 糖醋渍。把脱盐的芥菜丝装入坛内，然后倒入已配制好的糖醋液，混拌均匀，进行糖醋渍。每天翻倒 1 次。7 天后即可为成品。

（3）产品特点 色呈白黄，质地脆嫩，甜酸适口。

2. 根用芥菜的醋渍实例

以醋渍芥条为例。

（1）原料配比 咸芥菜头 100kg，食醋 80kg，酱油 20kg，大蒜 3kg，生姜 5kg。

（2）制作方法

① 原料选择。以腌制为成品的咸芥菜为原料。

② 切分。将咸芥菜削去粗皮和根须，而后切分成长 4cm、宽 1cm、厚 0.5cm 的长条；把生姜切成 0.1～0.15cm 的细丝，将大蒜捣碎，备用。

③ 脱盐、脱水。将咸芥菜条放入清水中浸泡 12h 左右，中间换水 1～2 次，进行脱盐。然后捞出，放在筐内进行堆叠自压出 20％的水分。

④ 醋渍。按配料比例将食醋与酱油放在锅内煮沸，晾凉制成混合醋液；将切好的姜丝和蒜末与脱盐的芥菜丝混合在一起，装入坛内，然后倒入已配制好的醋液，混拌均匀，进行醋渍。每天翻倒 1 次。7 天后即可为成品。

（3）产品特点 色泽呈浅棕红色，质地脆嫩，味道酸咸，鲜香利口。

第二节　萝卜的腌制技术与应用

一、萝卜的盐渍技术与应用

1. 萝卜的盐渍技术

（1）原料配比　鲜萝卜100kg，食盐6kg。

（2）制作方法

① 原料选择。选用长约10cm、肉质细嫩的萝卜为原料。剔除糠心、黑心、开裂和病、虫危害的萝卜。

② 整理、清洗。将萝卜削除叶丛、根和毛须，用清水洗净泥沙和污物，然后控干水分。

③ 切条。将萝卜切成长条形，每条纵切面长9～10cm，横切面宽1.2～1.3cm。以每条都带有萝卜皮为宜。

④ 晾晒。将经整理的萝卜，置于通风向阳处进行晾晒，直至五六成干。

⑤ 盐腌。在一个容器内按配料比例用食盐将萝卜反复进行揉搓，直至揉出水分。待萝卜变软后，将萝卜装入菜坛内，边装边压紧，装满后盖好坛盖，进行盐腌。

⑥ 复晒。盐腌第二天早晨把萝卜从坛内取出，置于向阳处晾晒。待日落时将萝卜进行揉搓，直至揉出水分、色泽变红、质地变软时，再将萝卜装入坛内，盖好坛盖。装坛方法与上次相同。

⑦ 再晒。将二次装坛的萝卜，第三天早晨从坛内取出，置于向阳处晾晒，傍晚时仍将萝卜进行揉搓，直至潮湿、柔软、发红。

⑧ 装坛。将经晾晒、揉搓的萝卜装入菜坛内，压紧，用稻草拧成把，塞紧坛口，盖好坛盖。然后将菜坛放置于阴凉处，经1个月左右即可成熟。

（3）产品特点　色泽呈红褐色，质地柔脆，香鲜可口。

2. 萝卜的盐渍实例

【五香萝卜干】

（1）原料配比　鲜萝卜300kg，食盐8～10kg，辣椒粉1kg，五香粉0.2kg，花椒粉0.5kg，甘草粉0.2kg，苯甲酸钠适量。

（2）制作方法

① 原料选择。选用肉质致密、脆嫩，皮薄肉厚，须根少，水分较少的新鲜白萝卜为原料。剔除肉质粗糙、空心、黑心和腐烂的萝卜。

② 整理、清洗。削除萝卜的叶丛、根须、糙皮和黑疤等不可食用部分，用

清水洗净表面的泥沙和污物，并沥干水分。

③ 切分。先将萝卜纵切为两半，再切分为长约 10～15cm、粗度约为 1.5cm、呈三角形的萝卜条。切条必须均匀，条条带皮。直径过大的萝卜应抽去心，过长的要切段，以防萝卜条过宽、过长。

④ 晾晒。将切分的萝卜条，摊放在苇席上，置于通风向阳的晒场进行晾晒。苇席应架空，距地面 50～80cm，南低北高，以利于阳光照射。萝卜条在苇席上应摊薄摊匀，要求条条都能被太阳晒到。晾晒时，每天翻动两次，傍晚将苇席折拢，也可覆盖草栅，以防霜冻、雾潮和雨淋。约经 3～5 天，晒至手捏柔软、无硬条、达 3～4 成干时为止。

⑤ 盐腌。将经晾晒好的萝卜条，摊晾散发热气后，按 100∶3 的比例与食盐翻拌均匀，并用力揉搓。直揉至萝卜条呈浅黄色、半透明状态即可装缸。装缸时，应边装边捣实，越紧实越好，进行腌制。一般需腌制 3～5 天。

⑥ 复晒。将经腌制的咸萝卜条，按鲜萝卜条晾晒的方法，摊放在苇席上进行复晒。晾晒时应勤翻动，以使萝卜条脱水均匀。一般需晒 2～3 天，每 100kg 咸萝卜条晒至 70kg 即可。

⑦ 复腌。将晒好的咸萝卜干晾凉后，每 100kg 加盐 1.5kg，翻拌均匀，装入缸内。边装缸边压紧实，越紧越好，腌制 7 天左右。

⑧ 拌料、装坛。将经复腌的咸萝卜条出缸，按配料比例加入食盐、辣椒粉、花椒粉、五香粉和甘草粉等各种辅料，翻拌均匀，装入坛内。装坛时，坛底需放些盐，并层层压紧实，两天后用木棒重压，使坛内空气排出。最后在坛口的萝卜条表面再撒一层食盐与辅料的配料。

⑨ 封坛。按 100kg 食盐加 1kg 苯甲酸钠的配比，制成混合盐。封口时，每坛坛口用 250g 混合盐封顶，上面加盖毛竹叶，再用稻草绳盘结塞口，最后用掺有黄沙的水泥封口，水泥厚度约为 1cm。经后熟即为成品。

（3）产品特点　色泽呈浅黄色，有光亮，质地干燥柔韧、筋脆，有自然甜味，五香味浓郁，鲜咸可口。

【辣萝卜】

（1）原料配比　白萝卜 5kg，食盐 6.1kg，高粱酒 500g，辣椒粉 325g，花椒 38g，甘草粉 125g，桂皮粉、胡椒粉各 25g，丁香粉 12.5g，白砂糖 250g，安息香酸钠 40g。

（2）制作方法

① 整理、清洗。去掉萝卜的叶、根、须及虫疤、腐烂部分，放入清水中洗净，再晾干表面水分。

② 盐腌。将经过处理的萝卜平铺于缸内，每铺一层萝卜，即铺上一层盐。第一次用盐量为 2.5kg，盐要铺得均匀。缸中萝卜铺满后，压上石头。腌制 2 天

后,水分可减少 20%～30%。

③ 复腌。将经过初腌的萝卜取出,沥去盐水,放入另一缸中,再加入食盐3.6kg,搅拌均匀。然后在缸上盖上竹盖,压上石头,腌制 20 天左右。

④ 切片、挤压。将挤压好的萝卜对剖后切成萝卜片,然后放在手中挤压,以压出 20%～25%的水分为宜。

⑤ 拌料。将挤压好的萝卜条放入容器中,喷上高粱酒,然后加入辅料。

⑥ 装坛。最后将经过加料的萝卜条放入坛内,密封 1 个月,即为成品。

(3)产品特点　色泽为淡黄色,质地清脆,口味清淡,香味扑鼻。

【腌萝卜响】

(1)原料配比　鲜萝卜 100kg,细盐 3kg,五香粉 0.2kg,生姜末 0.6kg,蒜泥 0.5kg,白糖 0.2kg,胡椒粉或辣椒粉 0.2kg,麻油 0.5kg。

(2)制作方法

① 原料选择。加工萝卜响的萝卜最好用粗纤维少、脆嫩的圆白萝卜,宜挑选无病斑虫眼、不糠心、生食口感好、无苦味、微甜的萝卜,每千克 6～10 个,应大小均匀。

② 清洗。原料选定后用清水冲洗干净,备用。

③ 切条。切条很有讲究,切条如果不规则会影响产品质量。刀工好加工出来的萝卜响大小均匀,长短整齐,两头尖,呈新月形,入口脆,嘎巴响。操作时将洗净的萝卜纵向切成对开,1kg 萝卜称 6～7 个的每个切 8 开,称 9～10 个的每个切 6 开,分级加工。

④ 晾晒、揉搓。切好的萝卜条用竹垫晾晒,第一天收晒时要进行揉搓,先轻后重,揉搓到萝卜条子出水为止,又叫“出汗”。第 2 天揉搓 2 次,中午 1 次,收晒时 1 次,连续操作 3 天。晒条的第 2 天如遇阴雨天,可用烘干机烘一烘,必须边烘边揉搓,直到水分失去 55%左右。揉搓要顺着一个方向进行,不要左旋一把右旋一把,否则上不了劲。

⑤ 焯水灭菌。晒好的萝卜响坯子放入沸水锅焯一下,用笊篱捞起来沥干,这样做可起到灭菌、清洗和释劲的作用。

⑥ 拌料腌制。配料腌制按 100kg 鲜萝卜准备细盐 3kg、五香粉 0.2kg、生姜末 0.6kg、蒜泥 0.5kg、白糖 0.2kg、胡椒粉或辣椒粉 0.2kg、麻油 0.5kg。按该程序将料倒入萝卜条盆中拌均匀。

⑦ 成品。常温下 5 天即可食用,低温保质期 90 天,常温保质期 60 天。

(3)产品特点　入口脆,嘎巴响,吃起来脆嘣嘣,故称萝卜响。

【甜辣萝卜干】

(1)原料配比　鲜白萝卜 100kg,食盐 8kg,辣椒粉 2kg,白糖 20kg。

(2)制作方法

① 原料选择。选用肉质细腻、质地脆嫩、干物质含量高、粗纤维少的新鲜白萝卜或青萝卜作为原料。剔除有病虫害和糠心的萝卜。

② 整理、清洗。削除萝卜顶端的叶丛、根毛及黑疤等不可食用部分。用清水洗净表面的泥沙和污物，并控干水分。

③ 切分。将洗净的萝卜切分成长约 4～6cm、宽和厚各为 0.8cm 的萝卜条。

④ 盐腌。按每 100kg 萝卜条加食盐 8kg 的比例，一层萝卜撒一层食盐，装入缸内腌制。每天翻动倒缸 1 次，连续倒缸 3～4 天，腌制成咸萝卜条。

⑤ 晾晒。将腌制的萝卜条取出，装入筐内控去盐卤，摊放在苇席上，置于通风向阳处，进行晾晒。晒至四成干即可。

⑥ 拌料、装缸。将晾晒的咸萝卜条干晾凉，用清水淘洗一次，沥干水分后，按配料比例加入白糖和辣椒粉，翻拌均匀，装入缸内。边装边压实，每天翻拌一次，经 4～5 天即可为成品。

也可选用已腌制为成品的咸萝卜坯为原料，经切分为萝卜条，用清水浸泡脱盐，再按上述鲜萝卜为原料的制作方法，经晾晒、拌料装缸，同样可制成甜辣萝卜干。

（3）产品特点　色泽呈浅黄色，质地柔韧、筋脆，味道甜辣略咸，爽口。

【咸坯萝卜头】

（1）原料配比　小圆萝卜 50kg，淮盐 4kg。

（2）制作方法

① 原料选择。选用形如鸡蛋、色白的小圆萝卜，要求不受冻伤，不空心，无烂斑。

② 整理。根据所需规格，将萝卜按大、中、小分档；然后将大的萝卜切成两半，以便吸收咸汁，促使早些成熟。

③ 盐腌。腌制用盐，以淮盐较适宜，鲜圆萝卜每 50kg，需用盐 4kg。将萝卜分层放置，分层撒盐，上面几层，需多撒些，顶层压上石头。每隔 1～2 天翻缸 1 次，每次倒缸时将盐卤澄清、煮沸、晾凉后倒回缸内，腌制 10 天。

④ 晒坯、储藏。10 天后，将腌制的小圆萝卜从缸中取出，放在笺中，沥去水分，平摊在帘子上暴晒 3～4 天（晚上无须收集，只要略加折拢，上盖草席即可）。直到萝卜晒至皮起皱缩，鲜萝卜每 50kg 晒到 12.5～15kg，即可装坛储藏，以待食用。

（3）产品特点　质脆嫩鲜，色泽明亮，储藏期长，不会变质。

【安东萝卜条】

（1）原料配比　鲜红心萝卜 5kg，食盐 450g。

（2）制作方法

① 原料选择。选用鲜嫩的红心萝卜，要求无糠心、无黑心、肉质细嫩。

②整理。将萝卜去须去缨,用清水洗净泥沙。

③切分。将萝卜切成长 7cm、宽 1cm 的三棱条块,晾去表面水分。

④盐腌、晒坯。以一层萝卜、一层食盐,层层码放在干净无水的缸中,每天翻动 1 次,排除热量,使萝卜与盐充分接触,7 天后取出,晾晒至六成干备用。

⑤上卤。将缸中的盐卤放入锅内烧沸,待晾凉后把晒好的萝卜条放入盐水中上卤,每两天 1 次,即白天晾晒,晚上上卤,20 天后即为成品。

(3)产品特点 色呈浅红,质地脆嫩,清香爽口。

【腌水萝卜】

(1)原料配比 鲜嫩水萝卜 10kg,盐 600g。

(2)制作方法

①原料选择。选用长 10cm 左右的鲜嫩水萝卜。

②整理、清洗。用刀削除萝卜的叶丛和根须,用清水洗净表面的泥沙和污物,沥干水分。

③晾晒。将水萝卜置于通风向阳处进行晾晒,直至五六成干。

④盐腌。按比例每千克水萝卜配盐 60g,放盆内拌匀,反复揉搓至水出,萝卜发软,然后装入小坛盖严。

⑤复晒。次日早取出,放置朝阳处吹晒。待日落时将萝卜揉至出水发软、色变赤红,即可装入坛内盖严。

⑥装坛。第三天仍取出晾晒,去除水分,装坛前将萝卜揉至潮湿软红。每坛要装满、压实,用稻草拧成把,塞紧坛口,勿使透气通风。将菜坛放置阴凉处,1 个月后即为成品。

(3)产品特点 香脆可口,有开胃生津之功效。

二、萝卜的酱渍技术与应用

1. 萝卜的酱渍技术

【酱渍技术】

(1)原料配比 咸萝卜坯 100kg,甜面酱 80~100kg。

(2)制作方法

①原料选择。选用腌制为成品的咸萝卜坯作为原料。

②切分。为了便于入味,把咸萝卜切成条状、片状等。

③脱盐。将切分后的咸萝卜放入清水中浸泡脱盐。浸泡时间 20h 左右,中间换水 3~4 次。待盐分降低后,捞出。

④脱水。用压榨机脱水或放入筐内,将筐叠置,压出 60% 的水分。

⑤ 酱渍。将脱盐的萝卜条或片，装入酱袋，放进甜面酱中酱渍。如果萝卜片过大时，也可直接入酱进行酱渍。在酱渍过程中，每天翻动酱袋 1～2 次。

⑥ 放风。将酱袋取出，把萝卜倒出，淋去咸卤，再重新装入酱袋，继续酱渍。4～5 天放风 1 次，一般 10～15 天即为成品。

（3）产品特点　色泽呈红褐色，质地脆嫩，酱味浓，味甜咸。

【酱油渍技术】

（1）原料配比　咸萝卜 100kg，酱油 25kg。

（2）制作方法

① 原料选择。选用腌制为成品的咸白萝卜坯为原料。

② 切分。为了便于入味，把咸萝卜切成条状、片状等。

③ 脱盐。将咸萝卜坯放入清水中浸泡 12h，进行脱盐。中间换水 1～2 次。

④ 脱水。将咸萝卜捞出，用压榨机压出 40% 的水分。

⑤ 酱油渍。将酱油煮沸，晾凉后再倒入缸中，放入经脱盐的萝卜坯，翻拌均匀，进行酱油渍。每天翻拌 1～2 次。酱渍 3～5 天即可为成品。

（3）产品特点　酱红色，质地清脆，清香爽口。

2. 萝卜的酱渍实例

【北京小酱萝卜】

（1）原料配比　鲜二缨子 50kg，食盐 7kg，甜面酱 12.5kg，黄酱 25kg。

（2）制作方法

① 原料选择。小酱萝卜的原料为北京特产"二缨子"萝卜，每年 9 月下旬至 10 月中旬进行采收。规格为条长 13～15cm，直径 2～2.5cm，每千克称 8～12 条为最佳。要求个条直顺，上下一般粗，根部为圆头的较好。萝卜要鲜嫩，无花心，质艮脆。

② 整理、清洗。在腌制前，需将二缨子萝卜除去根须，用清水洗净。

③ 盐腌。首先将原料放入腌缸内，按配料比例上边放盐，每 50kg 萝卜加盐 7kg，加水 9kg，水浇盐而下。然后每天倒缸 1 次，待食盐全部溶化，每隔 1 天，倒缸 1 次，一周后，每隔 2～3 天再倒 1 次，20 天后即可封缸储存。封存时要使盐水漫过原料，如果原料表层已风干，还要加入盐水，以保证质量。

④ 脱盐、脱水。小萝卜在酱渍前可撤出部分盐分，夏季也可以不撤，用清水稍洗一下即可，然后捞出控干水分。

⑤ 酱渍。按照一层萝卜一层酱，装入缸内，每天要打耙 2 次，20 天以后即可酱透。冬季制作则要延长 10～15 天才能制成。

（3）产品特点　小酱萝卜呈枣红色，有光泽，质地脆嫩，不仅酱味浓厚，还带有一种天然的萝卜香气。

【甜酱萝卜】

(1) 原料配比　萝卜 50kg，食盐 3kg，黄酱 20kg，甜面酱 22.5kg。

(2) 制作方法

① 原料选择。将萝卜按个头大小分别挑出，个头过大和过小的留作切萝卜干用。

② 整理、清洗。剔除须根，将个头均匀整齐（长 10～15cm、直径 2～3cm）的萝卜清洗干净。

③ 盐腌。入缸初腌，萝卜每 100kg 加食盐 6kg，每天倒缸 2 次，2 天后出缸控卤，入缸酱渍。

④ 初酱。按入缸萝卜的量加入 50% 的黄酱。每天打耙 4 次，并逐步加入剩余的黄酱 10kg，3 周后即为黄酱萝卜。

⑤ 复酱。将黄酱萝卜分缸控净，另入缸复酱，酱萝卜每 100kg 加甜面酱 50kg。每天打耙 4 次，2 周以后即为甜酱萝卜。

(3) 产品特点　棕褐色，有光泽，酱味浓厚，甜咸适口，整齐脆嫩，无毛根，无糠心。

【岳阳兰花萝卜】

(1) 原料配比　鲜萝卜 100kg，食盐 4kg，麦酱卤 20kg，辣椒粉 1.5kg，小磨香油 2kg。

(2) 制作方法

① 原料选择。需选用 12 月以前出土的萝卜，此时的萝卜呈白色、鲜嫩、肉实、皮厚、水分足，每个重约 150～250g 为宜。

② 整理、清洗。挑选出糠心、有病斑的萝卜。用清水将萝卜刷洗干净，沥干水分。

③ 盐腌。入池腌制，一层萝卜一层盐，用盐量为萝卜质量的 4%，4～5 天后进行第一次翻池，再加盐 2～2.5kg，经 2～3 天，萝卜沉池后即可封池。

④ 封池。在萝卜坯上盖一层盐，再放上晒垫，池口用塑料薄膜密封。每百千克鲜萝卜可产咸坯 50kg。

⑤ 切制。用刀从萝卜中心线切，正刀横切，反刀斜切，每刀间隔 0.2cm，切深度为萝卜的 2/3，不能切透，形如弹簧，一拉就长，一松复原，形成兰花。

⑥ 脱盐。将切好的兰花萝卜，放至清水中泡浸 3h，中间换水 2 次，漂洗至含盐量为 5%～6%。

⑦ 脱水。将萝卜上榨脱水，50kg 萝卜坯压榨得 15～17.5kg 的产品。

⑧ 酱渍。将经脱盐、脱水后的萝卜坯，按配方比例加入麦酱卤、小磨香油、辣椒粉等辅料，拌和均匀即为成品。

(3) 产品特点　色泽鲜艳，形似兰花，质地脆嫩，香辣浓郁。

【甜辣萝卜丝】

(1) 原料配比 咸萝卜 100kg，酱油 50kg，辣椒酱 4kg，糖精 20g，芝麻仁 0.5kg，苯甲酸钠 30g。

(2) 制作方法

① 原料选择。选用腌制为成品的咸白萝卜坯为原料。

② 切分。用切丝机将咸萝卜切分成粗为 0.2cm 的细丝。

③ 脱盐。将萝卜丝放入清水中浸泡 8～12h 进行脱盐。中间换水 1～2 次。脱盐后，捞出萝卜丝上榨脱水至七成干。

④ 酱油渍。将脱盐后的萝卜丝抖松，均匀地放入酱油内，并拌入辣椒酱和糖精等辅料，搅拌均匀，进行浸渍。每天倒缸 1 次。酱渍 5～6 天后，拌入经炒熟的芝麻仁，即为成品。

(3) 产品特点 色泽呈黄褐色，质地柔脆，味道咸辣有甜味。

【桂花紫香萝卜干】

(1) 原料配比 咸萝卜 100kg，酱油 30kg，白糖 1kg，糖精 15g，桂花 0.1kg，料酒 0.4kg，苯甲酸钠 20g。

(2) 制作方法

① 原料选择。选用腌制为成品的咸萝卜为原料。

② 切分。将咸萝卜切分为长约 8～10cm、宽 4～6cm、厚 1～1.5cm 的片。

③ 脱盐、脱水。将咸萝卜片，放入清水中浸泡脱盐 12～24h，中间换水 2～3 次。待盐度下降后，将萝卜片捞出，用压榨机压榨脱除 50% 的水分。

④ 酱油渍。将脱盐的萝卜片，装入缸内，按配比加入酱油进行酱渍。在酱渍过程中，每天倒缸 1 次，连续酱渍 7 天左右。

⑤ 晾晒。将经酱渍的萝卜片捞出，放入筐内，淋去酱油卤汁，而后摊放在苇席上，置于通风向阳处晾晒 2～3 天，晒至六成干，制成咸萝卜干坯。

⑥ 配制调味液。先将酱油放入锅中加热煮沸，再按配比加入白糖、糖精和苯甲酸钠，搅拌使其溶化，晾凉后，加入桂花和料酒，搅拌均匀，制成调味液。

⑦ 拌料。将咸萝卜干坯放入容器内，倒入已配制好的调味液，翻拌均匀，进行装缸，边装缸边压实。装满缸后，用塑料薄膜捆扎封严缸口，闷缸后熟，经 1 周左右，即可为成品。

(3) 产品特点 色泽呈紫褐色，有光泽，质地艮脆有韧性，桂花香气浓郁，味道甜香、鲜咸可口。

【酱辣萝卜条（片）】

(1) 原料配比 咸萝卜 100kg，酱油 25kg，辣椒粉 1kg，白砂糖 30kg，味精 40g。

（2）制作方法

① 原料选择。以腌制为成品的咸白萝卜坯为原料，并选用色泽鲜红的新鲜辣椒酱，以质量优良的白砂糖和酱油为辅料。

② 切分。将咸萝卜的根须去掉，然后切分成长为 5～7cm、宽和厚均为 8cm 的萝卜条，或根据萝卜的长短纵切成厚为 0.8～1cm、长为 15cm 的片。

③ 脱盐、脱水。将切分的咸萝卜坯，放入清水中浸泡 12～24h 进行脱盐。中间换水 1～2 次，然后捞出，用压榨机压出 40％的水分。

④ 酱油渍。先将酱油在锅中煮沸，加入辣椒粉、白砂糖和味精后混合均匀，倒入缸中晾凉。然后放入经脱盐的萝卜菜坯，翻拌均匀，进行酱渍。每天翻缸 1 次。5 天左右即可为成品。

（3）产品特点　色泽浅黄褐色，带辣椒红色，质地清脆，味道咸辣微甜，如彩图 1 所示。

【扬州萝卜头】

（1）原料配比　萝卜 100kg，食盐 7kg，酱油 30kg，甜面酱 30kg。

（2）制作方法

① 原料选择。制作酱萝卜头的原料以扬州郊区产的晏种为最好，其他如五缨、二户头等品种次之，每年于农历霜降后即可大量收购。要求萝卜头皮薄、个圆、实心。每千克在 50 个左右，其长度在 5cm，直径为 4cm 左右。

② 整理。鲜萝卜头进厂后需进行严格分级。制作酱萝卜头的原料要个头整齐，并剔除有虫斑、空心、黑疤的萝卜。

③ 清洗。用清水将萝卜头洗涤干净，沥干水分。

④ 盐腌。将萝卜与食盐逐层下缸腌制，一层萝卜一层盐。盐要撒匀拌匀，每隔 12h 倒缸 1 次，腌制 4h。盐卤保存备用。

⑤ 晾晒。将腌坯出缸后置于阳光下暴晒，料层不宜过厚，每 100kg 腌坯约占 $10m^2$ 面积的晒帘，经 5～6 天，以萝卜头起皱皮、手捏无核时为度。这种方法使萝卜头中的糖分不易流失，加工出的产品味甜且质量较好。

⑥ 烫卤。将保留的盐卤配成 12°Bé 加热煮沸，再停火降温至 80～85℃，浸烫干萝卜头，去除咸涩味和辛辣味，并保持萝卜的脆度，也便于储存。烫卤后隔日捞起，晒干表皮水分后，即可装坛储存。

⑦ 装坛。每 50kg 萝卜头用 750g 细盐拌透后装坛，压紧，用棍捣实。坛口塞紧稻草，堆放在室内阴凉处，避免阳光直晒，咸坯出品率为 35％左右。

⑧ 酱制。取坛内咸坯，剪去残存根蒂和泥须，剔除空心、不脆、有霉斑的次品萝卜，然后放入 12～14°Bé 淡酱油中浸泡 2h（可按季节适当延长或缩短），取出后沥去卤汁，装袋后按照 1∶1 的比例放入甜面酱中进行酱制，每日需倒缸 1 次，夏季约用 10 天，春秋为 14 天，冬季为 20 天左右即可成熟。

（3）产品特点　酱萝卜头色泽金黄，个头整齐，鲜甜脆嫩，有浓郁的酱香和萝卜香气。

【酱辣佛手萝卜干】

（1）原料配比　咸萝卜 100kg，酱油 80kg，辣椒粉 1kg，香油 2kg，糖精 30g，苯甲酸钠 100g。

（2）制作方法

① 原料选择。选用腌制为成品的咸萝卜坯为原料。以椭圆形的萝卜为好，制成品的形状更似佛手。

② 切分。将咸萝卜先纵切分成厚度为 1cm 的片。对于长条形的萝卜，可先横切分为长 5～7cm 的段，再切分为片。然后从萝卜片的一端，直切四刀，深达萝卜片长度的 3/4，留有 1/4 处相连，不要切断，呈佛手形。

③ 脱盐、脱水。将切分后的咸萝卜片，在清水中漂洗两遍后，用压榨机压榨脱除盐水，降低菜坯盐度。一般脱除 60% 的水分。

④ 调味酱油的配制。先将香油在锅中加热，放入辣椒粉炸至微黄，制成辣椒油。注意油温不要过热，以免辣椒被炸焦，风味变劣。按配料比例，将糖精和苯甲酸钠加入酱油中，不断搅拌使其溶解，制成调味液。

⑤ 酱油渍。将脱盐的萝卜片，放在缸内，倒入辣椒油和调味液，不断翻拌均匀，腌制 2～3 天。然后将萝卜片取出，装入干净的菜坛内，边装边压紧，直装至坛口，用塑料薄膜密封坛口。经 10～15 天即可为成品。

（3）产品特点　色泽呈黄褐色，形似佛手，质地清脆，味道甜香、鲜咸微辣。

【五香熟萝卜干】

（1）原料配比　鲜萝卜 100kg，食盐 10kg，酱油 16kg，味精 1kg，五香粉 1kg。

（2）制作方法

① 原料选择。选用质地鲜嫩、干物质含量高、皮薄、无糠心的新鲜白萝卜或青萝卜为原料。

② 整理、清洗。削除萝卜顶端叶丛和根须，用清水洗净泥沙和污物，并控干水分。

③ 切分。将萝卜纵向切成宽与厚各为 1.5cm、长为 8～10cm 的萝卜条。

④ 晾晒。将萝卜条摊放在苇席上，置于通风向阳处进行晾晒，晒至四成干。

⑤ 盐腌。将经晒制的萝卜干与食盐按配料比例，一层萝卜撒一层食盐装入缸内，直至装满，最上面撒满一层食盐，压上石块进行腌制。每天倒缸 1 次，连续倒缸 3 天，待萝卜条吃透盐，即可制成咸萝卜条坯。

⑥ 复晒。将腌好的萝卜条取出，装入筐内控去盐卤，然后摊放在苇席上，置于向阳通风处晒至半成干。

⑦ 调味酱油的配制。按配料比例，将五香粉、味精与酱油混合在一起，搅拌均匀，制成调味液。

⑧ 酱油渍。将晒制好的咸萝卜条干坯，用清水淘洗，除去尘土、沥干水分后，装入缸内，然后倒入已配好的调味液，不断翻拌均匀，待萝卜条干吃透调味液即可。

⑨ 蒸熟。将经调味的萝卜条摊放在屉上，用蒸汽蒸制 0.5h 左右，萝卜条质地绵软后，即为成品。

（3）产品特点　色泽呈红褐色，有光泽，质地绵软，鲜香可口。

三、萝卜的糖醋渍技术与应用

1. 萝卜的糖醋渍技术

（1）原料配比　白萝卜 100kg，食盐 8kg，食醋 30kg，白糖 6kg，糖精 60g。

（2）制作方法

① 原料选择。选用肉质肥厚、质地细嫩、无空心、无病虫害的新鲜白萝卜为原料。

② 整理、清洗。削除萝卜顶端叶丛和根须，用清水洗净泥沙和污物，控干水分。

③ 盐腌。将萝卜与食盐按 100∶8 的比例装缸进行盐腌。装缸时，一层萝卜撒一层食盐，加盐量底部少些，上层可多些。装至满缸，顶层撒满一层食盐。腌制 2~3 天，制成咸萝卜坯。

④ 脱盐、脱水。将经腌制的咸萝卜坯切成 1cm 厚的薄片，放入清水中浸泡脱盐 6h，中间换水 1 次，而后捞出，上榨压出 40% 的水分。

⑤ 糖醋液配制。按配料比例先将食醋在锅中煮沸，放入白糖和糖精，使其溶化，搅拌均匀，晾凉备用。

⑥ 糖醋渍。将经脱盐的萝卜片放入缸内，倒入已配好的糖醋液，进行糖醋渍，每天翻动 1 次，3~4 天即为成品。

（3）产品特点　色泽呈浅黄色，质地脆嫩，甜酸可口，微有咸味，如彩图 2 所示。

2. 萝卜的糖醋渍实例

【酸辣萝卜干】

（1）原料配比　鲜白萝卜 100kg，食醋 15kg，白糖 5kg，食盐 3.5kg，辣椒粉 0.8kg，香油 2kg，花椒 0.25kg，大料 0.25kg，味精适量，清水 50kg。

（2）制作方法

① 原料选择。选用肉质致密、无病虫害的新鲜白萝卜为原料。

② 整理、清洗。削除萝卜顶端叶丛和根须，然后用清水洗净泥土和污物，控干水分。

③ 切分。将整理后的萝卜切分成长 4cm、宽和厚各为 0.8cm 的萝卜条。

④ 晾晒。将萝卜条摊放在苇席上，置于通风向阳处进行晾晒，并不断翻动。一般每 100kg 鲜萝卜条晒制成 10kg 萝卜条干。

⑤ 拌料、装缸。先将香油在锅中烧热，加入辣椒粉炸至微黄，制成辣椒油。注意油温不要太高，以免将辣椒炸焦。将辣椒油趁热倒入萝卜条干中，翻拌均匀，在缸内焖 1h，使萝卜条吃透辣味。

⑥ 糖醋液配制。按配料比例，先将清水在锅中煮沸，然后加入食醋、食盐、花椒和大料等调味料，搅拌均匀，再加入味精，制成调味液。

⑦ 糖醋渍。将白糖撒在焖好辣椒油的萝卜条上，然后浇入调味液，并及时翻拌均匀，装入缸内进行腌制。每天翻动 1 次，以使调味液渗透均匀。腌制 15～20 天即为成品。

（3）产品特点　色泽呈黄褐色并有辣椒红色，质地柔韧、筋脆，味道酸、辣、咸、甜、香五味俱全，风味独特。

【糖辣萝卜干】

（1）原料配比　鲜萝卜 100kg，食盐 8kg，白糖 25kg，食醋 8kg，辣椒粉 1kg，清水 13kg。

（2）制作方法

① 原料选择。选用皮薄、肉质肥厚、细嫩的新鲜白萝卜为原料。剔除糠心和有病虫害的萝卜。

② 整理、清洗。将萝卜削去叶丛和根须以及黑疤等不可食用部分。然后用清水洗净泥沙和污物，沥干水分。

③ 切分。将萝卜纵切成厚 1.5cm、宽 2～3cm、长 4～5cm 的条片。

④ 盐腌。将萝卜条与食盐按 100∶8 的比例，一层萝卜撒一层食盐装入缸内，进行盐腌。每天倒缸两次，连续倒缸 3 天。每次倒缸时，应用力揉搓萝卜条，直至揉压出萝卜汁，以促使食盐溶化，渗入萝卜条内，同时排出辛辣气味。直腌制至萝卜条发软。

⑤ 晾晒。将盐腌好的萝卜条捞出，沥干盐卤，摊放在竹帘或苇席上，置于通风向阳处进行晾晒。晒制时应经常翻动，以使晒制脱水均匀。晒至六成干即可。

⑥ 糖醋渍。将晒好的萝卜条干，放于一容器内，撒入白糖、辣椒粉、食醋和清水，翻拌均匀，装入缸内，边装边捣紧实。装满后，盖上竹帘或木条，压上石块，封闭缸口，焖缸后熟 10 天左右，即可为成品。

（3）产品特点　色泽呈红、黄色，有光泽，质地清脆，有韧性，甜辣微咸，清香可口。

【醋渍萝卜】

（1）原料配比　咸白萝卜100kg，食醋50kg。

（2）制作方法

① 原料选择。以腌制为成品的咸白萝卜为原料。

② 切分。将咸萝卜削去根须和粗皮，而后切分成长2cm、宽1cm、厚0.3cm的菱形片，或切分成宽约1cm、长2.5cm、厚0.4cm的长条。

③ 脱盐、脱水。将切分的咸萝卜片放在清水中浸泡4～8h，中间换水2～3次，待盐度降低后，捞出用压榨机压榨，或装在筐中叠置，压出60%的水分。

④ 醋渍。先将醋放在锅内煮沸，晾凉后与脱盐后的萝卜片（或条）一起装入缸内，翻拌均匀，进行醋渍。每天翻动1次，以使食醋渗透均匀。3～5天即可为成品。

（3）产品特点　色泽呈浅黄色，质地清脆，味咸酸，清香爽口。

【镇江糖醋响】

（1）原料配比　萝卜坯60kg，食醋35kg，食糖17.5kg。

（2）制作方法

① 整理、切分。选用大红萝卜，经洗涤后去头尾，对开切成2半。

② 盐腌。将切好的菜坯下缸腌制，菜坯每50kg下盐3.5～4.5kg，每日翻倒2次，连续3～4天即可出缸。

③ 晾晒。把腌菜坯放在阳光下暴晒，待萝卜表面呈现枣纹状、内无硬心时即可收起。

④ 烫卤。将腌菜缸中盐卤加温至80～85℃，倒入盛有萝卜干咸坯的缸中进行烫卤，捞出后经阳光晒干储存备用。

⑤ 脱盐。将咸菜坯切成直径2～2.5cm不规则的薄片，经清水浸泡漂洗，把咸萝卜坯含盐量降低到6%左右。

⑥ 晾晒。将咸萝卜坯摊放在阳光下暴晒至干。

⑦ 糖醋渍。咸萝卜坯按每50kg用醋35kg、食糖17.5kg的比例下料。先将醋加热煮沸，然后再将食糖倒入醋中，搅拌溶化，配成糖醋卤，冷却到60～70℃时备用。将大响干（即萝卜薄片）预先放入坛中，注满糖醋卤，用生姜、老葱掩口，再用黄泥将坛口封严，经30～40天后即为成品，出品率为干坯的100%～120%。

（3）产品特点　呈红棕色且有光泽，甜酸适宜，质脆有自然香气。

四、萝卜的泡酸菜技术与应用

1. 萝卜的泡酸菜技术

（1）原料配比　白萝卜5kg，一等老盐水4kg，食盐125g，干红辣椒100g，红糖 30g，白酒 60g，醪糟汁 20g，香料包 1 个。

（2）制作方法

① 原料选择。选用肉质细嫩、不空心、无病虫害的新鲜白萝卜为泡制原料。

② 整理、清洗。削除萝卜的叶丛和根须，用清水洗净泥沙。

③ 切分。先横切成长为 6～8cm 的段，再纵切成条或块。

④ 晾晒。把切分的萝卜条或萝卜块放在通风向阳的地方晾晒至发蔫。

⑤ 预腌出坯。经过晾晒的萝卜，加入食盐进行腌制出坯 4 天，捞出，晾干表面附着的水分。

⑥ 装坛。选用无砂眼、无裂纹质量良好的泡菜坛，洗刷干净，并控干水分。将老盐水倒入刷洗干净的泡菜坛内。将萝卜条或萝卜块与白糖、白酒、醪糟汁和干红辣椒等调料混合，翻拌均匀，装入盛有盐水的坛中。装至半坛时加入香料包，再加入萝卜条至满坛。盖好坛盖，注满坛沿水，密封坛口。

⑦ 发酵。将装好的菜坛置通风、干燥、洁净处进行发酵。一般泡制 5～7 天即可成熟。

（3）产品特点　色泽呈黄白色，质地嫩脆，咸辣微酸，清香爽口，如彩图 3 所示。

2. 萝卜的泡酸菜实例

【酸萝卜】

（1）原料配比　鲜萝卜 100kg，凉开水适量。

（2）制作方法

① 原料选择。选用肉质肥厚、皮薄、质地细腻脆嫩、无糠心、无病虫害的新鲜萝卜为原料。

② 整理、清洗。将萝卜削去顶部叶丛、根须和粗糙的表皮及斑疤等不可食用部分。而后用清水洗净泥沙和污物，并晾干附着的水分。

③ 切分、晾晒。将清洗后的萝卜，个体较大的用刀切分为 2～4 瓣，小个的切分为两瓣。而后置于通风向阳处，进行晾晒 1～2 天，直晒至萝卜表面发干即可。

④ 装坛。选用一口小、肚大的腌菜坛或缸，刷洗干净，并擦干附着的水分。将晒好的萝卜分层装入缸（或坛）内，并逐层压实，装满后压上石块。而后灌入适量凉开水，并使之淹没萝卜。

⑤ 发酵。将装好萝卜的缸（或坛），密封缸（或坛）口，置于通风、洁净、凉爽的室内进行自然发酵。经 30 天左右即可为成品。

（3）产品特点　色泽微黄，质地脆嫩，味道微酸，鲜香爽口。

【泡熟萝卜】

（1）原料配比　萝卜 10kg，红辣椒 1kg，青辣椒 500g，蒜 1kg，葱 3kg，姜 1kg，盐水适量。

（2）制作方法

① 整理、清洗。把萝卜去顶、去根须，清洗干净；红辣椒、青辣椒去蒂，清洗干净，沥干水分；将葱去根须，洗净擦干。

② 切分。把萝卜纵切成四瓣；将葱切成三段，整齐地用葱叶一捆捆地捆好；把红辣椒纵切成4份；姜蒜切片。

③ 煮制。将萝卜置于烧开的盐水中，煮至三分熟，立即捞出，沥干水分，放入坛中。

④ 装坛。洗净菜坛，擦干坛内水分，将捆好的葱、切好的辣椒与剩下的红辣椒、青辣椒、白糖、姜、蒜一起放入坛内。装坛应当装满压实。

⑤ 发酵。取咸淡适中的盐水，加热煮沸，晾凉后注入坛内，将菜淹没为止，盖好坛盖，坛沿应当时时有水。发酵15天后可食用。

（3）产品特点　本品色泽美观，味道齐全。

【泡甜萝卜】

（1）原料配比　白萝卜10kg，川盐0.5kg，老盐水（泡蒜老盐水）2.5kg，白糖1.25kg，白酒100g，特级白酱油2.5kg，干红辣椒200g，一级醋1.7kg，红糖2kg，醪糟汁100g，新盐水1.25kg，香料包1个。

（2）制作方法

① 原料选择。选择个大、鲜嫩、不空心的白色圆根萝卜。

② 整理、清洗。去顶、去根须，清洗干净，沥干水分。

③ 切分、盐腌。将萝卜逐个切成3cm厚的片。用川盐拌匀，放入盆内腌制3天，捞出，沥干涩水。

④ 装坛。将各种配料调匀装入泡菜坛内，放入萝卜片及香料包，注入泡制过大蒜的老盐水，盖上坛盖，添足坛沿水。

⑤ 发酵。将菜坛置于阴凉通风处，发酵1个月后即为成品。萝卜入坛后半个月左右要翻坛1次，使其入味均匀。

（3）产品特点　本品滋味厚实，质地脆嫩。

第三节　胡萝卜的腌制技术与应用

一、胡萝卜的盐渍技术与应用

1. 胡萝卜的盐渍技术

（1）原料配比　胡萝卜5kg，盐1kg。

（2）制作方法

① 原料选择。选用个大、整齐、橙黄色的品种为宜，要求质地脆嫩、无病虫害、无机械损伤、新鲜。

② 整理、清洗。将胡萝卜去根须，用清水洗净去泥沙。

③ 切分、晾晒。用刀将胡萝卜对剖，切成长条。置太阳下晒至皱缩、萎蔫。

④ 盐腌。将发蔫的胡萝卜条放入盆内，加适量的盐，用手揉搓，直至见水分。装在干净的坛（缸）中，挤紧压实，在表面撒一些盐，封好坛（缸）口。腌制 4～5 天。

⑤ 再晒。胡萝卜出坛（缸）后，摊开晾晒，连续几个晴天快速晾晒至七八成干，即可装入洗刷干净的坛（缸）内储藏，可随时取用。

（3）产品特点　色泽美观，味清香，略带甜味。

2. 胡萝卜的盐渍实例

【盐水红干】

（1）原料配比　鲜红胡萝卜 50kg，盐 1kg，12～14°Bé 盐卤、18～19°Bé 盐卤、21～22°Bé 盐卤各 30～35kg。

（2）制作方法

① 整理。鲜红胡萝卜（简称红干）采收后，摘去樱叶，削去头尾及根须，用刀切除根蒂部分，剔除畸形、裂口、黑斑、伤疤等不合格胡萝卜。

② 清洗。放入清水缸中，用木棒均匀搅拌，以除去表面的薄皮和附着的泥土，洗后装箩淋水。

③ 切分。将洗净后的胡萝卜沿正中，顺根长，切成对开的半圆状。

④ 初腌。把切制后的鲜红干放入缸中，加 12～14°Bé 的盐卤漫头浸泡，约浸泡 12h 后，用木耙上下翻搅，浸泡 24h 后，取出装箩淋水。经初腌的红干，称为鲜咸片。

⑤ 复腌。将此鲜咸片，放入另一缸中，换用 18～19°Bé 澄清盐卤，漫头浸泡，浸泡 24h 后起缸。

⑥ 装缸、储藏。咸片经复腌后，沥去盐卤，放入干净的空缸中，层层踩紧压实，缸面用匾衣、竹片等别紧缸头，用澄清的 21～22°Bé 盐卤漫头浸泡后，加封缸盐，储存备用。

（3）产品特点　色泽红艳，质地脆嫩，口味清香微甜。每 50kg 鲜红胡萝卜，可生产 37.5～40kg 的盐水红干。

【腌胡萝卜干】

（1）原料配比　胡萝卜 5kg，盐 500g，花椒 25g，大料 25g。

（2）制作方法

① 原料选择。选用质地脆嫩、大小均匀、无黑心、无开裂、无损伤的新鲜胡萝卜为原料。

② 清洗、切分。将胡萝卜去根须,用清水洗净,切成长条。

③ 盐腌、晾晒。把切好的胡萝卜条放入盆内,撒上少许盐拌匀,腌制 1～2 天,取出晾晒至六七成干。

④ 拌料。取 1 只干净的大盆,把晒干的胡萝卜条放入盆中,再撒盐,加入花椒、大料,用手反复揉搓至回软,见有少许水即可。

⑤ 装坛。将揉搓好的胡萝卜条装入 1 只干净、无水的坛内,压紧,封坛口,1 个月后即可食用。

(3) 产品特点　色泽红润,咸香带甜,制作方便。

【江苏萝卜条】

(1) 原料配比　胡萝卜 5kg,食盐 500g,白酒 10g,糖精少许。

(2) 制作方法

① 整理、清洗。将新鲜的胡萝卜摘去樱叶,削去头尾及根须,用清水洗去泥土。

② 切分。将清洗后的胡萝卜切成长 3.3cm、宽和厚各 1cm 的条。

③ 盐腌。用刀将胡萝卜切成长条,然后用盐 200g,以一层萝卜、一层盐的腌制方法,码入刷洗干净的坛内,装时每层再适量淋些水,以助盐的溶化。每天翻动 1 次,腌制 3 天。

④ 晾晒。控干盐卤,放置阳光下,晾晒至八成干。

⑤ 再腌。将胡萝卜条与剩余的 300g 盐拌匀,装入坛内,每天翻动 1 次,4 天后压上重物,1 个月后取出。

⑥ 脱盐。用清水浸泡,脱去部分盐分,沥干水分。

⑦ 拌料。将白酒、糖精与胡萝卜条拌匀即为成品。

(3) 产品特点　色泽金黄,质地筋韧,香咸中带甜。

【咸辣萝卜干】

(1) 原料配比　小胡萝卜 5kg,食盐 500g,蒜头 2 个,红辣椒 10 个,花椒少许。

(2) 制作方法

① 原料选择。选用大小均一、无损伤的新鲜小胡萝卜。

② 整理、清洗。胡萝卜清洗干净,红辣椒去蒂、去籽后洗干净,蒜剥瓣去皮。

③ 切分。将胡萝卜切成小滚刀,红辣椒切成细丝。

④ 晾晒。将切好的萝卜放竹帘上,置阳光下,晾晒至四成干。

⑤ 盐腌。将晾晒后的胡萝卜放入盆内,加入盐、花椒、蒜瓣、辣椒丝,用手揉搓,搓至回软。

⑥ 装坛。装入刷洗干净的坛内,压结实,封口,1 个月后,即可取出食用。

（3）产品特点　质筋脆，味辣香，稍有甜味。

二、胡萝卜的酱渍技术与应用

1. 胡萝卜的酱渍技术

【酱渍技术】

（1）原料配比　鲜胡萝卜 100kg，食盐 10kg，甜面酱 80kg。

（2）制作方法

① 原料选择。选用肉质橙红色、质地脆嫩、大小均匀、无黑心、无开裂、无损伤的新鲜胡萝卜为原料。也可选用已腌制为成品的咸胡萝卜为原料。

② 清洗、去皮。将胡萝卜用清水洗净，切除顶及尾部。再将外表皮全部脱净（采用手工、化学去皮法均可）。注意脱皮必须全部脱净，否则成品的带皮处会出现黑斑。

③ 切分。将洗净去皮后的胡萝卜切分为 0.2cm 厚的薄片。

④ 盐渍。将胡萝卜片与食盐按 10∶1 的比例，一层胡萝卜片一层盐进行装缸，盐渍 1～2 天。

⑤ 脱盐、脱水。将盐渍的胡萝卜片捞出，用清水漂洗 2 遍，脱去部分盐分后，控干水分；如以咸胡萝卜为原料加工时，可将切分好的胡萝卜片放入清水中浸泡脱盐 20h 左右，盐分降低后捞出，上榨或放入筐中叠置，压出 60％的水分。

⑥ 酱渍。把脱盐的胡萝卜片装入酱袋内，放入甜面酱中进行酱渍。每天翻动、捺袋 1～2 次，4～5 天放风 1 次。即取出酱袋，把胡萝卜片倒出，翻动均匀，淋去咸卤，然后重新装入酱袋，继续酱渍。一般酱渍 10～15 天即为成品。

（3）产品特点　色泽呈红褐色，质地脆嫩，味甜咸，酱味浓郁。

【酱油渍技术】

（1）原料配比　胡萝卜 100kg，食盐 7kg，16°Bé 盐卤或 10～12°Bé 盐卤 5kg，酱油（二级酱油）20kg。

（2）制作方法

① 整理、清洗。胡萝卜采收后，切去根须部分，洗涤去除泥土，淋水洗干净后入缸腌制。

② 盐腌。

a.直接加盐法。将洗涤后的鲜胡萝卜，按 100kg 加盐 7kg 的比例，盐渍时洒 16°Bé 盐卤 5kg，然后按一层萝卜一层盐，层层洒遍。盐渍后次日起每天翻倒 1 次，倒缸时要求连卤翻缸。腌 3～4 天后，即可并缸，层层捺实。缸面用竹片、篾片卡紧、漫卤储存。

b.卤腌法。将洗涤后的鲜萝卜，倒入 10～12°Bé 的盐卤内漫头浸泡，一周后卤度降低，再加盐至 12°Bé，将浸泡胡萝卜倒缸，层层捺平，装满后缸面用竹片、篾片卡紧。13°Bé 盐卤漫头储存。

③脱盐。取储存的胡萝卜，按 1∶1 清水漫头浸泡 1～1.5h，浸泡后，捞起淋干表面水。

④切条。将浸泡去咸后的胡萝卜，先切去根蒂，顺长切成两半后，再切成长 5～6cm、每边宽 0.8～1cm 的三棱柱状块。

⑤酱油渍。将切分后的胡萝卜条放入缸内，采用原色淡酱油（二级酱油）漫头浸泡 10～12h，即可食用。酱油胡萝卜条是冬季酱咸菜，酱油浸泡宜现泡现食，不宜大量加工储存，销售季节一般在农历 11 月至翌年 2 月。

（3）产品特点　色泽黄褐，口味甜脆，质地鲜嫩。

2. 胡萝卜的酱渍实例

【杞县酱胡萝卜】

（1）原料配比　胡萝卜（去皮），二类酱各 50kg，土盐 3.5kg，一类酱、三类酱各 25kg。

（2）制作方法

①原料选择。选用颜色鲜红水分充足、长度 13～16cm、直径不超过 3cm、无霉变、无伤痕的胡萝卜。

②整理、去皮。将胡萝卜切去顶、根须及尾部，用清水洗净泥沙。再将外表皮全部脱净，否则成品的带皮处会出现黑斑。

③盐腌。用土盐分层下缸，适当掌握比例，24h 后翻缸 3～4 次，4h 后即可出缸酱制。

④初酱。将菜坯入缸酱制，时间用 1 个月左右，中间换酱 3 次，由次到好用酱。倒缸换酱时，次酱酱制时间可短些，好酱酱制时间可长些。根据气温高低及半成品的变化情况，酌情加以调整。每日翻缸后暴晒，阴雨天气则需加盖。

⑤复酱。初酱 1 个月后，产品基本成熟，再装入布袋埋在酱内，透过酱汁浸腌，色味俱佳。约经 15 天后即可成熟。

（3）产品特点　呈鲜艳的红色。质地油润细腻，先甜后咸，嫩脆可口，酱香浓厚，风味独特，如彩图 4 所示。

【酱油胡萝卜】

（1）原料配比　胡萝卜 5kg，食盐 500g，酱油 2kg，味精适量。

（2）制作方法

①整理、切分。将胡萝卜切去顶、根须及尾部，用清水洗净泥沙后加工成条。

②晾晒。放于阳光下晾晒，要注意翻动，以蒸发部分水分，待晒至五成干时收回。

③ 盐腌。将加工的胡萝卜与食盐拌匀，放入缸内盐渍，顶部压石块，每天翻动 1 次，腌制 2 天捞出。

④ 再晒。2 天后捞出胡萝卜条，放在向阳通风处晾晒至五成干时收起。

⑤ 脱盐。把胡萝卜用温水洗净后，控干水分，放入缸内备用。

⑥ 酱油渍。酱油烧开后加入味精，待冷却后倒入缸内，与胡萝卜条拌匀。前 5 天，每天翻动 1 次，15 天后即为成品。

（3）产品特点 味道香咸，质地筋柔，色泽酱红，可生食或与肉、黄豆（发好的）、花生米（发好的）同炸，味道极佳。

【酱红干】

（1）原料配比 咸红干片 50kg，稀甜酱 40kg。

（2）制作方法

① 原料选择。选用色泽鲜红、质地紧脆的咸胡萝卜片。

② 脱盐。按 100kg 咸红干片加 115～120kg 清水浸泡，拔淡去咸。红片因体态粗厚，拔淡时应间歇搅拌，拔淡 2～2.5h。

③ 晾晒。拔淡后将淡坯铺晒，吹掉表面水分，经 1～2h 后，将红干片直接投入甜酱中，进行酱渍。

④ 酱渍。将拔淡后的红干片，直接整块地投入甜酱内，每天上下翻捣 1 次，经 7～14 天可浸酱成熟，成品即为酱红干。

⑤ 成品。食用加工时可根据需要，切制成丝、块、片等不同形状。

（3）产品特点 色泽红艳，滋味鲜甜，质地脆嫩，具有酱红干的特有香味。

【犹掌萝卜】

（1）原料配比 鲜胡萝卜 5kg，食盐 750g，酱油 800g，白糖 25g，酱色 30g，糖精、味精各少许。

（2）制作方法

① 整理、清洗。胡萝卜采收后，切去根须部分，洗涤去除泥土，淋水洗干净后入缸腌制。

② 盐腌。以一层萝卜、一层盐的腌制法，码入刷洗干净的坛内，顶端多撒些盐，上压重物，每天翻动 1 次，连翻 4 天，腌半月后捞出，沥干水分。

③ 切分。将胡萝卜切成 1cm 厚的片，再在半面上切 4 刀，即成犹掌形。

④ 脱盐。放入清水中，浸泡出部分盐分，捞出控干，倒入坛内。

⑤ 酱油渍。取锅置火上，加入酱油 750g、酱色 25g、糖精少许，搅匀烧沸，待温度降至 50℃时，倒入坛内，同胡萝卜搅匀，每天翻动 1 次，7 天后取出。

⑥ 晾晒。放于阳光下晒至七成干时收起。

⑦ 装坛。取酱油 50g，放锅内烧沸，加入白糖和剩余的酱色、糖精、味精拌匀，晾凉同胡萝卜片拌匀，装入坛内，5 天后即为成品。

（3）产品特点　色呈棕红，外形美观，质地筋韧，酱香味浓。

三、胡萝卜的糖醋渍技术与应用

1. 胡萝卜的糖醋渍技术

（1）原料配比　胡萝卜 100kg，8％食盐水适量，糖 15kg，醋 25kg。

（2）制作方法

① 整理、清洗。将胡萝卜去根须，用清水洗净胡萝卜表面的泥沙和污物，并沥净表面的水分。

② 盐腌。整理好的原料用 8％食盐水漫头盐渍 3 天。

③ 脱盐。把盐渍处理后的胡萝卜用清水浸泡漂洗，脱除部分盐分，脱盐后应沥干水分。

④ 糖醋液的配制。糖醋在锅里混合，烧开后冷却，倒入坛中。

⑤ 糖醋渍。胡萝卜装坛时，应当装满，浸泡 6～7 天后即可食用。

（3）产品特点　本品色泽鲜红、质地脆嫩，甜酸可口。

2. 胡萝卜的糖醋渍实例

（1）原料配比　胡萝卜 100kg，糖 15kg，醋 25kg。

（2）制作方法

① 原料选择。选择鲜嫩、中等以上大小的胡萝卜为宜。

② 整理、清洗。将胡萝卜去顶、去根，洗净，晾干表面水分。

③ 切制。用小刀沿斜向转圈，从顶切到根部，刀口深浅要适宜，以不断为好，再沿与前一刀垂直方向的斜向，从顶切到根部，在胡萝卜表面上成一个个菱形块，有如菠萝形状。

④ 糖醋渍。将糖、醋混合，把胡萝卜放入其中，装坛时，应当装满，浸泡，6～7 天后即可食用。

（3）产品特点　本品色泽鲜红，形状美观，质地脆嫩，甜酸可口。

四、胡萝卜的泡酸菜技术与应用

1. 胡萝卜的泡酸菜技术

（1）原料配比　胡萝卜 5kg，老盐水 4kg，新盐水 1kg，食盐 125g，干红辣椒 100g，红糖 80g，白酒 80g，醪糟汁 20g，香料包 1 个。

（2）制作方法

① 原料选择。选用肉质细腻脆嫩、表面光滑、不空心、无病虫害的新鲜胡萝卜为原料。

② 整理、清洗。将胡萝卜削顶、去根须。用清水洗净泥沙和污物，沥干表面水分。

③ 晾晒。将清洗后的胡萝卜纵切为两半，再切分为 3～4cm 长的段，然后置于通风、向阳处进行晾晒，晒至发蔫。

④ 预腌。将晾晒后的胡萝卜段，按一层胡萝卜一层盐进行装缸，盐渍 3 天。

⑤ 装坛。将老盐水、红糖、食盐、白酒和干红辣椒等调料放入刷洗干净的泡菜坛内，搅拌均匀。将晾晒好的胡萝卜段装入盛有盐水的坛子里。装到一半时放入香料包，继续装入胡萝卜段，直至满坛。盖好坛盖，注满坛沿水，密封坛口。

⑥ 发酵。把装好的泡菜坛放在通风、干燥、洁净的地方，进行发酵。一般泡制 5～7 天即可成熟。

（3）产品特点　色泽呈橘红色、鲜艳，质地嫩脆，味咸带辣微酸，甜香可口。

2. 胡萝卜的泡酸菜实例

【五香素参】

（1）原料配比　胡萝卜 5kg，精盐和姜末各 250g，白糖 50g，辣椒粉 100g，五香粉 20g，花椒粉 5g，八角粉 10g。

（2）制作方法

① 整理、切丝。将胡萝卜去叶和根须后洗净，切成 5cm 长的细丝。

② 盐腌、晾晒。用精盐拌匀，腌 0.5h 后取出晾晒至半干。

③ 装坛。将姜末、白糖、辣椒粉、五香粉、花椒粉和八角粉等调料与晾干的胡萝卜丝拌匀，装入坛中，加入适量的盐水，密封坛口。

④ 发酵。浸泡 15 天左右即可取出食用。

（3）产品特点　色泽鲜艳，咸甜脆嫩，芳香诱人，风味独特。

第四节　其他根菜类蔬菜的腌制技术与应用

一、芜菁的腌制技术与应用

1. 芜菁的盐渍技术

（1）原料配比　蔓菁 5kg，食盐 1kg，白糖 40g，五香粉 20g，辣椒粉 60g，味精 6g。

（2）制作方法

① 原料选择。选用表皮纯白光滑、肉质细嫩，无损伤的蔓菁。

② 整理、切分。将蔓菁去根须，洗净后切成蔓菁片。

③ 晾晒。放在室外晾晒，约 2～3 天，晒至四成干收回。

④ 盐腌。把晾晒后的蔓菁先用食盐 400g 腌制，顶端压上石块，开始每天翻动 1 次，连续进行 5 天，半个月左右捞出。晾晒至五成干收回，用食盐 350g 盐渍 15 天，捞出，晾晒至六成干收回，再用食盐 250g 按上述方法盐渍 10 天左右即为咸坯。

⑤ 脱盐。将咸坯放入清水中浸泡 2h，换 2 次水后捞出、沥干，装入缸内备用。

⑥ 拌料。将各种配料混合在一起，撒入蔓菁片内拌匀，2 天后即为成品。

（3）产品特点　呈红黄色，外形美观，质地脆嫩，香辣可口，略带咸味，是理想的佐粥下饭的小菜。

2. 芜菁的盐渍实例

【腌蔓菁】

（1）原料配比　蔓菁 100kg，食盐 18kg，胡椒面 0.1kg，五香粉 0.5～1kg，蒜泥 2～4kg。

（2）制作方法

① 原料选择。选用表皮纯白光滑、肉质细嫩、无损伤的蔓菁。

② 整理、切分。将蔓菁去根须，洗净去皮的原料切分成 0.5cm×0.5cm 的粗菜条。

③ 盐腌。每 100kg 蔓菁条加盐 15kg，搓揉后放平整，盐渍 5～8h 左右。最好是晾晒的前一天晚上进行。

④ 晾晒。将盐渍后的蔓菁条，放在干净的草（竹）席上或盘子里晾晒，晾晒至四成干，因北方空气干燥，约 2～3 天即可。

⑤ 拌料。加入剩余的 3kg 食盐、0.1kg 胡椒面、0.5～1kg 的五香面，与蔓菁条拌匀。

⑥ 装坛。为了加强咸菜的防腐能力，可加入 2～4kg 蒜泥，拌匀后装入坛内分层压紧，装至坛口。然后用无毒塑料薄膜包住坛口，用绳扎紧，再加坛盖，在 10℃以上的室内存放 2～3 个月即为成品咸菜。

（3）产品特点　鲜香脆嫩，与肉末一起炒，风味更佳。

【紫苏腌蔓菁】

（1）原料配比　蔓菁 5 个，紫苏叶 10 片，盐 1/2 勺，酒 1/4 杯。

（2）制作方法

① 整理、切片。蔓菁去皮，切成薄片，每两片中间不断开，紫苏叶撕成两半，并把紫苏叶夹在蔓菁片里。

② 盐腌。将蔓菁夹紫苏均匀地码在容器里。酒和盐混合在一起，搅拌均匀，

倒在原料上，压上压块，放置 3～4h，盐分渗入后除去水分上盘即可食用。

（3）产品特点　咸香脆嫩，味道独特。

二、根芹菜的腌制技术与应用

以酱油根芹菜为例。

（1）原料配比　根芹菜 5kg，酱油 2kg，蒜末、姜末、五香粉各适量。

（2）制作方法

① 原料选择。选用粗壮而不老的根芹菜。

② 整理、浸泡。削去老皮和根须，放在水中浸泡 1～2 天，捞出后洗刷干净。

③ 切条。用刀将原料切成顺条。

④ 烫漂。将根芹菜丝放入沸水中，加热煮沸，捞出沥干水分。

⑤ 调味酱油的配制。锅内放入酱油、五香粉加热煮沸后晾凉，倒入姜末、蒜末。

⑥ 酱油渍。将根芹菜丝装入干净的坛中，倒入调味酱油，盖严坛口，放置阴凉处，10 天后随吃随取。

（3）产品特点　清脆芳香。

三、牛蒡的腌制技术与应用

以风味牛蒡丝为例。

（1）原料配比　咸去皮牛蒡 1kg；卤制液：食盐 30g，白酒 5g，白砂糖 20～30g，清水适量。

麻辣风味：食盐 25g，白砂糖 10g，冰醋酸 6g，植物油 50g，麻辣油 50g，生姜 10g，辣椒粉 10g，大蒜 10g，山梨酸钾 0.6g。

香辣风味：食盐 15g，白砂糖 40g，冰醋酸 6g，植物油 70g，辣椒油 30g，芝麻油 10g，生姜 10g，辣椒粉 10g，大蒜 10g，山梨酸钾 0.6g。

甜辣风味：食盐 10g，白砂糖 80g，冰醋酸 6g，植物油 70g，辣椒油 30g，生姜 10g，辣椒粉 10g，大蒜 10g，山梨酸钾 0.6g。

（2）制作方法

① 清洗、切丝。将盐渍牛蒡原料清洗、切段、切丝，切丝规格（长×宽×厚）为 50mm×5mm×5mm。

② 护色。用 0.1% 的柠檬酸护色 0.5h，挑拣出变色条、碎屑、去皮不净等不良料品。

③ 脱盐。将挑拣后的牛蒡丝在清水中快速脱盐至 8°Bé，沥干水分。

④ 卤制。用牛蒡丝质量 3％的食盐、0.5％的白酒、2％～3％的白砂糖，以及能够充分溶解食盐和白砂糖的适量开水配制成卤水。将配好的卤水充分搅拌均匀，用 160 目滤布过滤后冷却，加入沥干水分的牛蒡丝，拌匀后卤制 0.5h。

⑤ 拌料。将卤制后的牛蒡丝用冷开水冲洗 1min，以除去部分盐分，沥干水分后加入各种风味的调味料，每天翻缸 2～3 次，腌制 4h。

⑥ 文火翻炒。将拌过调味料的原料放入锅中，用文火翻炒 10min，使得调味料充分渗入牛蒡丝中。

（3）产品特点

① 色泽。牛蒡丝色泽为灰白色，稍带红色，丝条饱满，汁液带有辣椒红色，色泽清亮。

② 滋味与气味。3 种风味的产品均带有牛蒡所特有的香味，又具有各自的风味特点，麻辣型的牛蒡丝带有花椒和辣椒所具有的椒香，香辣型的牛蒡丝带有芝麻的香气，甜辣型的牛蒡丝带有辣椒的香味。

③ 组织形态。产品肉质脆嫩而食之无粗纤维感。

④ 口感。各种风味的产品咸度适中，且带有各自的特点。

四、根用甜菜的腌制技术与应用

以醋汁红菜头为例。

（1）原料配比　红菜头 500g，醋汁 250g，红辣椒汁少许，橄榄油（或生菜油）125g，白醋 50g，香草 12.5g，芹菜末 50g，黑胡椒粉少许，酸黄瓜 10g，煮熟剁碎鸡蛋 50g。

（2）制作方法

① 原料选择。选用根皮光滑、肉质根柔嫩、纤维少的红菜头。

② 整理、清洗。去除块根上的须根和泥土，用清水洗净。

③ 去皮。将洗净带皮的红菜头在沸水里煮一下，煮到用筷子能穿透时取出剥去皮。

④ 煮制、切分。锅中加适量水，将原料放入锅中继续加热直到煮熟为止，然后切成四方小块。

⑤ 醋汁的配制。把白醋、橄榄油（或生菜油）、香草、芹菜末、黑胡椒粉、酸黄瓜、煮熟剁碎鸡蛋混合在一起，搅拌均匀，即为腌制红菜头的醋汁，使用时，按需要量取用。

⑥ 醋渍。在红菜头块上，浇上醋汁，腌制几个小时，使其入味。

⑦ 成品。食用时取出装盘，再浇上些醋汁，淋几滴红辣椒汁。

（3）产品特点 酸辣可口，开胃助食。

五、辣根的腌制技术与应用

以盐渍五香辣根为例。

（1）原料配比 鲜辣根100kg，食盐6.6kg，五香粉25～50g。

（2）制作方法

① 原料选择。选用新鲜、幼嫩的辣根为原料。

② 整理、切分。将鲜辣根的根蒂及须根削掉，清洗干净，沥干水分，切成辣根丝、条或块。

③ 晾晒。将切分好的辣根置于晒垫上，厚度在1.5～3cm为宜，太阳下晾晒，使每100kg鲜辣根丝、条或块晒至55kg左右即可，并定时翻动，以利于水分均匀蒸发。

④ 盐腌。在晒好的辣根中加入食盐和适量的五香粉，充分拌匀，揉搓入味后装入腌菜坛内，装坛时要层层捣紧，不留空隙，腌制开始的前三天每天翻坛1次，以利于食盐渗透均匀，最后密封坛口，21天即为成品。

（3）产品特点。色泽呈浅红色，略有光泽，有本产品特有的香辣气，滋味咸辣适口，鲜脆回甜。

第四章 瓜果类蔬菜的腌制加工技术与应用

04 Chapter

第一节 辣椒的腌制技术与应用

一、辣椒的盐渍技术与应用

1.辣椒的盐渍技术

（1）原料配比　辣椒100kg，食盐37kg，清水30kg。

（2）制作方法

① 原料选择。秋季收获的柿子椒或小尖辣椒均可腌制。柿子椒应选用色泽绿色、个头中等、肉质肥厚、质地脆嫩、八成熟的新鲜辣椒。小尖辣椒应选用色泽嫩绿油亮、肉厚、质地脆嫩、八成熟的新鲜尖辣椒。剔除完全成熟的红色辣椒和病、虫危害的辣椒及其他杂物。

② 清洗、扎眼。用剪刀剪去辣椒的柄把，然后用清水漂洗干净。柿子椒可在柄把周围用竹签扎5～6个孔，穿透椒内的隔膜，以利于盐水的渗入；小尖辣椒可用钉板在椒体上拍打扎眼。辣椒未清洗干净，没扎好孔，都会导致腌制过程中发生烂椒现象。

③ 盐腌。用配料中一半的食盐与经处理的辣椒，一层辣椒撒一层食盐，逐层装入缸内。装满缸后，辣椒表层撒一层食盐，然后，将配料中另一半食盐用清水溶化配成盐水，浇灌入缸内，进行盐腌。

④ 倒缸。盐腌后每天倒缸两次。食盐全部溶化后，可每天倒缸1次，连续倒缸5～6天。检查盐汤，不足时要添加同浓度盐水。盐腌20天左右即可为成品。

（3）产品特点　色泽绿色，质地脆嫩，味道鲜咸。尖辣椒应味鲜、咸辣爽口。

2. 辣椒的盐渍实例

【盐水红辣椒】

（1）原料配比　鲜红辣椒 50kg，食盐 6kg。

（2）制作方法

① 原料选择。选用每年 7 月底至 8 月初采收的红辣椒。

② 整理、清洗。剪去梗，去萼片，除杂，用清水洗干净备用。

③ 切分。将鲜椒用粉碎机轧成不规则的角片、碎片（家制时将辣椒放在木桶里，用铁铲均匀地铲成碎片）。

④ 盐腌。将切碎的红片椒放入缸内，鲜椒按每 50kg 加食盐 5kg，层层撒盐腌制。

⑤ 倒缸。腌后每天混合翻拌，倒缸 1 次，让盐粒均匀溶解。翻拌倒缸 3 次后，将盐渍后的咸椒捺实，用篾编一竹片卡紧缸头，加 21% 澄清盐水，再用 2% 食盐封缸储存，即为盐水红辣椒。

（3）产品特点　色泽鲜红，呈不规则形状。

【腌小椒】

（1）原料配比　小辣椒 100kg，食盐 25kg，清水适量。

（2）制作方法

① 原料选择。多用羊角小辣椒，在青熟期采收。

② 整理、清洗。去除病、虫、霉烂及枝、叶杂质等，清除萼片及果柄。用清水浸洗 1h 后，控干水。

③ 扎孔。在椒果基部用竹签扎 2～3 个孔，穿透椒内隔膜以促使食盐进入。扎孔可以预防产品软烂。

④ 盐腌。将小辣椒与食盐，层椒层盐（盐上部多些、下部少些）码放整齐，辣椒最顶层撒一层封顶盐，上压重石，再由上往下灌入清水以利于化盐。

⑤ 倒缸。要求当天倒缸，以后每天倒缸 2 次，1 周后改为每天倒缸 1 次，腌制 30 天即为成品。

（3）产品特点　色泽青绿，味辣，质脆，不霉不烂，可开胃促进食欲。

【腌青辣椒】

（1）原料配比　青辣椒 5kg，盐 750g，大料 12g，花椒 15g，干生姜 13g，水 1.3kg。

（2）制作方法

① 原料选择。选大小适中的青辣椒。

② 整理、清洗。去柄，洗干净。晾干或擦干表面水分。

③ 扎孔。在辣椒果柄处扎几个孔，备用。

④ 装坛。将辣椒装入一干净坛内。

⑤ 盐腌。把盐放在水里煮沸，同时将大料、花椒、干生姜装入布袋中，一起投入煮沸的盐水中煮 4～5min，将袋捞出，把剩下的盐水晾凉，倒入装辣椒的坛内。

⑥ 倒缸。开始每天搅拌 1 次，连续搅拌 5 天左右，30 天后便可食用。

（3）产品特点　色泽深绿，味香而咸辣，为佐餐佳品。

二、辣椒的酱渍技术与应用

1. 辣椒的酱渍技术

【酱渍技术】

（1）原料配比　辣椒 3kg，食盐、甜面酱各 1kg。

（2）制作方法

① 原料选择。选择中等大小的鲜辣椒，如果以柿椒为原料应选用新鲜、气足、肉厚、无皱皮的柿椒，并留椒蒂。

② 整理、清洗。剪去辣椒的果柄，留下 1cm 左右。辣椒用水清洗干净，洗时不要用力过猛，以免损伤辣椒。

③ 扎孔。在蒂部扎 2～3 个小孔。

④ 盐腌。将辣椒轻轻放入坛内，一层辣椒一层盐放置，用竹篾横插于椒面。余下的食盐配成盐水，缓缓倒入坛内，盐水淹过辣椒 3～5cm。盖上坛盖，腌制 20 天左右即为半成品。

⑤ 脱盐、脱水。将辣椒坯进行 24h 的浸水，中间换水 3 次后，把水压净，装袋备用。

⑥ 酱渍。分两次进行，第一次是用乏酱酱 3～4 天，然后用竹板刮去袋外黏着的酱，再用新酱酱渍，注意每天打耙 3 次。5 天后即为成品。

（3）产品特点　甜辣相间，开胃解腻，是理想的佐餐小菜，如彩图 5 所示。

【酱油渍技术】

（1）原料配比　鲜辣椒 100kg，食盐 12kg，酱油 125kg。

（2）制作方法

① 原料选择。选用皮薄肉厚、籽粒饱满、辣味纯正、个头均匀、完好、无虫病害、蒂把俱全、颜色鲜亮的辣椒为原料。

② 整理、清洗。将辣椒逐个剪去柄，只留 1cm 长的蒂柄，用清水洗净，控干水分，备用。

③ 盐腌。将辣椒放入一个干净的盆内，加入精盐，拌匀，再装入干净的瓦缸内腌制 2 天。

④ 晾晒。2 天后捞出辣椒，摊在竹帘上晾晒。待辣椒表面水分已干，重新放入缸内。

⑤ 酱油渍。将酱油放入锅内，烧沸熬制，晾凉，再倒入盛辣椒的缸内，使酱油汁没过辣椒，进行酱制。在酱制过程中需经常翻动，前期每天翻动 1 次。酱制 1 个月，捞出，晒去部分水分，即可食用。

（3）产品特点　酱辣椒质地脆嫩，鲜辣味美，具有开胃增食、温中祛寒作用。

2. 辣椒的酱渍实例

【酱青椒】

（1）原料配比　鲜青椒 50kg，食盐 7kg，稀甜酱、豆饼酱各 10kg，黄豆酱 6.5kg。

（2）制作方法

① 原料选择。选择小暑前后采收的青椒，以尖辣椒为原料。

② 整理、清洗。剔除破残次品，剪去长柄（柄长以 1cm 为限），洗干净，沥干水分。

③ 盐腌。入缸逐层腌制，层层均匀撒盐，18°Bé 盐卤层层洒卤，使盐粒易于溶化。腌制后，每隔 12h 翻缸 1 次，翻 5 天，共翻 9 次。1 周后，换缸，上置篾衣、竹架别紧。将原盐卤另加盐配成 20°Bé，澄清，倒入缸内，漫头浸泡，并另加盐 1kg 封面储存。

④ 脱盐、克卤。将储存的咸青椒捞出沥干盐卤，入缸，咸青椒每 1kg 加清水 1kg，浸泡 0.5h，搅拌 2 次，捞出，沥干，装入布袋中。每袋装 8kg，占袋长 2/3。装袋后重叠克卤。

⑤ 酱渍。把豆饼酱、稀甜酱、黄豆酱混合，搅匀，倒入咸青椒内漫头酱渍，每天翻捺 1 次，10～14 天后即成熟。

（3）产品特点　色泽青绿，酱香浓郁，表皮微缩，滋味鲜香，微辣，咸味适口。

【酱甜椒】

（1）原料配比　大圆辣椒 2.5kg，新盐水、老盐水、酱油各 1kg，食盐 300g，红糖 75g，小红辣椒 100g，香料包 1 个。

（2）制作方法

① 原料选择。选新鲜肉质厚、无虫伤的大红圆辣椒。

② 整理、清洗。剪去茎柄，用水清洗干净，晾干附着的水分。

③ 装坛。大红圆辣椒入坛，装匀填实，至一半时，放入香料包，再继续装完，面上盖一层小红辣椒。

④ 盐腌。将新老盐水、食盐和红糖调匀后倒入坛内，盐水应淹过辣椒，用篾片卡紧，盖上缸盖，腌半个月。

⑤ 酱腌。将盐水腌过的大圆辣椒放入盛有酱油的坛中，再腌 5 天即成。

（3）产品特点　色鲜味美，质地脆嫩，咸香带酸，余味辣甜，储藏时间较长。

【祥云酱辣子】

（1）原料配比　鲜绿辣椒 160kg，上好浓咸酱油 200kg，精盐 10kg，冬蜂蜜 5kg。

（2）制作方法

① 原料选择。选料严格，鲜辣椒要祥云、宾川、弥渡一带出产的"寸金辣"，要求皮薄肉厚，籽粒饱满，辣味纯正，个头均匀（一般长 3～4cm），且个体完好，蒂柄俱全，不干不瘪，色绿新鲜，方能保证成品质量。

② 整理、清洗。将鲜辣椒剪去柄（只留长 1cm 左右的蒂柄），清洗干净。

③ 盐腌、晾晒。将辣椒加盐拌匀（每 100kg 鲜椒加盐 6.25kg），装入瓦缸腌制 48h，然后捞出，摊在篾围子上晾晒（晒至表面水分已干，呈灰白色为止）。

④ 酿制。将晒好的辣椒加蜂蜜酿制 48h（晒好的辣椒每 100kg 加蜂蜜 3.15kg 左右），酿好的辣椒即可放到酱缸中用酱油腌制了。

⑤ 酱油渍。酱油要浸过辣椒表面，浸泡均匀，且须每天翻拌 1 次，要日晒夜露，雨天加盖防水。经 1 年时间，辣椒色泽变得黑亮，即可捞出，晒去部分水分，然后方能上市或食用。

（3）产品特点　色泽黑亮，大小均匀，质地脆嫩，味道咸甜，鲜辣味美，有开胃、增食欲的作用，是佐餐佳品。

三、辣椒的糖醋渍技术与应用

1. 辣椒的糖醋渍技术

（1）原料配比　辣椒 10kg，食盐 2.5kg，白砂糖 2kg，乳酸 60g，冰醋酸 80g，香料粉（八角粉、山柰粉、干姜粉等）12g，13°Bé 盐水 2kg，花椒油适量，保脆剂适量。

（2）制作方法

① 原料选择。青椒选用肉质肥大、质嫩、籽少、无虫蛀、无腐烂变质的锥椒或长椒。

② 整理、扎眼。摘去梗蒂，除去过熟的或受过机械伤的辣椒。用清洁已消毒的竹针在每个辣椒的蒂柄处扎眼，为了防止霉烂，要刺穿中心处的囊膜部位。

③ 清洗、热烫。用流动水洗净辣椒，沥干水后，放入沸水中热烫 3min。

④ 晾晒。将热烫后的辣椒捞出，沥干水后进行晾晒，风干部分水分，一般将 10kg 鲜椒脱水至 6kg 即可。

⑤ 初腌。食盐配成 13°Bé 的溶液，加适量保脆剂，每隔 3～4h 上下翻动 1

次，2 天后捞出，去除卤液。

⑥ 复腌。将初腌的辣椒沥干后，铺在容器内，每 10kg 辣椒加食盐 1.5kg，层菜层盐，上层盐多，下层盐少，每天翻倒一次，注意使它散热，盐渍 7 天后，出缸。

⑦ 糖醋渍。先将芝麻油热至 160℃，放入一定量的花椒制取花椒油，降温后加入半成品中，然后将香料粉混拌入辣椒中，加白砂糖、食盐和食用酸，加水以没过辣椒为度。密封腌泡 2 个月即可食用。

（3）产品特点　咸淡适口，微辣、微咸、微酸和微甜，质地脆嫩，具有独特香气。

2. 辣椒糖醋渍实例

以酸辣椒为例。

（1）原料配比　鲜辣椒 50kg，醋精 100g，米酒 100g。

（2）制作方法

① 清洗、整理。挑选无虫害的辣椒洗净，去梗，去蒂。

② 热烫。用开水把辣椒烫软，捞起，滤干多余水分。

③ 醋渍。装进干净的缸里，加入醋精、米酒和凉开水（水应高出辣椒 10～15cm），然后密封腌泡 2 个月取出食用。

（3）产品特点　微辣、微酸，有独特香气。

四、辣椒的泡酸菜技术与应用

1. 辣椒的泡酸菜技术

（1）原料配比　甜椒 5kg，新盐水、老盐水各 2.5kg，食盐 0.75kg，红糖 125g，小尖红辣椒 250g，香料包 1 个。

（2）制作方法

① 原料选择。选用肉质肥厚、质地脆硬、无皱皮、无病虫害的新鲜大红甜柿椒为原料。

② 整理。将辣椒用清水洗净，剪去柿椒的果柄，晾干表面的水分。

③ 调配盐水。按配料比例将新、老盐水和红糖、食盐等混合在一起，搅拌均匀，使食盐和红糖溶化，配制成泡菜盐水。

④ 装坛。将辣椒装入事先洗刷干净的泡菜坛中，边装边填实，装至半坛时放入香料包，继续装至八成满，再把小红辣椒装在表面，用竹卡紧。

⑤ 发酵。装好坛后，倒入调配好的泡菜盐水，盐水应淹没辣椒。盖好坛盖。用 10% 的盐水注满坛沿水槽。将泡菜坛置于通风、干燥、清洁处进行发酵。约经 1 个月即可为成品。

（3）产品特点　质地清脆，咸香带酸，余味回甜。

2. 辣椒的泡酸菜实例

【泡牛角椒】

（1）原料配比　牛角椒 5kg，新盐水 2.5kg，老盐水 2.5kg，红糖 125g，食盐 125g，白酒 50g，醪糟汁 50g，香料包 1 个。

（2）制作方法

① 原料选择。选用肉厚、质地脆嫩、无病虫害的新鲜牛角椒为原料。

② 清洗。用清水将辣椒漂洗干净，捞出后沥干表面附着的水分。

③ 调配盐水。按配料比例将新、老盐水混合在一起，放入红糖和食盐，搅拌均匀，使食盐与红糖溶化，再加入白酒和醪糟汁，调配成泡菜盐水，倒入选好并刷洗干净的泡菜坛内。

④ 装坛。将牛角椒装入盛有已配好盐水的坛内，边装边填实，装至半坛时放入香料包。装满后，用竹片卡紧，防止牛角椒浮动。盖上坛盖，注满坛沿水。

⑤ 发酵。将装好的泡菜坛，放置在通风、干燥、凉爽清洁处，进行发酵。约泡 2 个月即可成熟。

（3）产品特点　色泽暗绿，质地韧脆，味辣微酸，清香带甜。

【泡红辣椒】

（1）原料配比　红辣椒 5kg，精盐 1.5kg，花椒 500g，大料 250g，大蒜头 200g，生姜 200g。

（2）制作方法

① 整理、清洗。辣椒不去籽，用水洗净；大蒜去皮切片；生姜去皮洗净切片待用。

② 配制盐水。锅上火，加水，投入盐、花椒、大料、大蒜、生姜等一起烧开，倒入盆中晾凉。

③ 装坛、发酵。取泡菜坛一只，把晾好的汁液倒入坛中，再把红辣椒加进去，封好坛口。约 20 天后即可取出食用。

（3）产品特点　色泽鲜红，开胃可口，四季均可食用。

第二节　番茄的腌制技术与应用

一、番茄的盐渍技术与应用

1. 番茄的盐渍技术

（1）原料配比　青番茄 100kg，食盐 25kg，清水 20kg。

（2）制作方法

① 原料选择。选用肉质肥厚，质地硬，果实中、小型的新鲜青熟番茄果实为原料。剔除红熟、质地变软或腐烂和虫蛀等不合格果实。

② 整理、清洗。摘除番茄果实的蒂柄。用清水冲洗干净，控干水分。

③ 扎眼。在蒂洼周围，用竹签扎 4～5 个小孔，以利于食盐的渗透。

④ 初腌。将洗净的番茄与配料中食盐的一半用量，一层番茄撒一层食盐装入缸内。加盐量缸的下部要比上部少，每层浇洒适量清水，以促使食盐溶化。装满缸后，在番茄表面再撒满一层食盐，并用石块压紧，进行盐腌，每天倒缸 1 次，连续倒缸 4～5 天。

⑤ 晾晒。初腌后将番茄捞出进行晾晒，除去 30％的水分。

⑥ 复腌。将经晾晒的番茄与配料中的另一半食盐，一层番茄撒一层食盐装入缸内，并倒入初腌番茄的盐卤，进行再次盐腌。每天倒缸 1 次，连续倒缸 3～4 天，以促使食盐溶化。20 天后用石块压紧，使盐水淹没番茄，即可为成品，封缸保存。

（3）产品特点　色泽深绿色，质地韧脆，口味鲜咸。食用时可根据不同嗜好适量拌入调味料。

2. 番茄的盐渍实例

【腌番茄】

（1）原料配比　鲜番茄 5kg，盐 700g，开水 3kg，白酒 100g，花椒少量。

（2）制作方法

① 原料选择。选用肉质肥厚、新鲜的番茄果实为原料。剔除红熟、质地变软或腐烂和虫蛀等不合格果实。

② 整理、清洗。摘除番茄果实的蒂柄。用清水冲洗干净，控干水分，放在 60℃ 左右的开水中消毒。

③ 扎眼。在蒂洼周围，用竹签扎 4～5 个小孔，以利于食盐的渗透。

④ 盐腌。将番茄、盐、花椒一起放入第一次用过的开水中浸泡，1～2 周即成。夏天加少量白酒，可延长保质期。

⑤ 成品。食用时，取出番茄，切成小块，加适量的香菜末、葱丝、香油等拌匀，其味更佳。

（3）产品特点　色泽鲜艳，醇香适口。

二、番茄的酱渍技术与应用

以酱番茄为例。

（1）原料配比　番茄 2.5kg，精盐 500g，酱油 1kg，味精适量。

（2）制作方法

① 原料选择。选用青色、无伤、五成熟的番茄为主料。

② 盐腌。将番茄洗净，用精盐盐渍，一层盐一层番茄，置于缸中，每天倒缸 1 次，15 天后捞出，控干盐水，备用。

③ 脱盐。将捞出的番茄每个切成 4 瓣，置于清水中撒盐 4h 左右，其间换水 1～2 次，然后捞出，沥干。

④ 酱油渍。锅置火上，倒入酱油，煮沸后加入味精，离火晾凉，倒入腌缸内。把准备好的番茄放入腌缸内，拌匀，进行酱制，20 天后即为成品。

（3）产品特点 呈浅红褐色，质地脆嫩细腻，味咸中带酱香。

三、番茄的糖醋渍技术与应用

以糖醋渍番茄为例。

（1）原料配比 青番茄 10kg，洋葱 1.2kg，食盐 1kg，醋 3kg，白糖 0.4kg，酒 1.5kg，肉桂 60g，咖喱粉 120g，水 2kg。

（2）制作方法

① 整理、清洗。将青番茄去把，洋葱剥去外皮，洗净，沥干。

② 切分。将番茄切成半月形，约 0.6cm 厚；洋葱切成块。

③ 盐腌。取一干净盆，放入菜料，加入 300g 食盐，拌匀，腌制 30min，然后捞出沥干产品，全部装入坛中。

④ 糖醋液的配制。在 2.4kg 醋液中加入白糖、60g 咖喱粉、肉桂、酒，混合在一起，放在锅里煮沸，待白糖全部溶化后，把锅端下，冷却。

⑤ 糖醋渍。将糖醋液倒入青番茄和洋葱混合的坛中，腌制 1 昼夜。再将剩下的食盐、醋和咖喱粉倒入 2kg 清水中煮沸，浓缩至原液的三分之二时，取出冷却，注入装有番茄的容器中，5～7 天后即可食用。

（3）产品特点 色泽优美，酸甜适口。

第三节　茄子的腌制技术与应用

一、茄子的盐渍技术与应用

1. 茄子的盐渍技术

（1）原料配比 茄子 100kg，食盐 25kg，清水 15kg。

（2）制作方法

① 原料选择。选用个头整齐均匀、幼嫩无籽的小茄子为原料，也可以利用肉质细嫩、七八成熟、无籽的新鲜大型茄子为原料，剔除老熟、开裂和腐烂等不合格的茄子。

② 整理、清洗。用刀削去茄子的蒂柄和萼片，然后用清水洗净泥沙和污物。对于大型茄子可纵切为两半，由于茄子易氧化变色，切分后应立即尽快进行盐渍加工。

③ 盐腌。将洗净的小茄子装入缸内，按配料比例在表面撒上食盐，然后用清水缓缓浇下。对于切半的大型茄子，可一层茄子撒一层食盐，每层可洒少量清水进行盐腌。

④ 倒缸。盐腌第二天开始倒缸，每天倒缸 1 次。3 天后，每两天倒缸 1 次。待食盐全部溶化后，10～15 天即可封缸。

（3）产品特点 保持茄子原色，质地柔嫩，不软不腐。

2. 茄子的盐渍实例

【腌香茄】

（1）原料配比 茄子 100kg，食盐 26kg，花椒、桂皮、小茴香各 0.1kg，清水 16kg。

（2）制作方法

① 原料选择。选用个头整齐均匀、幼嫩无籽的小茄子为原料。剔除过熟、多籽、变黄、腐烂和裂果的茄子。

② 整理、清洗。用刀削除蒂柄，用清水洗净泥土和污物，并沥干水分。

③ 配制调料液。将花椒、桂皮和小茴香等香辛料放入锅内，加入清水煮沸5min 后，晾凉，制成调料液。

④ 盐腌。将洗净的小茄子装入缸内，按配比撒上食盐，然后浇入调料液，使食盐下渗，进行盐腌。

⑤ 倒缸。盐腌第二天开始倒缸，每天倒缸两次，连续进行 3～4 天，待食盐溶化后即可封缸。经 20 天左右即可为成品。

（3）产品特点 茄子肉质乳白色，质地柔嫩、不软烂，味咸鲜芳香。

【腌辣茄】

（1）原料配比 茄子 100kg，精盐 10kg，芫荽（香菜）2kg，大葱 1kg，大蒜 0.5kg，姜 0.5kg，辣椒粉 0.2kg。

（2）制作方法

① 原料选择。可选用个头整齐均匀、肉质细嫩、籽未成熟的茄子，或拉秧时不能成熟的小茄子作原料。

② 整理、蒸熟。削去茄子的蒂柄，用清水洗净泥沙和污物。再将茄子从顶部纵切为 3～4 片，但柄部不切断。然后蒸熟，晾凉备用。

③ 配制调料。将芫荽与大葱分别切成碎末；将大蒜剥去外皮，与姜一起捣成泥状；将芫荽末、葱末、蒜泥、姜泥和辣椒粉等，与少量精盐混合拌匀，制成调料。

④ 盐腌。将制好的调料均匀地抹入经蒸熟的茄子切口中间，再将切口合上。然后按配料比例与食盐，一层茄子撒一层食盐，整齐地码入缸内，并逐层压实。装满缸后，封好缸口。腌制 15 天左右即可为成品。

（3）产品特点　茄子肉质乳白色，质地柔韧、不软烂，味道咸辣鲜香可口。

二、茄子的酱渍技术与应用

1. 茄子的酱渍技术

【酱渍技术】

（1）原料配比　鲜茄子 100kg，食盐 8kg，二酱 50kg，甜面酱 60kg。

（2）制作方法

① 原料选择。选用直径为 5～7cm 大小、皮紫色、有光泽、质地细嫩、肉质致密、未成熟的新鲜圆茄为原料。

② 清洗。将茄子去蒂柄，用清水洗去泥土、杂物后，再用清水浸泡，以保持茄果新鲜饱满。

③ 磨茄皮。将浸泡的茄果捞出，用磨茄皮机磨去表皮。磨皮时应使茄果始终浸没在水中，以防变色。

④ 盐腌。将磨好的茄果，放入 14～16°Bé 的盐水中，盐渍 18～20h。注意盐渍时盐水应淹没茄果。

⑤ 脱盐。将盐渍的茄果捞出，用压榨机压除盐卤，或装入布袋，扎紧口，平放在筐中，上面压上石头，压制 12h 左右，每隔 4h 倒换一次布袋的上下位置，压出约 40% 的盐卤即可。

⑥ 初酱。经过压制的茄子放入二酱中进行初酱，24h 后，捞出茄果，沥去表面酱液。

⑦ 复酱。再将茄果放进新甜面酱中继续酱渍。每天打耙 1～2 次，上午和下午敞缸，中午盖缸，避免阳光暴晒。酱渍 80～90 天即可为成品。

（3）产品特点　色泽呈红褐色，质地鲜嫩，酱香浓郁，味道甜香。

【酱油渍技术】

（1）原料配比　茄子 100kg，盐 5kg，浓酱油 7.5kg，辣椒粉 1.5kg，大葱 10kg，蒜末 500g，芝麻 1kg。

（2）制作方法

① 原料选择。选择细长鲜嫩的无籽茄子。

② 清洗、切分。洗净、擦干水分，切成 4cm 长的小段，然后再把每段纵切成 4 瓣。

③ 盐腌。将茄子放入缸内，把盐撒在切好的茄子上，然后用干净纱布包好，上压重物，腌 24h。

④ 调味料的配制。把葱剁成末，与辣椒粉、蒜末、酱油、芝麻一起制成调料糊。

⑤ 酱油渍。将腌制好的茄子水分挤干，放于通风处吹干表皮水分，然后一层茄子撒一层调料糊，装入干净坛中，密封。4 天左右便可食用。上桌时最好点一两滴香油，味道更佳。

（3）产品特点　本品味道咸香，是佐粥美味小菜，如彩图 6 所示。

2. 茄子的酱渍实例

【济宁酱磨茄】

（1）原料配比　鲜茄子 70kg，甜面酱 15kg。

（2）制作方法

① 原料选择。选用皮薄肉嫩、大小均匀、种子尚未形成的鲜嫩圆茄子为原料。规格以每千克 12～14 个，色泽紫红，直径在 5～6cm 的茄子为好。

② 磨皮。鲜茄进厂后及时用刀削去蒂盘，浸入清水中，用磨茄皮机在清水中磨去紫色皮膜。加工时一定要在水中进行，否则茄肉变色影响制品美观。

③ 扎眼。磨皮后取出茄子用竹签在其周身扎眼 4～5 个，然后入缸腌制。

④ 盐腌。将加工处理后的茄子放入腌缸内，用饱和盐水浸泡，另外每 50kg 茄坯再加入食盐 5kg，盐液要没过茄料。腌一夜后，第二天需将茄子捞于筐内，压紧，将茄子中的黑水挤出，夜间再浸泡。第三天将茄子捞于筐内压去卤汁，夜间再放入缸内浸泡，如此连续进行 3 天。

⑤ 酱渍。先将咸茄坯分层下缸。每 50kg 茄坯用二类酱 15kg、食盐 5kg。一周以后，用盐封顶。装袋前需先将茄坯脱盐至 5～6°Bé，然后再放入新鲜甜面酱中酱制。第二天进行翻缸，每天 1 次，连续 3 天。以后每隔 5～7 天翻缸 1 次，经 20～30 天后即为成品。

（3）产品特点　酱磨茄是山东省名特产品。其制品色泽褐红，鲜艳透亮，酱香浓郁，质地柔软，别具一格。

【姜丝酱茄片】

（1）原料配比　咸茄子 5kg，生姜丝 120g，酱油 1.2kg。

（2）制作方法

① 原料选择。以腌制好的咸茄子为原料。

② 切分。将咸茄子切成薄片。

③ 脱盐。茄子片放入清水中浸泡 1 天，中间换水 3～4 次，控干水分。

④ 晾晒。通风阴凉处放置半天，阴干多余水分。

⑤ 酱油渍。再投入酱油中浸泡，同时放入生姜丝。每天翻动1次。1~2周即成。

（3）产品特点　咸香可口。

【腌茄子干】

（1）原料配比　茄子100kg，食盐1kg，酱油37kg，白糖3kg，糖精35g，15°Bé盐水1.2kg，苯甲酸钠5g，清水适量。

（2）制作方法

① 原料选择。选用皮薄肉厚、质地细嫩、籽未成熟的新鲜茄子为原料。剔除成熟过度和病虫危害的茄子。

② 整理。削去果柄和萼片，切分成厚度约为2cm的茄片。

③ 盐腌。将切分后的茄片放在15°Bé的盐水中浸泡2~3h，当茄片质地稍柔软后捞出，沥干水分。

④ 烫煮。将经盐渍的茄片，放入沸水中，不断翻动，当煮至茄片质地变软，显淡青绿色时，捞出，迅速放入冷水中进行冷却。

⑤ 压榨。将经烫煮的茄片，用压榨机压榨脱除部分水分。压榨时按每100kg茄片加食盐1kg，以利于水分的脱除。一般压榨脱除40%的水分。

⑥ 晾晒。将压榨脱水的茄片，摊放在竹帘或苇席上，置于通风向阳处进行晾晒。每隔2h翻动1次，直至晒干。

⑦ 酱油渍。按酱油30kg加入糖精30g的配比，将酱油放入缸内，加入糖精，混合溶解，搅拌均匀后，再将经晒干的茄片，放入已调味的酱油中，加盖竹帘，压上石块进行酱渍。每隔3~4h翻缸一次，同时用手揉压，或穿干净的工作套鞋用脚踩压，直至见卤汁。酱渍5天左右。

⑧ 复晒。将经酱渍的茄片取出，沥干酱油卤，摊放在竹帘或苇席上，置于通风向阳处进行晾晒。每隔2h翻动1次，直至晒干。

⑨ 复酱。

a.按酱油7kg，加白糖3kg、糖精5g、苯甲酸钠1g、清水0.8kg的配比，先将酱油与清水在锅中加热煮沸，加入白糖和糖精，不断搅拌溶解，混合均匀，制成调味酱油。

b.按每100kg茄片加5kg调味酱油的比例，将经二次晒干的茄片，装入缸内，浇入已调好的调味酱油，混拌均匀，踩压紧实。次日进行翻缸，翻缸时再浇入调味酱油2kg，并踩压紧实。酱渍2~3天，制得酱茄坯。

⑩ 第三次晾晒。将制得的酱茄坯取出，沥干酱油卤汁，摊放在竹帘和苇席上，置于通风向阳处进行晾晒。晒至八成干，制成酱茄干坯。

⑪ 三酱。将晾晒成的酱茄干坯，趁热收起，放入缸内。按每100kg酱茄干

坯，浇入配制好的调味酱油 3kg，翻拌均匀，踩压紧实。次日倒缸 1 次，边翻倒边压紧实。装满缸后，上面铺一层塑料薄膜，再撒满一层 2～3cm 厚的细精盐，进行封缸。后熟 7～10 天即可为成品。

（3）产品特点　色泽呈红褐色，有光泽，质地柔韧、软糯，酱香浓郁，味道鲜甜可口。

三、茄子的泡酸菜技术与应用

以茄子泡菜为例。

（1）原料配比　小茄子 5kg，浓度为 25％的盐水 5kg，干红辣椒 250g，食盐 125g，红糖、白酒、醪糟汁各 50g，香料包 1 个（大料、花椒、小茴香、草果、胡椒共 60g）。

（2）制作方法

① 取茄子洗净控干，放入刷净控干的坛内，加入盐水、香料包、洗净的干红辣椒、食盐、红糖和白酒等搅匀。

② 将盖子盖紧，密封坛口，泡制半个月后即为成品。

（3）产品特点　皮脆肉嫩，酸而透咸。

第四节　黄瓜的腌制技术与应用

一、黄瓜的盐渍技术与应用

1. 黄瓜的盐渍技术

（1）原料配比　黄瓜 10kg，食盐 3.7kg，清水 500g。

（2）制作方法

① 原料选择。应选用瓜条顺直、均匀、七八成熟的新鲜黄瓜为原料。以秋黄瓜腌制为好。对瓜条不均匀、弯曲、大肚的腌制后可作为酱菜的半成品咸菜坯。

② 清洗。将黄瓜用清水刷洗干净，并控干水分。

③ 盐腌。按配料比例将黄瓜与食盐装入缸内进行盐腌。装缸时，摆码一层黄瓜撒一层食盐，每层浇洒适量清水，以促使食盐溶化。

④ 倒缸。盐腌第二天开始倒缸。每天倒缸两次，以散发热量和促进食盐溶化。待食盐全部溶化后，每隔 1～2 天倒缸 1 次。如果用菜池腌制时，每天可用水泵抽取盐水进行扬汤，使盐液在池内循环，起到倒缸的作用。一般腌制 30 天

左右即为成品。

（3）产品特点　色泽深绿，质地脆嫩，味道咸而清香。

2. 黄瓜的盐渍实例

【腌黄瓜】

（1）原料配比　黄瓜 100kg，盐 20kg，咸汤（含盐 18%）若干。

（2）制作方法

① 原料选择。选择新鲜、色青、条长细直、无断头、无虫咬的黄瓜。

② 整理。加工前先用铁丝针在瓜头及瓜身刺 5～10 个洞，便于瓜内水分流出，以防酸腐。

③ 初腌。黄瓜按每 100kg 下盐 10kg，以及含盐 18% 浓度的咸汤 3kg，按一层瓜一层盐放入缸内腌制。

④ 翻缸。每天翻 1～2 次，开头用手抄翻，避免折断，并扬汤散热，促进食盐溶化。

⑤ 复腌。腌制 2 天后出缸挑选、分类。然后再分层下瓜下盐复腌。黄瓜每 100kg 下盐 10kg，不必翻缸。直至封缸时灌满咸汤储存。腌制时要避免日晒，以免瓜色由绿变黄，影响质量，一般腌 15 天即成。成品率 60% 左右。

（3）产品特点　色泽碧绿，质地脆嫩。

【辣味黄瓜条】

（1）原料配比　嫩黄瓜 1kg，干辣椒 3 只，生姜 20g，生油 50g，精盐 15g，味精 1.5g，白糖 10g。

（2）制作方法

① 清洗、切分。先把嫩黄瓜洗净，沿纵向切开成 2 半，挖掉黄瓜籽，把黄瓜切成筷子粗的条子，放于盛器中，备用。把生姜和干辣椒切成细丝。

② 盐腌。加放精盐拌匀，腌制 20min，滗去盐水。

③ 拌料。将白糖、味精放入容器中，与黄瓜条拌匀。把姜丝和辣椒丝放在黄瓜上面，用热生油浇在干辣椒丝上，待 1h 以后可食。

（3）产品特点　色泽碧绿，香嫩爽口。

二、黄瓜的酱渍技术与应用

1. 黄瓜的酱渍技术

（1）原料配比　鲜黄瓜 100kg，粗盐 8kg，甜面酱 80kg。

（2）制作方法

① 原料选择。选用瓜条顺直、顶花带刺、新鲜无籽的黄瓜为原料。也可采用秋季拉秧的小黄瓜为原料进行酱制。

② 盐腌。将黄瓜与食盐按配料比例，一层黄瓜一层盐装缸盐渍。装缸时应层层压紧，顶层撒满一层盐，然后压上石块，进行盐腌。每天倒缸两次，连续倒缸3～4天，使盐分充分渗入黄瓜内部。

③ 脱盐。当黄瓜的瓜条变软时，将其从缸中捞出，用清水淘洗两遍，沥干水分备用。

④ 酱渍。酱渍方法有直接酱渍和装袋酱渍两种方式。

a. 直接酱渍。将沥干水分的黄瓜条倒入干净的缸内，按配料比例加入甜面酱，翻拌均匀、盖好缸盖，酱制10～15天即可食用。

b. 装袋酱渍。将淘洗干净并沥干水分的咸黄瓜条装入酱袋内，扎好袋口。每袋装咸黄瓜条2.5～3kg。然后放入酱缸内进行酱渍。每天翻动2～3次，每隔5天把酱袋从酱缸中捞出，解开袋口，将黄瓜倒在容器里翻动，同时，还要把酱袋清洗干净，再把黄瓜装入袋内，重新放入酱缸继续酱渍，20天左右即为成品（夏天一般15天，冬季一般20天）。

（3）产品特点　酱黄瓜外为暗绿色，质地脆嫩，酱味浓厚并带有清香味，如彩图7所示。

2. 黄瓜的酱渍实例

【甜酱黄瓜】

（1）原料配比　鲜黄瓜100kg，食盐20kg，甜面酱30kg，白糖20kg（或用35g糖精代替），花椒0.6kg，大料0.6kg。

（2）制作方法

① 原料选择。选用瓜条顺直、鲜嫩无籽的小黄瓜为原料。如果黄瓜较老时，则要将瓜条剖为两瓣，掏出籽瓤。

② 清洗。用清水将黄瓜刷洗干净，并沥去表面水分。

③ 盐腌。先将调味料（花椒和大料）与食盐按配比混合均匀。然后将黄瓜与调味食盐按10:2的比例一层黄瓜一层食盐装入缸内，进行腌制。每隔12h翻动1次，连续翻动3次后，捞出黄瓜沥去盐卤。

④ 酱渍。先将白糖（或糖精）与甜面酱在缸内混合搅拌均匀，然后倒入经过腌制的黄瓜，每天打耙翻动1次，酱渍7～10天即可为成品。

（3）产品特点　色泽酱红，清脆利爽，酱味浓郁，咸甜可口。

【酱辣黄瓜】

（1）原料配比　咸黄瓜坯100kg，甜面酱50kg，干红辣椒0.8kg，白砂糖0.4kg。

（2）制作方法

① 原料选择。选用已腌制为成品的咸黄瓜为原料。

② 切分。咸黄瓜用清水漂洗后，切分成厚度为0.2～0.3cm的方形或菱

形片。

③ 脱盐。将咸黄瓜片放入清水中浸泡 1h，中间换水 2 次，然后捞出控干水分。

④ 酱渍。将脱盐沥水后的黄瓜片装入酱袋内，装量约为酱袋容量的 2/3，扎紧袋口。按配料比例放入甜面酱内进行酱渍。每天翻动 2～3 次，酱渍 6～7 天。

⑤ 调味。把经过酱渍的黄瓜片从袋中倒出，控干咸卤，然后拌入事先切好的干辣椒丝和白砂糖，混合均匀。经 3～5 天后，黄瓜片表面干亮即为成品。

(3) 产品特点　色泽浅红，质地脆韧，咸辣微甜爽口。

【扬州乳黄瓜】

(1) 原料配比　鲜乳瓜 100kg，食盐 22kg，8～12°Bé 盐水 2kg，二酱 80kg，稀甜面酱 90kg。

(2) 制作方法

① 原料采收。嫩黄瓜（又名乳黄瓜）每年 6 月份开始采收，采收期将近 50～60 天，其中以梅雨季节采摘的黄瓜质量最好。鲜乳瓜每日清晨采摘，鲜瓜的品种以线形瓜品种最好，线瓜长度横径均匀，身条细瘦，是腌制黄瓜的优良品种。

② 分级。鲜瓜采收后，应及时分级腌制加工，不得受阳光暴晒，否则会影响腌制的品质。采收后，摘去瓜花后，分成 5 种类型：大黄瓜，每 500g 规格条数 9～13 条；中大黄瓜每 500g 规格条数 14～18 条；中黄瓜每 500g 规格条数 18～21 条；毛小黄瓜，每 500g 规格条数 22～25 条；乳嫩黄瓜，每 500g 规格条数 26～30 条。

③ 初腌。将处理后的鲜乳瓜倒入缸内，每 100kg 加 8～12°Bé 淡盐水 2kg，食盐 10kg，逐层撒盐腌制，满面撒盐。撒盐是个细致工序，要求用盐量逐层增加，使所有瓜身能粘满盐粒，每隔 6～7h 上下翻缸 1 次，翻缸 3 次后，要求条条腌透。约腌制 30h 后，取出装入竹笋（篮）堆叠，压卤 6～7h，上下互调，以便卤汁排出。

④ 复腌。按每 100kg 咸黄瓜再加 10kg 食盐，进行复腌，一层咸黄瓜，撒一层盐；每 12h 倒缸 1 次，倒缸后，将咸瓜层层踩紧，用篾片、蓑衣将封口卡紧，每 100kg 咸黄瓜加封缸盐 2kg，最后以澄清原卤或现配成的 20°Bé 盐卤，漫头储藏。宜存于室内或阴暗的场所。可保持咸坯的脆度和色泽。

⑤ 脱盐。取储藏的咸乳黄瓜，装入竹笋中，沥去盐卤，散装倒入缸内，加白水漂去多余的盐分。夏、秋季每 100kg 咸黄瓜用 100～105kg 水，春、冬季用水 100～110kg，浸漂时间为 2～3h，中间搅拌几次，漂水后装入笋中浸卤，笋与笋相互重叠，经 5～6h，至表面的水分去除，浸卤期间每隔 2～2.5h 将上下竹笋调 1 次，使淡卤排出均匀。

⑥ 初酱。将浸卤后的咸黄瓜揉松，装入酱菜袋中（装袋 2/3 容量），扎紧袋口后投入二酱内，漫头酱渍 2～3 天，每天早晨捺袋 1 次。酱菜经初酱后，把酱袋取出淋卤，一般约淋 4～5h，至不淋卤，淋卤时，酱袋宜用芦席等物盖好，以防日晒雨淋。

⑦ 复酱。装袋后，把原袋酱菜再投入到定量的（按乳黄瓜质量的 90％～100％定量）新稀甜面酱内，仍按初酱的工序，继续酱制 7～14 天（结合气温适当延长或缩短）。每日早晨仍需捺酱袋 1 次，酱渍后即为成品，可以直接销售或装罐。

（3）产品特点 颜色青翠，有光泽，酱香浓郁，甜咸适口，脆嫩味鲜，是扬州传统酱菜优良品种之一。

【绍兴酱黄瓜】

（1）原料配比 鲜嫩黄瓜 50kg，食盐 8.5kg，上等酱油 20kg。

（2）制作方法

① 清洗。将黄瓜放入清水中漂洗干净，去除杂质，随后取出，放入竹箩中沥去水分。

② 盐腌。将沥去水分的黄瓜放入缸中，然后加入食盐，盐要均匀地揉擦于黄瓜条上。入缸腌制 4～5 天后，即可取出。

③ 脱盐。将经过腌制的黄瓜放入清水中浸泡 5～6h，以脱去过多的盐分。然后取出黄瓜，放入清洁篮子或竹箩中沥去水分。

④ 酱油渍。将沥去水分的黄瓜放入缸或坛中，倒入上等酱油 10kg，浸渍 24h 后，取出黄瓜，并沥干酱油。再将黄瓜倒入另一清洁缸内，倒入上等酱油 10kg，浸泡 24h，即为成品。

（3）产品特点 色泽为棕色，稍呈半透明状，质地脆嫩，口味鲜美。

三、黄瓜的糖醋渍技术与应用

1. 黄瓜的糖醋渍技术

（1）原料配比 咸黄瓜 100kg，食盐 3kg，红（白）糖 30kg，食醋 50kg。

（2）制作方法

① 原料选择。一般的黄瓜除去过度成熟的老瓜或有病虫害的瓜，均可作为加工原料。

② 整理。将黄瓜削去花蒂和果柄，用刀对半剖开，对成熟度较高的黄瓜可挖去籽瓤，用清水洗净后，再切分成条状或片状。

③ 盐腌。切分后的黄瓜与食盐放置于一个干净容器中进行盐腌。放置时应一层黄瓜撒一层食盐，码好后浇洒适量清水，最后在黄瓜上撒满一层面盐，再压

上重物，预腌 4h。取出黄瓜，沥去水分。

④ 糖醋渍。先将糖和食醋放在锅内煮沸，拌匀，晾凉制成糖醋液。将脱盐后的黄瓜条，与已配制好的糖醋液一同放入缸内进行糖醋渍。每天翻动 1 次，3～4 天即可为成品。

（3）产品特点 色泽呈浅褐绿色，质地脆嫩，风味清香，甜酸可口。

2. 黄瓜的糖醋渍实例

【糖醋乳瓜】

（1）原料配比 黄瓜 100kg，食盐 34kg，粮食醋 20kg，白糖 40kg。

（2）制作方法

① 原料选择。选用籽瓢尚未形成或个体很小的鲜嫩乳黄瓜为原料。

② 清洗。用清水洗净瓜条外表的泥土和污物。

③ 盐腌。将嫩黄瓜洗净，放入缸内盐腌，放一层黄瓜撒一层盐，上面撒盐多一些，每 100kg 加盐 18kg。装完后上面盖上竹篦，压上重石。盐腌 24h 后，沥干水分，一般脱除 40% 的水分。

④ 复腌。方法与第一次相同，用盐 16kg。黄瓜由鲜绿变为略黄，瓜身变软，有皱纹，质量又减少 20kg。

⑤ 脱盐。将半成品用刀切为两瓣，再切成长细条，放入清水中浸泡 12h，析出一些盐分后，捞出控干，压上重石，沥水 4h。

⑥ 醋渍。将经脱盐的瓜条装入缸内，同时灌入相当于瓜条一半质量的食醋，进行浸渍。醋渍 12h 后，将瓜条捞出，沥去过多的醋液。

⑦ 糖渍。将与瓜条质量相等的白糖与瓜条拌匀，装入缸内，进行糖渍。约经过 3 天后，瓜条吸足糖分，并析出一部分水分后，将瓜条捞出放在筐中沥净糖液。

⑧ 二次糖渍。再将沥出的糖液放入锅中煮沸，然后将瓜条放入，这时用慢火，并搅动瓜条。待瓜条由黄绿色变成青绿色，立即捞出，放在竹篦中摊平，晾凉。同时，把锅里的糖水放到缸里晾凉，再把瓜条放入泡制 3～5 天，这时即为成品。

（3）产品特点 瓜条丰满柔软，色泽新鲜明亮，口味清爽，甜而略酸，呈青绿色。

【广东糖醋瓜缨】

（1）原料配比 黄瓜 50kg，食盐 14kg，食醋 10kg，食糖 20kg。

（2）制作方法

① 原料选择。选用瓜顶上有残花、瓜瓢很小或尚无瓜瓢、最鲜嫩的幼黄瓜为原料。加工前，用清水洗净。

② 盐腌。把瓜逐层装进木桶。黄瓜每 50kg 加食盐 9kg，撒盐后摊平，不需

搅动。最上一层，黄瓜每 50kg，需多加盐 0.5～1kg，用以防腐。装满后盖上竹篾盖，压上相当于桶内黄瓜质量 50% 的鹅卵石。3h 后，即可腌出大量瓜汁，桶内瓜层下陷。用橡胶管把桶内的瓜水吸去一部分。留在桶内的瓜汁，必须漫过黄瓜 7cm。腌 24h 后，捞出，沥水。

③ 沥水。用笊篱把黄瓜捞到竹筐内，盖上竹篾盖，压上相当于筐内黄瓜质量 50% 的鹅卵石，3h 后，沥净水汁。这时，瓜的颜色仍然很绿，但肉质已变柔软。每 50kg 鲜黄瓜的质量减至 30kg。

④ 复腌。经一次腌制的瓜坯按每 50kg 加食盐 8kg 的标准，入桶腌制。这一次，压上鹅卵石后，腌出瓜汁较少，不需吸除，盐腌 24h，即为半成品。半成品颜色略黄，瓜身瘦软，有皱纹。每 50kg 鲜瓜经两次腌制后质量减至 20kg。

⑤ 切分。咸瓜坯由桶内捞出，沥净盐水后，用刀劈成两瓣，再切成长 3～4cm、宽 4mm 的细瓜条。剔除不易加工的半成品。

⑥ 脱盐。将切好的瓜条用清水浸洗 3min，洗净。装入缸里，再用清水浸泡 12h，析出一部分盐分。浸泡时水要漫过瓜条 10cm。析出盐分以后，捞到竹筐里，盖上竹篾盖，压上石头，沥去水汁。为使压力和排水均匀，沥水 4h 后，须翻动 1 次，再沥水 4h。

⑦ 醋渍。瓜条装入缸内，装至距缸口 10cm。灌入相当于缸内瓜条质量 50% 的食醋，醋须漫过瓜条 9cm。盖上竹篾盖，不再压石头。浸渍 12h，捞到竹筐里，经 3h 沥去过多的醋液。此时瓜条丰满，色泽鲜明，质量也较醋渍前增加。

⑧ 糖渍。把瓜条再装入缸内，撒入瓜条同样重的白糖。搅拌均匀后，摊平，蒙上麻布，盖上竹篾盖和缸罩，连续糖渍 3 天，使瓜条充分吸收糖液，并析出一部分水分，瓜条变成黄绿色。然后，把瓜条捞到竹筐里控干糖液，控出的糖液要保持清洁，盛在缸或桶内。

⑨ 二次糖渍。把沥下的糖液倒在锅里，捞去渣滓和杂质，煮沸。将瓜条放在锅中，盖上锅盖。同时，把锅里的糖水舀到缸里散热。等到糖液凉透，把瓜条重新泡进去，即为成品。

（3）产品特点　色泽新鲜明亮，呈青绿色。瓜条丰满柔软，口味清爽甘甜，略有酸味。

【多味黄瓜】

（1）原料配比　咸黄瓜 5kg，白糖（或红糖）500g，食醋 250g，虾油 250g，红辣椒丝、姜丝、蒜末各 100g，五香粉、味精各少许。

（2）制作方法

① 切分。取腌好的咸黄瓜，先直刀切深度 2/3，再斜刀切深 2/3，刀口要错开，呈弹簧状。

② 脱盐。用清水池浸 6～8h，以减少咸度，捞出沥干。

③ 糖醋液配制。取盆 1 个，放入白糖、食醋、虾油、红辣椒丝、姜丝和蒜末拌匀。

④ 糖醋渍。以一层黄瓜、一层调料的方法，装入刷净晾干的坛内，每天倒坛 1 次，连续 3 天，5 天后即为成品。

（3）产品特点　色呈黄绿，外形美观，清脆可口，风味独特。

四、黄瓜的泡酸菜技术与应用

1. 黄瓜的泡酸菜技术

（1）原料配比　黄瓜 5kg，二等盐水 5kg，食盐 250g，干红辣椒 100g，红糖 50g，白酒 50g，香料包 1 个。

（2）制作方法

① 原料选择。选用条细、个小、幼嫩的新鲜黄瓜为原料。

② 整理。用刀削去花蒂和果柄，用清水洗净，沥干水分。

③ 盐腌。将经过预处理的黄瓜与食盐按 100∶5 的比例，一层黄瓜撒一层食盐放在容器内进行预腌，出坯 2h。然后捞出，沥干附着在表面的水分。

④ 装坛。选用釉色好、无裂纹、无砂眼、质地良好的泡菜坛，用清水刷洗干净，控干水分。先将老盐水倒入坛内，再将红糖、白酒、干红辣椒放入盐水中，搅拌均匀。把经出坯的黄瓜装入坛内，装至一半时放入香料包，继续装至九成满，用竹篾片卡紧，盖好坛盖，注满坛沿水。

⑤ 发酵。装好坛后，放通风干燥、洁净的地方浸泡发酵，2～4 天即可成熟。

（3）产品特点　色泽呈青黄色，质地清脆，味道鲜略带酸味。

2. 黄瓜的泡酸菜实例

【酸黄瓜】

（1）原料配比　鲜黄瓜（小黄瓜最好）12.5kg，盐 500g，蒜头 200g，干辣椒 15g，芹菜 250g，鲜茴香 250g，青椒 150g，辣根 250g，香叶 4 片，胡椒粒 5g，清水 12.5 L。

（2）制作方法

① 整理、清洗。黄瓜洗净。芹菜去掉叶洗净。鲜茴香择净洗好。辣根洗净切片。蒜头洗净横切开。

② 盐腌。将洗净的黄瓜码在小缸内，放一层黄瓜，放一层胡椒粒、香叶、蒜头、辣根、茴香、芹菜、干辣椒，顺序放 3～4 层。

③ 装坛。用清水 12.5L 把盐 500g 化开，倒入黄瓜缸内。上面放 1 个竹木制的箅子，压上 1 块石头（要压紧不可漂浮）。缸口加盖。

④ 发酵。放置在 37℃ 左右环境下，使其发酵。当发到上面起泡沫时移至 1～5℃ 冰箱内储藏，冷透后即成酸黄瓜。

（3）产品特点　脆酸清口，解腻助消化。可生食，也可配菜。

【俄式酸黄瓜】

（1）原料配比　黄瓜 5kg，鲜茴香和精盐各 250g，大蒜 120g，辣根、香叶、干辣椒和胡椒各少许。

（2）制作方法

① 整理、清洗。将小短粗的黄瓜洗净擦干，茴香去老叶洗净后切成 6cm 长的段，大蒜和辣根洗净。

② 装坛。将黄瓜放入干净的坛内，加入茴香、大蒜、辣根、干辣椒、胡椒粉和香叶。

③ 发酵。锅置火上，放入精盐和 3kg 清水烧沸至盐溶化，稍凉后倒入坛内，封严坛口，放置阴凉处（温度以 20℃ 左右为宜），泡制 10 天后便发酵出香味，这时黄瓜呈黄色，捞出即可食用。

（3）产品特点　酸辣香咸，俄式风味。

第五节　西葫芦的腌制技术与应用

一、西葫芦的盐渍技术与应用

1. 西葫芦的盐渍技术

（1）原料配比　西葫芦 10kg，食盐 1.5kg。

（2）制作方法

① 原料整理。选用新鲜肉厚的西葫芦，如果是老的西葫芦要削去外皮，用刀切成两半，掏出瓜瓤。

② 盐渍。西葫芦装入干净的坛子内，把盐撒在上面，加清水 1kg。

③ 倒缸。第二天开始倒缸，连续倒缸 4～5 天，使盐溶化，盐水要淹没西葫芦。

④ 成品。盖严缸盖，每天晒缸几个小时，1 周后可以食用。

（3）产品特点　清脆可口。

2. 西葫芦的盐渍实例

【辣西葫芦】

（1）原料配比　西葫芦 10kg，食盐 0.6kg，辣椒 0.6kg，生石灰 0.4kg。

（2）制作方法

① 洗净、切制。将西葫芦洗净去除蒂把，剖开去瓤，切成丝，丝条要均匀。

② 石灰水浸泡。先将生石灰放在缸内加入清水搅拌溶解，澄清后去除石灰渣，再将西葫芦丝放入，浸泡 1 夜。

③ 烫漂。将浸泡后的西葫芦丝捞出，沥干，放入沸水锅内焯一下即捞出，以防止焯烂。

④ 冷却漂洗。将捞出的西葫芦丝放入冷清水中洗 2～3 次，去掉石灰气味，沥干水分。

⑤ 晾晒。将沥干的西葫芦丝摊放在阳光下晾晒，晒至八成干。

⑥ 腌渍。将辣椒洗净，去掉椒柄和籽，切成细丝，放入拌盆中，加入西葫芦丝、细盐拌匀后入缸腌制。压实封好缸口，10 天后即成。

（3）产品特点　脆嫩，味辣，爽口。

二、西葫芦的酱渍技术与应用

1. 西葫芦的酱渍技术

（1）原料配比　西葫芦 10kg，食盐 1.5kg，甜面酱 3kg。

（2）制作方法

① 洗净整理。将西葫芦用清水清洗干净，去除蒂把，剖开去瓤。

② 腌制。将去瓤的西葫芦入缸腌制，放一层西葫芦，均匀地撒一层盐，再放一层西葫芦，再撒一层盐，撒盐做到下少上多，逐渐加多，最后加封面盐。

③ 翻缸。每天翻缸 2 次，5 天后压上重石，使瓜体淹没在卤水中，防止其氧化变质。

④ 切制。再过 5 天，将腌制好的西葫芦取出，切成条状，条口要均匀。

⑤ 脱盐。将咸西葫芦条放入清水中漂洗 12h。

⑥ 装袋压卤。将脱盐后的西葫芦条装入酱袋中，重叠压卤，压出约 45% 的卤水。

⑦ 酱渍。将压过卤水的菜袋，用手抖松，放入甜面酱缸内酱渍。

⑧ 翻袋。每天早晨翻袋 1 次，连翻 7 天，15 天后成熟。

（3）产品特点　色酱红，脆嫩，酱香。

2. 西葫芦的酱渍实例

【酱油西葫芦】

（1）原料配比　西葫芦 10kg，酱油 3kg，食盐 1kg，白糖 0.5kg。

（2）制作方法

① 洗净切制。将西葫芦洗净后，切去蒂柄，剖开去瓤，切成薄片。

② 腌渍。将西葫芦片放入缸内，加入一半的盐，拌均匀，压实。

③ 压卤。将腌制 2h 的西葫芦片捞起，压干卤水。

④ 酱油渍。将压干的西葫芦片放入干净的缸中，再加入余下的细盐、3kg 酱油、500g 白糖，搅拌均匀，压实，封好缸口，10 天后即成。

（3）产品特点　深红色，肉质嫩脆，微甜。

【酱甜辣西葫芦】

（1）原料配比　西葫芦 10kg，辣椒酱 0.1kg，食盐 1.5kg，白糖 1kg，甜面酱 4kg。

（2）制作方法

① 洗净切制。将西葫芦洗涤干净，切去蒂柄，剖开去瓤。

② 腌制。将去瓤的西葫芦放入缸中腌制，一层西葫芦撒一层盐。每天翻动 1 次，连翻 3 天。

③ 漂洗。将西葫芦捞出，放入清水中漂洗，脱去盐分。

④ 酱渍。将脱去盐分的西葫芦控干水分，放入甜面酱中酱渍 5～7 天，每天翻动 1 次。

⑤ 切制。将酱渍后的西葫芦取出，洗净，沥干水分，切成长条。

⑥ 晾晒。将西葫芦条放在阳光下晾晒，晒至半干。

⑦ 调料腌渍。先将腌过西葫芦的甜面酱灌在酱袋内，压出酱汁，再将辣椒酱、白糖与酱汁拌匀，然后将晾晒成半干的西葫芦条放入拌匀，使其淹没在调料中继续酱制。7 天后，即可食用。

（3）产品特点　清脆可口，甜咸适中，略有辣味，若佐以食醋、香油调味，风味更佳。

三、西葫芦的糖醋渍技术与应用

以糖醋西葫芦片为例。

（1）原料配比　西葫芦 10kg，食醋 0.6kg，食盐 0.5kg，白糖 0.6kg，白酒 0.5kg。

（2）制作方法

① 切片。将西葫芦洗干净，切去蒂柄，剖开去瓤，切成小薄片。

② 腌渍。将西葫芦片放入盆或缸内，撒盐拌均匀，腌制 1 天，常翻动，促使盐粒溶化，使瓜片咸淡均匀。

③ 晾晒。将腌过的西葫芦片取出，沥干卤水，摊放在芦席上晾晒至五成干，晒时要常翻动，以利于瓜片干潮一致。

④ 糖醋渍。将晾晒好的西葫芦片收起放入坛内，冷却后加入白糖、白酒和食醋，拌匀，压实，封好坛口，储存。由于白酒、食醋有杀菌作用，并能生成

脂，1天后即可食用。

（3）产品特点　微咸，脆香，甜酸爽口，脆嫩。

四、西葫芦的泡酸菜技术与应用

以泡西葫芦为例。

（1）原料配比　西葫芦10kg，红糖0.1kg，白矾0.2kg，食盐0.3kg，白酒0.3kg，黄酒0.1kg，熟盐水（浓度25%）8kg，干红辣椒0.3kg，香料包（花椒、大料、小茴香和桂皮各100g）1个。

（2）制作方法

① 洗净切制。将西葫芦洗干净，切去蒂柄，剖开去瓤，再切成约10cm长、6cm宽的长条，条口应基本均匀。

② 矾水浸泡。将白矾放在盆中兑入清水搅拌溶化后，放入西葫芦条浸泡1h，矾水应淹没瓜条。

③ 清水漂洗。将浸泡过矾水的西葫芦条捞出后，放入清水中浸泡30min，中间换水2~3次，可以除去矾的涩味。

④ 盐水浸泡。将去除矾涩味的西葫芦条沥干，放入盐水中浸泡3天，捞出，沥干水分。

⑤ 泡制。先将熟盐水倒入坛中，再加入食盐、白酒、红糖和黄酒搅拌，使食盐和红糖溶化后，放入干红辣椒、香料包及沥干水分的西葫芦条，使其淹没在盐水中，盖上坛盖。7天后成熟。

（3）产品特点　色黄，脆香，咸辣，微甜。

第六节　其他瓜果类蔬菜的腌制技术与应用

一、甜瓜的腌制技术与应用

1.甜瓜的盐渍技术应用

以腌甜瓜为例。

（1）原料配比　甜瓜100kg，食盐25kg，清水适量。

（2）制作方法

① 原料选择。选用个体较小、外皮附有茸毛、无香气的生瓜或半熟的甜瓜（香瓜）为原料。剔除过熟、腐烂和有病虫害的瓜。

② 清洗。将选好的甜瓜，用清水洗净，并控干水分。

③ 扎眼、去瓤。用刀削去带有苦味的瓜蒂。然后用 0.3cm 粗的竹签，逐个在瓜身上扎眼放气。一般在瓜的两端各扎 1～2 个眼，瓜身扎 2～3 个眼。也可以在瓜蒂部横切一个 3～5cm 长的口子，掏出瓜瓤。

④ 盐腌。按配料比例将经整理的香瓜与食盐一层瓜撒一层食盐装入缸内。逐层压实，并淋入少量清水，以促使食盐溶化。装满缸后，在香瓜的表面撒满一层食盐，压上石块进行盐腌。

⑤ 倒缸。盐腌后每天倒缸 1 次，连续倒缸 3～4 天，7～8 天后即可封缸保存。

（3）产品特点　保持原色，质地脆嫩，味道咸鲜。

2. 甜瓜的酱渍技术应用

以酱甜瓜为例。

（1）原料配比

① 咸瓜坯。鲜香瓜 100kg，食盐 6.5kg。

② 酱瓜。咸香瓜坯 100kg，杏仁 7kg，鲜姜丝 6kg，甜面酱 250kg。

（2）制作方法

① 原料处理。选用七八成熟的新鲜香瓜，逐个用刀切开，掏出瓜瓤，用清水洗净，控干水分。

② 盐腌。将经处理的鲜香瓜与食盐按配料比例，一层瓜一层盐地放入缸内进行盐腌。每 4h 翻缸一次，连续翻缸 3 次，即成为咸瓜坯。

③ 切分。捞出腌制好的咸香瓜坯，脱除盐卤，切分为 1cm 见方的瓜丁。

④ 脱盐。切分后的咸瓜丁，用清水浸泡 24h，中间换水 3 次进行脱盐，然后再上榨脱除水分。

⑤ 酱渍。经过脱水的瓜丁，按配料比例掺入杏仁、姜丝搅拌均匀，然后装入酱袋内，每袋装 2.5～3kg，放入甜面酱中进行酱渍。

⑥ 打耙。在酱渍过程中，每天打耙 3～4 次，20 天后减少到 1～2 次。30 天即为成品。

（3）产品特点　色泽深褐色、有光泽，质地脆嫩，酱香、醇香浓郁，甜咸适宜。

3. 甜瓜的泡酸菜技术应用

以泡香瓜为例。

（1）原料配比　香瓜 5kg，食盐 600g，二等老盐水 5kg，红糖 100g，白酒 100g，干红辣椒 100g，香料包 1 个（花椒、八角、小茴香、桂皮各 50g）。

（2）制作方法

① 原料选择。以七成熟、个头均匀的甜瓜为原料。

② 去瓤、清洗。将甜瓜洗净，用刀一破两瓣，挖去瓜瓤，再用清水洗后

捞出。

③ 晾晒。放在阳光下晾晒至表面有皱纹时收起。

④ 盐腌。取一个干净盆，一层甜瓜一层盐，盐渍 1 天后捞出沥干水分。

⑤ 装坛。取老盐水倒入刷净的坛内，加入各种调料和香料包，放入甜瓜，用竹片别住原料，以料汤没过香瓜 2 扁指为度。

⑥ 发酵。盖上坛盖，密封严紧，加入坛沿水，5 天后即为成品。

（3）产品特点　色泽青黄，质地鲜嫩，清香可口，稍带咸酸。

二、冬瓜的腌制技术与应用

1. 冬瓜的酱渍技术应用

【酱冬瓜】

（1）原料配比　新鲜冬瓜 100kg，食盐 18kg，甜面酱 60kg。

（2）制作方法

① 原料选择。选用鲜嫩、未成熟的小冬瓜为原料。

② 去皮、切分。将冬瓜刮去外皮，用清水洗净后，切半掏出籽瓤，再切分成长 3cm、宽 2cm 的瓜条。

③ 盐渍。瓜条与食盐按配比，一层瓜条撒一层食盐装缸盐渍。每天翻缸一次，4～5 天后捞出，放在筐中叠置压出 25% 的盐卤和水分。

④ 酱渍。把脱卤后的瓜条装入酱袋，放入甜面酱中进行酱渍。每天翻动 1 次，4～5 天放风 1 次。即取出酱袋，将瓜条倒出，淋去咸卤，再重新装袋，放入酱内，继续酱渍。10～15 天即可为成品。

（3）产品特点　色泽呈浅红褐色，质地柔嫩，酱味浓郁，味道鲜香。

【五香冬瓜】

（1）原料配比　冬瓜 5kg，盐 400g，甜面酱 4kg，糖精、五香粉各适量。

（2）制作方法

① 清洗、去皮。冬瓜去蒂洗净，控干表面水分，将冬瓜削去表皮，如果为嫩瓜不必刮皮。

② 去瓤、切分。从中纵切开，剜去瓜瓤，切成长 3cm、宽 2cm 的瓜条。

③ 初腌。腌第一次，将瓜条置于较大容器中，一层瓜一层盐，用盐 150g，腌 3 天，且每天翻动 1 次。最后滤去盐水。

④ 复腌。腌第二次，同样方法，用盐 100g，腌 2 天，每天翻动 1 次，最后滤去盐水。

⑤ 再腌。腌第三次，同样方法，再用盐 150g，用重石压着腌 2 天，每天翻动 1 次。

⑥ 酱制。将第三次腌好的冬瓜条从盐水中捞出，再稍紧一紧，放入加有糖精、五香粉的甜面酱中，拌匀，每天搅拌 1 次，7 天后即成成品。

（3）产品特点　色泽酱红，味道香甜。

2. 冬瓜的泡酸菜技术应用

以泡冬瓜为例。

（1）原料配比　冬瓜 5kg，食盐 100g，一等老盐水 3kg，25％盐水适量，白糖 100g，干红辣椒 125g，白酒 15g，香料包 1 个，醪糟汁 25g，石灰 125g。

（2）制作方法

① 原料选择。选用皮薄肉厚、质地脆嫩、无病虫害的新鲜冬瓜为原料。

② 整理。刮除冬瓜的外皮，切半后挖去籽瓤，再用竹签在瓜肉上扎若干个小孔，并切分成 3～4cm 宽、8～10cm 长的长方块。

③ 出坯。在一个容器内放入石灰，加清水调匀，加水量以淹没冬瓜为度，然后将冬瓜块倒入石灰水中浸泡 1h 左右。捞出后再放入清水中浸泡 0.5h，中间换水 2～3 次，脱除石灰味。然后再用 25％的盐水浸渍出坯 3 天，捞出，晾干表面附着的水分。

④ 装坛。

a.挑选无砂眼、无裂纹、釉色好的泡菜坛，刷洗干净，控干水分。

b.按配料比例把白糖和食盐加到老盐水中，搅拌均匀使其溶化后，再加入醪糟汁，配制成泡菜盐水。

c.将出坯的冬瓜块和干红辣椒混合后装入坛内。装至一半时，放入香料包，继续装至九成满。用竹片卡紧，再倒入调配好的泡菜盐水，使盐水淹没冬瓜块。盖好坛盖，注满坛沿水，以水封口。

⑤ 发酵。装好坛后，置通风、干燥、清洁处进行发酵。泡 7 天左右，即可食用。

（3）产品特点　色泽洁白，质地清脆，咸辣微酸，清香爽口。

三、西瓜的腌制技术与应用

西瓜的腌制一般取西瓜皮部分。

1. 西瓜的盐渍技术应用

以腌西瓜皮为例。

（1）原料配比　西瓜皮 100kg，食盐 18kg，花椒 1kg，大料 1kg，清水 25kg。

（2）制作方法

① 原料选择。选用表皮薄、肉质肥厚、质地致密、脆嫩的西瓜皮为原料。

② 整理。将西瓜皮外表的硬皮削除，以露出皮层的白色部分为度。再削去瓜皮里面的瓜瓤部分。切削时切面应平整，无碎屑。

③ 晾晒。将修整好的西瓜皮置于阳光下进行晾晒，直晒至3～4成干即可。

④ 盐腌。将经晾晒的西瓜皮与配料中食盐一半的用量，一层瓜皮撒一层食盐装入缸内。然后，将另一半食盐加入清水进行加热溶化，再加入花椒和大料制成调料盐水，冷却后倒入腌西瓜皮的缸内，进行盐腌。

⑤ 倒缸。盐腌后每天翻倒1次，连续翻倒5～6天，经15天后即可为成品。

（3）产品特点　色泽呈黄白色，质地脆嫩，味道清香，鲜咸爽口。

2. 西瓜的酱渍技术应用

以酱西瓜皮为例。

（1）原料配比　西瓜皮5kg，精盐250g，甜面酱375g。

（2）制作方法

① 整理。将西瓜皮外面的翠衣削去，再将靠近瓜瓤的白色软层用刀去除，只取近外皮的浅绿色一层。

② 清洗、切分。将加工好的西瓜皮洗净沥干水分，切成长条，放入深盘中。

③ 盐腌。加精盐拌匀压实，腌制2～3天，将西瓜皮捞出，沥干盐水。

④ 酱制。倒掉深盘内盐卤，将盘洗净擦干，倒入沥干盐水的西瓜皮，加入甜面酱拌匀，腌制1～2周即可食用。

（3）产品特点　酱西瓜皮可切成小丁与黄豆（发好的）、花生（发好的）、肉片同炒，色鲜味美。

3. 西瓜的泡酸菜技术应用

以泡西瓜皮为例。

（1）原料配比　西瓜皮5kg，白菜、包心菜、芹菜、扁豆、苗笋、青椒各1.5kg，食盐0.4kg，生姜、白酒、花椒各8g，八角100g。

（2）制作方法

① 整理。削掉西瓜表面有色的薄皮（外皮）和残留在瓜皮上的瓜瓤。

② 清洗。将整理后的西瓜皮与白菜、包心菜、芹菜、扁豆、苗笋、青椒用水清洗干净，沥干水分。

③ 切分。西瓜皮切成1.5cm长、1cm厚的长条形备用。其他原料切成3～5cm的菜条或薄片。

④ 配制盐水。以每5kg水加0.4kg盐的比例，放入锅中加热煮沸，熬成盐水，离火冷却待用。

⑤ 装坛。把切好的西瓜皮与各种菜料连同花椒、白酒、生姜、八角拌匀，投入洗净并消毒的泡菜坛中，然后倒入冷却后的盐水，密封坛口，注满坛沿水。

⑥ 发酵。将泡菜坛置于室内，让其自然发酵，10天以后，即可食用。

（3）产品特点　味美清香，清脆可口，别具风味。

四、南瓜的腌制技术与应用

1. 南瓜的酱渍技术应用

以酱油南瓜为例。

（1）原料配比　鲜嫩南瓜 5kg，精盐 500g，酱油 500g。

（2）制作方法

① 原料选择。选用瓜形整齐、肉厚皮薄、无病斑的南瓜。

② 整理、切分。将南瓜洗涤，去皮，剖开，去瓤和籽，切成薄片。

③ 盐腌。放干净缸中加 50g 盐，拌和压实，腌 12h 备用。

④ 酱油渍。取出腌好的南瓜片沥干盐水，再倒掉缸中盐卤，洗净擦干后放入腌瓜片，加入剩余的盐和酱油，翻拌均匀，入坛压实，封好缸口，1～2 周即成。

⑤ 成品。蒸后食用。

（3）产品特点　色深红，肉质鲜嫩。

2. 南瓜的泡酸菜技术应用

以泡南瓜为例。

（1）原料配比　南瓜 2kg，一等老盐水 1.5kg，食盐 60g，白矾 40g，白酒 60g，红糖 20g，醪糟汁 20g，干红辣椒 6g，香料包 1 个。

（2）制作方法

① 原料处理。选择新鲜南瓜洗干净，去掉皮瓤，用竹签戳若干小孔，切成 10cm 长、6cm 宽的长方块备用。

② 浸泡。将白矾兑清水溶解，盛于盆中，再放入南瓜块，进行浸泡，浸泡时间约 1h。要求白矾水要淹没南瓜块。白矾水浓度不易过高，多加清水，以减少矾味。白矾要选净矾，不可含有杂质。

③ 漂洗。将浸泡过的南瓜捞起投入清水中，漂洗 0.5h，其间换水 2～3 次，用以脱去矾水的苦涩味。

④ 发酵。入坛时，先将老盐水置于坛内，把食盐、白酒、红糖、醪糟汁调匀注入坛中，先下干红辣椒入坛垫底，腌入南瓜，中间加进香料包，盖上坛盖，腌 7 天左右。

（3）产品特点　色黄脆香，咸辣微甜。

3. 南瓜的糖醋渍技术应用

以糖醋南瓜片为例。

（1）原料配比　南瓜 5kg，精盐 300g，白糖 500g，醋 300g，白酒 200g。

（2）制作方法

① 原料选择。选用大小整齐、肉厚皮薄、无病虫斑块的南瓜。

② 整理、切分。将南瓜洗净，剖开除去瓤和籽，去皮后切成小薄片。

③ 盐腌、晾晒。取一个干净盆，将南瓜片用精盐轻揉后腌制 1 天，取出摊平在凉席上暴晒至半干。

④ 装坛。取一小坛刷洗干净，擦干，坛内不能带有生水滴。否则，影响成品的质量和储存期。将半干的南瓜片装入坛内。

⑤ 糖醋渍。将白糖、醋、白酒放在一起拌匀，倒入坛内，搅拌均匀后压实，封闭坛口，7～8 天后即可取食。

⑥ 成品。如若储存，则应把小坛放在通风干燥处，每次取食，须用干净的筷子夹取，随即盖严。

（3）产品特点　甜酸适口，清香微咸，可增进食欲，是价廉物美的家常佐菜。

五、苦瓜的腌制技术与应用

1. 苦瓜的盐渍技术应用

以腌苦瓜为例。

（1）原料配比　鲜苦瓜 50kg，食盐 5kg。

（2）制作方法

① 原料选择。选用肉质肥厚、质地脆嫩、皮面较平坦、无病虫害的鲜苦瓜。

② 整理、切分。将苦瓜洗净，直剖成两半，去籽及两头不食用部分，横切成 4cm 长条。

③ 热烫。放入沸水中烫 3～5min，立即捞入冷水缸内漂洗 2h（中间换一次冷水），然后捞出沥干水分。

④ 盐腌。入缸时一层苦瓜一层盐放置，下面少放一些盐，上面多放一些，每 50kg 苦瓜用盐 5kg。盐渍 4h 后翻缸一次，再腌 24h 取出，暴晒成干坯。

（3）产品特点　脆嫩爽口，多用于其他腌制的半成品。

2. 苦瓜的酱渍技术应用

以甜酱苦瓜为例。

（1）原料配比　咸苦瓜 2kg，甜面酱 1kg，酱油 500g。

（2）制作方法

① 原料选择。以腌制好的咸苦瓜坯作为原料。

② 脱盐、晾晒。将咸坯放入水中浸泡 1 天撤咸（中间换水 2～3 次），捞出控水晾晒半天。

③ 酱油渍。将甜面酱倒入缸中，加酱油拌匀，放入苦瓜酱制，每天早晚打耙 1 次，酱制约 10 天即成。

（3）产品特点　色泽酱红，苦中带甜。

六、丝瓜的腌制技术与应用

以盐渍丝瓜为例。

（1）原料配比　丝瓜 500g，精盐 3g，大葱 10g，姜 3 片，米醋 15g，味精 3g，香油 10g，辣椒油 5g。

（2）制作方法

① 整理、切分。将丝瓜去皮洗净，顺长切成 4 条，再改切成长约 5cm、宽 1cm 的条。大葱洗净切成末，姜片也切成末。

② 盐腌。把瓜条放入一个干净的碗里，拌入精盐和葱、姜、蒜，腌制几分钟，去除苦汁。

③ 蒸煮。将丝瓜放入笼屉中，用旺火蒸煮约 8min 至熟，取出备用。

④ 调味。把蒸好的丝瓜条整齐地码在另一盘中，浇上米醋、味精、香油和辣椒油拌匀，即可食用。

（3）产品特点　清鲜爽口，有清热解毒之功效。

七、瓠瓜的腌制技术与应用

以酱瓠瓜为例。

（1）原料配比　瓠瓜 10kg，食盐 800g，甜面酱 6kg。

（2）制作方法

① 腌制、压卤。将瓠瓜用清水洗净，入缸腌渍。每 10kg 瓠瓜加 800g 细盐。撒盐时要均匀，下少上多，逐渐增加，腌完后加封面盐，缸上铺竹帘加压石块，使瓠瓜淹没在卤水中。腌制 3 天后，将其从缸中捞起，放入箩筐内，重叠压卤 4～6h，其间上下箩筐相互调压 1 次，以便均匀地排出卤水。

② 酱渍、翻缸。按配方将甜面酱汁液倒入缸内，再将压过卤的瓠瓜放入酱缸内酱渍。第 2 天早晨翻缸，将缸上面的瓠瓜翻到酱缸下面，将下面的瓠瓜翻到酱缸的上面。连翻 7 天，15 天后即可食用。

（3）产品特点　产品呈酱红色或金黄色，有浓郁的酱香味，鲜甜嫩脆。

第五章　白菜类蔬菜的腌制加工技术与应用

第一节　大白菜的腌制技术与应用

一、大白菜的盐渍技术与应用

1. 大白菜的盐渍技术

（1）原料配比　大白菜 100kg，食盐 12kg，清水 5kg。

（2）制作方法

① 原料选择。选用立冬后收获的竖心菜或白口菜为好。

② 整理。将白菜剥去老帮和黄叶，削除菜根。用清水洗净后，沥干水分。大棵菜可从根部纵切分为四瓣，小棵菜纵切为两瓣。切分时白菜顶部应相连不切断。

③ 盐腌。按配料比例将整理好的白菜与食盐，一层白菜撒一层食盐摆放于缸内。每层淋少量清水，以促进食盐溶化。装满缸后，在白菜表面再撒一层食盐，并压上石块。

④ 倒缸。盐腌后每天倒缸 1 次，连续倒缸 3～4 天。通过倒缸可以散发热量和不良气味，并促进食盐溶化，防止烂菜。待食盐全部溶化后，经 7 天左右再倒缸 1 次，盐腌 20 天左右即可为成品。

（3）产品特点　色泽淡黄色，质地脆嫩，不软不烂，味道清香鲜咸。

2. 大白菜的盐渍实例

【盐腌咸白菜】

（1）原料配比　高梗大白菜 100kg，食盐 7kg。

（2）制作方法

① 整理、清洗。将白菜采收后，削去菜根，剔除老帮、黄叶，再将白菜放入盆内清洗干净。

② 晾晒。将大白菜依次倒挂在竹竿上，置阴凉通风处晾干。

③ 盐腌。把大白菜依次排入缸内，按一层白菜一层盐的方式，进行腌制。

④ 倒缸。腌制第二天（约隔 20h），将腌菜按顺序层层翻入另一缸中，再将原卤倒入菜坯上。要求每天翻菜一次，翻菜 5 次后，继续腌制 10 天，装坛储藏，即成盐水咸白菜。

（3）产品特点　这种小菜为扬州传统品种腌菜，每年小雪前后进行腌制。咸酸适度，可增进食欲。

【朝鲜咸白菜】

（1）原料配比　大棵包心白菜 50kg，盐 2.5～3kg，大蒜 2.5kg，生姜、芥菜籽、味精各 500g，辣椒、芝麻各 1.5kg，胡萝卜丝、白梨片、苹果片各适量。

（2）制作方法

① 整理、清洗。将大棵包心白菜，削除根部，去掉老帮老叶，用刀切成两半，再用清水洗干净备用。

② 盐腌。白菜按每 100kg 加食盐 5～6kg 的比例，将粗盐化成盐水，盛入大盆。将洗干净的白菜放在盐水内浸一下拿出，一层层地码在缸内，码完之后，将剩余的盐水也倒在缸中，最后用石块压好。24h 后上下翻倒 1 次。待白菜腌到似被开水烫过即可。通常需腌 3 天左右。

③ 辅料准备。大蒜、生姜、辣椒、芝麻、芥菜籽、胡萝卜丝、白梨片、苹果片等用绞肉机搅拌或用别的工具捣碎成饺子馅状，加入味精和适量精盐，其咸度类似饺子馅即可。

④ 装缸。将经过初腌的白菜用清水洗干净，控干备用。把拌好的辅料装入大盆内，再把洗净控干后的白菜叶一片片地扒开，用手将辅料均匀地抹在菜叶上，抹完之后一层层地码在缸内。白菜抹完后，将剩余的辅料馅倒在上面，然后用白布蒙好，并将缸置于阴凉处，10 天后即可食用。

（3）产品特点　酸辣可口，营养丰富。除含有胡萝卜素、硫胺素、核黄素及钙、磷、铁等人体需要的营养外，还含有丰富的乳酸。

【辣白菜】

（1）原料配比　大白菜 50kg，食盐 1.95kg，辣椒粉 600g，甘草粉 250g，花椒、安息香酸钠各 50g。

（2）制作方法

① 整理、清洗。将新鲜大白菜切去菜根，剥去老叶、黄叶，用清水洗净。

② 切分。每一棵大白菜从头部到尾部切成四瓣。

③ 盐腌。将大白菜的切面朝上放入缸内。先在菜叶上掸上少许盐水，然后铺一层菜撒上一层盐，直至盐 1.5kg 撒完，缸铺满。入缸腌制 12h 后，待菜茎已发软时，可在缸面盖上竹盖，上面压石头，腌制 30 天左右。

④ 切块。将经过腌制的白菜取出，沥去盐水，切成约 3cm 大小的方块或条子。

⑤ 拌料。将切好的白菜倒入大的盆子中，将辅料全部撒入白菜上，搅拌均匀。

⑥ 入缸。将拌好辅料的白菜一层一层装入干净缸内。入缸时要一边装一边用木棍把菜捣紧塞严。装满后，缸面撒上一层厚约 0.3cm 的精盐，上面再铺上一张食品塑料纸，然后再用黄沙调水泥封口。封好后放入阴凉处，经 10 天即可食用。

（3）产品特点　色泽橙黄，外形清爽整齐，无烂叶，入口咸辣清口，咀嚼清脆。

二、大白菜的酱渍技术与应用

1. 大白菜的酱渍技术

（1）原料配比　大白菜 100kg，面酱 50kg，食盐 10kg。

（2）制作方法

① 原料选择。选用质地脆嫩、苗壮丰满、无病虫害的鲜白菜，放存阴凉处备用。

② 整理、清洗。将白菜剥去外层烂叶和老帮，洗净，沥干水分。

③ 盐腌。将整理好的白菜与 5kg 食盐，一层白菜撒一层食盐摆放于缸内。每层淋少量清水，以促进食盐溶化。天暖时盐可略多些，天冷时可少些。当把白菜放入缸内后，再在白菜表面撒上食盐 5kg。在白菜上压上石块，让盐水淹没白菜。2 天翻缸 1 次，菜要轻拿轻放，腌制 8 天，共翻缸 4 次。

④ 脱盐。将白菜由盐水缸中捞出，用清水浸泡脱盐，1 天换水 1 次，共换 3 次水。

⑤ 脱水。将浸泡后的白菜水分挤压干净，或离心脱水，或晾晒 1～2 天，然后装入纱布袋中。

⑥ 酱渍。将大白菜装入纱布袋，放入面酱坛子中，让酱没过纱布袋，酱渍 30 天后，即可食用。

（3）产品特点　本品色泽酱黄，滋味咸、鲜、脆，酱香浓郁。

2. 大白菜的酱渍实例

【北京甜酱白菜】

（1）原料配比　鲜白菜 50kg，食盐 6kg，甜面酱 12kg，次酱 6kg。

（2）制作方法

① 原料选择。原料多选用直心小白口品种，八成心以上，霜降前后开始进货。

② 整理。原料进厂后，需先切去白菜疙瘩，剥掉老帮残叶，在根部用竖刀切一十字口，深度为 5～6cm，以利于入盐腌制。

③ 盐腌。每 100kg 鲜菜入盐 10kg，加咸汤 3kg。腌制时，放一层白菜撒一层盐，并加入咸汤少许。倒缸时要轻拿轻放，并要扬汤散热，促使盐粒溶化，腌制 15 天左右即为半成品。

④ 切制。将腌制的白菜进行第二次加工，在菜坯的根部竖切成 4～6 瓣，切口深度为 5～6cm。将白菜叶切下，作冬菜或作下脚料，留白菜的后半段（称为"白菜瓢"）约 20cm，备用。

⑤ 脱盐。将 50kg 腌白菜瓢装入布口袋里，控汤 3～4h，控净卤汁。

⑥ 酱渍。每 100kg 腌白菜瓢，用甜面酱 50kg、次酱 12.5kg，入缸酱渍。每天打耙 4 次，酱渍 20 天左右即成。每 100kg 腌白菜瓢出品率为 75%。

（3）产品特点　甜酱白菜颜色金黄，酱味浓厚，咸带微甜，独具特色。

【辣白菜】

（1）原料配比　白菜 100kg，青萝卜、胡萝卜各 10kg，香菜 5kg，食盐 9kg，酱油 5kg，味精 400g，辣椒面 3kg。

（2）制作方法

① 整理、清洗。将白菜去除根及老叶，洗净备用。

② 盐腌。白菜洗净后放入缸内，放一层撒一层盐，放完后稍洒少量清水，然后压紧，上面放上重石，5 天后捞出沥去水分。

③ 切制。将青萝卜、胡萝卜切成细丝，沏水 12h 后捞出，沥去水分。

④ 拌料。将香菜切成碎末，与青萝卜丝、胡萝卜丝、酱油、味精、辣椒面拌在一起。

⑤ 酱油渍。将拌好的混合物，均匀夹在白菜中，然后放入缸中，放置在阴凉处，3 天后即可食用。

（3）产品特点　味清香鲜辣，风味别致。

【五香京冬菜】

（1）原料配比　大白菜 10kg，食盐 0.6～0.8kg，甜酱油 0.8kg，酱油 40g，花椒 0.6～0.7g，陈酒 80g。

（2）制作方法

① 原料选择。选用优质大白菜。

② 整理、切分。鲜菜切去根部，除去老叶，切分为两半，剔去硬梗，再切成细丝。

③ 盐腌。在菜丝中加盐拌匀后放入缸中腌制，经 5～6 天后取出，挤压出菜卤。

④ 酱油渍。加甜酱油浸泡，经 6～7 天后捞出放在太阳下暴晒，半干时加入酱油、陈酒等与菜充分混合，装入坛中，密封储藏。

（3）产品特点　五香京冬菜是一种酱油处理的半干性酱菜。

三、大白菜的糖醋渍技术与应用

1. 大白菜的糖醋渍技术

（1）原料配比　大白菜 5kg，白糖 150g，白醋 150mL，食盐适量。

（2）制作方法

① 原料选择、切制。将大白菜剥去老帮，切去菜头和菜根，将所余部分清洗干净，切成宽 0.5cm、长 5cm 的小条。放入盆内，拌入食盐腌制约 0.5h，用手挤干水分。

② 糖醋渍。锅上火加入白糖、白醋和少许清水烧开成糖醋汁，撤火晾凉糖醋汁后，均匀地泼在白菜条上用盖盖严，闷约 1 天后即成。

（3）产品特点　色泽洁白，清淡酸甜，脆嫩爽口。

2. 大白菜的糖醋渍实例

【酸辣白菜帮】

（1）原料配比　嫩白菜 2kg，鲜姜 2 块，干红辣椒 40g，白糖、白醋各 100g，芝麻油 70g，食盐适量，味精少许。

（2）制作方法

① 原料选择、腌制。将白菜叶切除留作他用，只取菜梗，将白菜梗洗干净，切成长 3cm 的段，再纵向切成条，放入沸水锅中烫 3min，捞出晾凉，沥水，放入盘内，加入食盐腌制 20min，控去渗出的水，加入白糖、白醋和味精拌匀。

② 切制。将鲜姜洗干净，刮去皮，切成碎末，撒在白菜段上。将干红辣椒先放水中泡软，去籽，切成细丝。

③ 拌料。取砂锅置旺火上，倒入芝麻油烧热，放入辣椒丝稍炸，炸出辣味后离火，将油和辣椒丝一起倒在白菜条上，用碗扣住，闷 30min 后拌匀，即可食用。

（3）产品特点　白菜脆嫩，口味辣中带甜，清凉爽口。

四、大白菜的泡酸菜技术与应用

1. 大白菜的泡酸菜技术

【泡大白菜】

（1）原料配比　大白菜 5kg，食盐 1.25kg，大蒜 150g，鲜姜 80g，白酒 50g，料酒 50g，醪糟汁 100g，白糖（红糖）100g，干红辣椒 250g，花椒 100g，八角 5g，草果 5g，排草 5g。

（2）制作方法

① 原料选择。制作泡白菜的原料应选择肉质肥厚、质地细嫩、无病虫害的新鲜白菜。

② 整理。白菜削去根茎，剔除老帮、黄叶。

③ 洗涤、晾晒。整理后的白菜用清水洗净，晾干水分，并置于阳光下晒至萎蔫。

④ 切分。对于质地脆嫩的白菜，可以纵切成小块或小段。

⑤ 配制盐水。为了保持脆性，盐水的水质以硬水为好。将清水和食盐放在锅中加热煮沸，静置冷却后除去沉淀物。然后，按配方将各种辅料加入盐水中配成泡菜盐水。

⑥ 香料包。按配料比例将花椒、八角、草果和排草等香料装入纱布袋内，扎好袋口，制成香料包。

⑦ 装坛。严格挑选泡菜坛，选择火候好、釉色好、无裂纹、无砂眼、坛沿深、盖子吻合好的泡菜坛。刷洗干净，控干水分备用。将红辣椒、大蒜、姜等辅料混合在一起，翻拌均匀后，装入泡菜坛内，装至半坛时，放入香料包再继续装至八成满，用竹片卡紧，再徐徐灌入已配制好的泡菜盐水，并使盐水没过全部菜料，盖好坛盖。然后在坛沿水槽中注满浓度为 10% 的盐水或洁净的清水。

⑧ 发酵。装坛后，把泡菜坛置于通风、干燥、明亮、洁净的发酵室内进行发酵。发酵时间长短受发酵室温度的影响。温度高时，盐分易渗透，制品成熟快，所用时间短；反之，制品成熟慢，所用时间长。一般夏季温度高，泡制 2～3 天即可成熟，冬季需 5～7 天方可食用。

（3）产品特点　质地鲜嫩清脆，味道酸咸，甜辣爽口、清香，酯香浓郁，如彩图 8 所示。

【酸菜】

（1）原料配比　大白菜 200kg，饮用冷水适量。

（2）制作方法

① 原料选择。多选用等外没实心的大白菜。

② 整理、清洗。剥去外边老帮，切去菜根，洗净，在茎盘处纵向切 1～2 刀，深达菜棵的 1/3 处，但不使脱帮、散落。

③ 热烫。在大锅内把水烧开，把菜帮切口部分下到开水中热烫 2～3min，待菜帮显出半透明状态后取出，及时入冷水中冷却。用沸水烫白菜时，时间不可过长，白菜不可过熟，否则白菜腌制时易软烂。

④ 入缸。将热烫后的白菜随即整齐地码在清洗干净的缸内。可在菜缸内放入少许明矾，则腌出的酸菜会更加清脆，风味更佳。

⑤ 压石。用柳编或无味木框、竹板架在菜棵上，其上再压以重石，保证菜不外露出水面。

⑥ 发酵。最后用清洁饮用冷水，充填菜棵空间，以便把其中的空气全部赶出去，形成嫌气环境有利于乳酸发酵。盖好坛盖，注满坛沿水，过 1 个月后陆续可取食。

⑦ 保存。酸菜常常由于表面暴露于空气发生软烂，此外由于取菜时将污物带入缸中，而使酸菜长霉腐臭，总之只要注意卫生和使菜埋在汤内就可以一切正常，延长保存时间。

(3) 产品特点　为具有乳酸味的香酸菜，可生拌，亦可肉氽粉汤或肉丝炒渍菜，均为有名菜点。

【京冬菜】

(1) 原料配比　白菜坯 100kg，食盐 12kg，蒜泥 12.5kg。

(2) 制作方法

① 原料选择。选用叶片肥厚、组织致密、粗纤维少的新鲜大白菜为原料。剔除病虫害菜棵。

② 整理、清洗。剥除老叶、黄叶，切掉菜根等不可食用部分。用清水洗净泥沙和污物，控干水分。

③ 切分。先将大白菜纵切为 4～6 瓣，然后再切分为 1cm 见方的方块或菱形块。切分时菜叶部分比菜帮部分应适当大一些。

④ 晾晒。将切分的菜块，均匀地摊晾在苇席上，置于通风向阳处进行暴晒。在晾晒过程中，菜块不宜摊得太厚，且应每天翻动 2～3 次，以利于水分蒸发和晾晒均匀。一般是白天晾晒，晚上堆集，并用席子或薄膜覆盖，次日再将菜坯摊开，继续晾晒，约需晒制 3 天。一般每 100kg 鲜大白菜晒至菜坯 20～25kg 左右即可。

⑤ 盐腌。将晒好的菜坯与食盐按配料比例混合，并充分揉搓均匀，装入坛内。每装一层菜，用手或木棒捣紧实，直至装满，菜面上撒满一层食盐，然后用薄膜封好坛口，腌制 3 天。

⑥ 装坛、发酵。将经腌制的菜坯从坛内取出，按配比加入蒜泥，揉搓均匀，再装入坛内，层层压实，使坛内菜坯无空隙。然后在坛口塞上经腌制后的干白菜叶，再撒上一层细盐，最后用塑料薄膜密封坛口，薄膜上面再加封黄泥。放置于阴凉处进行自然发酵，5～6个月后即为成品。

一般将加入蒜泥的冬菜，称为荤冬菜；不加蒜泥的称为素冬菜。素冬菜的制作，也可在装坛时拌入少量香辛料。

（3）产品特点　色泽呈金黄色，质地柔脆，有韧性，味道清香，鲜咸微酸，风味独特。

2. 大白菜的泡酸菜实例

【北京泡菜】

（1）原料配比　大白菜 4kg，食盐 0.25kg，白萝卜 0.5kg，苹果、梨各 0.25kg，葱 0.25kg，大蒜 0.25kg，辣椒面 0.15kg，味精 25g，凉开水（或牛肉清汤）2.5kg。

（2）制作方法

① 原料选择。选用肉质肥厚、质地鲜嫩、无病虫害的大白菜和白萝卜为原料。

② 整理。将白菜除去老帮、黄叶和根须，萝卜削除叶丛、根须、粗皮和斑病等不可食用的部分，然后用清水将原料洗净，沥干水分。

③ 切分。将清洗后的大白菜纵切为两半，再切分为 8～10cm 的方块。萝卜纵切为四瓣后，再切分为 0.3～1cm 的薄片。将葱切碎；大蒜捣成泥；把苹果和梨去籽巢后切成薄片。

④ 盐腌。将切分好的大白菜块与萝卜片，加入 100g 食盐，腌制 4h 左右，脱除部分水分。捞出后控去水分。

⑤ 泡菜盐水配制。按配料比例用凉开水将 150g 食盐溶化后，静止放置除去沉淀物，制成泡菜盐水。

⑥ 装坛。将出坯的白菜、萝卜装入事先选好并洗刷干净的泡菜坛内，再把苹果、梨与葱末、蒜片、辣椒面等全部辅料混合后撒在白菜、萝卜片上，然后灌入已配好的盐水，使其淹没原料蔬菜。最后用重石压在菜上，盖好坛盖，注满坛沿水。如果以牛肉清汤代替凉开水，制作的泡菜风味更佳。

⑦ 发酵。将装好坛的泡菜坛，置于温度较高的地方，进行发酵。3～5天后即可食用。冬季 5～7 天也可成熟。

（3）产品特点　色泽呈黄白色，色彩艳丽，质地清脆，咸酸微辣，甜香可口。

【四川泡菜】

（1）原料配比　白菜 2.5kg，食盐 1.25kg，甘蓝 0.8kg，豇豆 0.4kg，胡萝

卜 0.5kg，白萝卜 0.25kg，黄瓜 0.15kg，苦瓜 0.1kg，芹菜梗 0.1kg，鲜青辣椒、红辣椒各 0.1kg，大蒜 150g，鲜姜 80g，白酒 50g，料酒 50g，醪糟汁 100g，白糖（红糖）100g，干红辣椒 250g，花椒 100g，八角 5g，草果 5g，排草 5g。

（2）制作方法

① 原料选择。制作泡白菜的原料应选择肉质肥厚、质地细嫩、无病虫害的新鲜白菜、甘蓝、芹菜、胡萝卜、白萝卜等。苦瓜、黄瓜和豇豆应幼嫩无籽。

② 整理。白菜和甘蓝削去根茎，剔除老帮、黄叶；芹菜摘除叶片，剥离叶柄；削除萝卜的叶丛和根须。苦瓜、黄瓜和豇豆摘除果柄。

③ 洗涤、晾晒。整理后的蔬菜用清水洗净，晾干水分。白菜、甘蓝等也可置于阳光下晾晒至萎蔫。

④ 切分。对于质地脆嫩的白菜、甘蓝、芹菜和豇豆等，可以用手撅、撕、掰成各种小块或小段。白萝卜、胡萝卜、苦瓜、黄瓜等可切分为条或片。

⑤ 配制盐水。

a.食盐。配制盐水的食盐选用川盐和自贡井盐，海盐和岩盐色泽较差，颗粒较粗，含杂质多，不宜作四川泡菜用。

b.配盐水。按清水与食盐 10∶2.5 的比例放在锅中加热煮沸，静置冷却后除去沉淀物。然后，按配方将白酒、料酒、醪糟汁、白糖与干红辣椒等作料加入盐水中配成泡菜盐水。

c.香料包。按配料比例将花椒、八角、草果和排草等香料装入纱布袋内，扎好袋口，制成香料包。

⑥ 装坛。

a.严格挑选泡菜坛，选择火候好、釉色好、无裂纹、无砂眼、坛沿深、盖子吻合好的泡菜坛。刷洗干净，控干水分备用。

b.将经过预处理的各种鲜菜与鲜青辣椒、鲜红辣椒、大蒜、姜等作料混合在一起翻拌均匀后，装入泡菜坛内，装至半坛时，放入香料包再继续装至八成满，用竹片卡紧，再徐徐灌入已配制好的泡菜盐水，并使盐水没过全部菜料，盖好坛盖。然后在坛沿水槽中注满浓度为 10％的盐水或洁净的清水。

⑦ 发酵。装坛后，把泡菜坛置于通风、干燥、明亮、洁净的发酵室内进行发酵。发酵时间长短受发酵室温度的影响。温度高时，盐分易渗透，制品成熟快，所用时间短；反之，制品成熟慢，所用时间长。一般夏季温度高，泡制 2～3 天即可成熟，冬季需 5～7 天方可食用。

（3）产品特点　红绿黄白色彩斑斓，色泽鲜艳，有光泽，质地鲜嫩清脆，味道酸咸，甜辣爽口、清香，酯香浓郁。

【武汉酸白菜】

（1）原料配比　白菜 100kg，食盐 5～6kg。

（2）制作方法

① 原料选择。选用棵大、菜帮长、纤维多、不易软烂、未包心新鲜的高桩白菜为原料。

② 整理、清洗。将白菜剥除老帮和枯黄叶片，并用刀削除菜根，用清水洗净，控干附着的水分。

③ 晾晒。在通风向阳处，将经整理好的白菜，挂在绳子上晾晒。一般约需晾晒 2～3 天，至菜帮柔软即可。晾晒过程中应防止雨淋，并翻倒白菜，以使晾晒均匀。

④ 盐腌。将晾晒好的白菜与食盐按配料比例，一层菜一层食盐装入桶（或缸）内进行腌制。装桶时，每层菜的码放，应让一棵菜的菜帮压住另一棵菜的菜叶，棵棵白菜交叉摆放。层与层之间，上层菜的菜叶压住下层菜的菜帮，交叉铺平，以免揉压时菜叶被压烂。每铺满一层菜，撒上一层食盐，而后用木耙或其他工具轻轻地进行揉压，以促使食盐溶化，菜汁渗出，有利于发酵，并排出菜体的不良气味。揉菜时，应从桶边开始逐棵向内揉压紧实，以揉压出菜汁又不损伤菜表为度。当白菜装至距桶口 10cm 左右时，盖上桶盖，压紧，腌制 24h。

⑤ 发酵。白菜经腌制 24h 后，再进行揉压，排出菜汁，体积缩小，使桶内出现一部分空隙，可再装进一层菜，继续揉压，压出菜汁，然后盖好盖，再用石头等重物压紧。第二天仍继续揉压并添加白菜，补足空隙部分，连续进行 3～4 天，到第五天以后，只揉压，不再加菜。第七天揉压至菜汁高过菜面时，盖上盖，压上重物，揉压停止。置于空气流通、凉爽的地方，进行自然发酵。一般约经 40 天即可为成品。

（3）产品特点 色泽微黄而有光泽，质地柔嫩，味道香酸清爽可口。

【北方酸菜（熟渍）】

（1）原料配比 大白菜 50kg，食盐 2.5kg（或不加食盐），清水或米汤适量。

（2）制作方法

① 原料选择。一般选用半成心的中、小棵新鲜大白菜。

② 整理。将大白菜剥除老帮、黄叶，削去菜根，用清水洗净，控干附着的水分。小棵白菜可整棵使用，棵大的白菜可用不锈钢刀劈成两半，或从根部劈成"一"或"十"字，刀口深度为 5～8cm。

③ 热烫。将整理好的白菜逐棵放入沸水中热烫 2～3min，烫至白菜帮变得柔软呈半透明状、乳白色时捞出，立即放入冷水中进行冷却，然后控干水分。

④ 装缸。将热烫后的白菜，一层白菜撒一层食盐，层层码入干净的缸中。码菜时要注意菜根与菜梢颠倒码放，码齐装紧，最上层盖一层白菜帮，压上石

块。而后倒入清水或米汤，以淹没菜棵 10cm 左右为度。

⑤ 发酵。装好缸后，在 15℃条件下发酵 20～30 天即为成品。

（3）产品特点 菜帮呈乳白色，菜叶为黄绿色，质地柔嫩，味酸，无腐烂变质。

【北方酸菜（生渍）】

（1）原料配比 大白菜 100kg，清水适量。

（2）制作方法

① 整理。将大白菜切去菜根，剥去老帮、黄帮。对超过 1kg 的，从根部纵向劈成两瓣；对超过 2kg 的，纵向劈成四瓣。

② 清洗。用水洗净泥土及杂质等，捞出，沥去浮水。

③ 晾晒。将洗涤后的大白菜置阳光下晒 2～3h，其间翻菜一次。

④ 装缸。按一层菜根对菜根，一层菜梢对菜梢，排入缸（桶）内，至满缸（桶），然后，摆上井字形木条，压上石块，石块质量占菜重的 15% 左右。将水灌入装有白菜的缸（桶）中，使水漫过菜面 10cm。

⑤ 发酵。灌水后，置 20℃常温下自然发酵，同时，每隔 10 天，取出部分菜卤用清水替换，约 30 天，即为成品。

（3）产品特点 本品色泽乳白，菜叶透明、有光泽。有大白菜特有的香气及轻微挥发酯气，无不良气息，酸味适口，质地脆嫩。

第二节　芥菜的腌制技术与应用

一、茎用芥菜（榨菜）的盐渍技术与应用

1. 榨菜的盐渍技术

（1）原料配比 青菜头 10kg，食盐 1kg，辣椒粉、花椒、小茴香、甘草、桂皮、姜粉各适量。

（2）制作方法

① 原料选择。选用质地细嫩、致密、皮薄、瘤状突起圆钝、新鲜的青菜头为原料。

② 整理。剔除根茎部的粗皮老筋，挑出空心、黑心和烂心的菜头。

③ 清洗、晾晒。鲜青菜头洗净，晾晒 1～2 天，待青菜头自然萎缩，质地柔软富于弹性时，即可进行腌制。

④ 盐腌。装缸时放一层菜撒一层盐，约加入 500g 的食盐，上层的食盐多于下层，将腌菜层层压实，顶层压上重物，腌制 5 天。

⑤复腌。取出腌菜用刀剖开，洗净沥干后进行复腌，腌制法和用盐量同于第一次。腌制 15 天。

⑥压榨。半个月后，捞出腌菜，去根部老筋，上榨压出卤水。

⑦拌料。将榨菜与各种辅料拌匀，装坛封口，后熟 30 天即可食用。

（3）产品特点 味道鲜美，此菜可切碎，拌食，也可同肉末炒食，如彩图 9 所示。

2.榨菜的盐渍实例

【涪陵榨菜】

（1）原料配比 榨菜坯 100kg，食盐 16.5kg，辣椒面 1.1～1.25kg，花椒 30～50g，香料面 0.12～0.2kg。香料面配比：八角 45％，干姜 15％，山奈 15％，桂皮 8％，甘草 5％，白胡椒 5％，砂仁 4％，白芷 3％。配制时，将各种配料磨成细末，混合均匀即可。

（2）制作方法

① 原料选择。选用质地细嫩、紧密、皮薄、粗纤维少、菜头突起部凹沟浅小、呈圆形或椭圆形、中等个的新鲜青菜头为原料。以块茎已膨大、薹茎即将抽出时的原料，加工成的成品质量最好。采收过早，品质虽优，但产量低；采收过迟，薹茎抽出，空心菜多，纤维木质化，肉质粗糙，成品质量下降。剔除抽薹、有棉花包和腐烂的菜头。

② 划块。削除青菜头的菜叶、菜匙，切去叶丛和菜根，并剥除根茎部的粗皮老筋，然后根据菜头质量的大小进行分类划块处理。菜头单个质量为 250～300g 的，可从根部直划一刀深及菜心，但不划开，整个加工；单个体重 300～500g 的，可齐心对剖为两块；单个重 500g 以上的，可划成 3～4 块。划块时应使块形和大小基本一致，每个菜块要老嫩兼顾，青白齐全均匀，呈圆形或椭圆形，以使菜块晾晒时干湿均匀，成品整齐美观。

③ 串菜。用聚丙烯绳或篾丝，将剥划的菜块，根据大小分别穿串。穿菜时可将菜块的青面对着白面，使白面顺着一个方向排列，从切块两侧穿过。也可在砍菜时留下 3cm 长的根茎穿篾，避免在菜身上穿篾，易留下黑洞和夹杂污物。每条绳长约 2m，穿菜块 4～5kg。

④ 上架晾菜。

a.搭架。晾晒菜块必须事先搭好菜架。搭菜架的场地宜选择河谷和山脊，要求地势平坦宽敞，风向风力好，使菜架各部位都能受风吹透。菜架可由檩木和绳组成，顺风向搭成呈"×"形长龙，在"×"架的两侧进行搭菜晾晒。

b.晾菜。将穿好的菜串及时搭挂在菜架两侧，进行晾晒脱水。搭挂菜时，应注意将菜块的切面向外，青面向内，上下交错，稀密一致，大块菜搭在架顶，小块菜晾在架底，架脚一般不要摊晾菜串。搭菜时应适当留出风窗，以利于通风，依靠自然风力脱除水分。这种脱水的方法称为"风脱水"。

菜块风脱水的好处：第一，菜块通过晾晒风脱水，比不经脱水直接腌制时可降低用盐量，又可减少营养物质的损失，增强制品的鲜香风味；第二，经过风脱水菜块自然萎缩，组织紧密，可使制品具有良好的脆度；第三，风脱水后，菜块质地变得柔软而富于弹性，可减少腌制时的破损，保持饱满而充实的外观。

菜块上架晾晒进行风脱水，受气候条件影响较大。如果天气无风，阳光过强气温较高，会造成菜块表面水分蒸发过快易形成干壳，影响内部水分的排出，造成菜块由里向外腐烂；如果天气阴雨闷热，风力不足，空气湿度较大，菜块易受微生物污染而引起软烂。如遇以上情况，可采取及时下架，增加腌制次数的办法，予以补救。菜块上架晾晒，在自然风力能达到 2～3 级的情况下，约晾晒7～8 天即可。

⑤ 下架。当晾晒的菜块脱水适度时，即用手捏菜块周身柔软、无硬心，表面皱缩，不干枯，无霉烂斑点，即可下架。下架时应先晾晒的菜块先下架，后晾晒后下架，做到干湿均匀。下架的成品率会影响成品的鲜香风味、脆度和成本。一般晾菜的下架成品率头期菜为 40%～42%；中期菜为 36%～38%；晚期尾菜为 34%～38%。如果晾晒过久，干燥过度，菜块会软绵不脆，表皮皱缩易生成黑斑点腐烂，而影响成品品质。

⑥ 盐腌。下架后剥除茎部老皮，削去过长的根茎，进行腌制。腌制时一般多采用两次加盐的方法。

a. 初腌。按每 100kg 菜块加食盐 4.5kg 的比例，将下架的菜块，当天装入菜池进行腌制，装菜时应一层菜撒一层食盐，并逐层揉搓压紧，或用脚（穿有专用工作鞋）层层踩紧排气，直至菜块表面湿润（即出汗），以促使食盐溶化并减少空隙。早晚还要追压一次。用盐量要下少上多。装满池后加盖面盐，一般约需腌制 3 天。

b. 翻池。将经头腌的菜块分层起池，边起池，边用原池内的菜卤水淘洗菜块，而后放入围囤内（囤高不宜超过 1.5m），同时适当踩压，以压滤出菜块的水分，上囤时间约为 24h，出品率为 90%左右。通过翻池既可以调剂菜块的干湿度，又可起到上下翻转菜块的作用。

c. 复腌。按每 100kg 菜块加 7kg 食盐的比例，将经上囤的菜块，一层菜块撒一层食盐，装入菜坛内，进行第二次腌制。装菜时，可将菜坯摆成向外的环形，逐个填塞空隙摆码，并逐层压紧实，以排除坛内空气。压紧时用力要均匀，以防捣烂菜块和坛子，直至压出卤水。装满后在坛口菜面上撒一层红盐（红盐的配比为：细食盐 100kg 加红辣椒面 25kg）。

⑦ 封口。选用预先经盐腌的长梗菜叶，拌和香料面，交错摆放在红盐表面

进行封口。封口菜叶每坛不少于 1kg，以保证坛口清洁、严密，防止菜坯霉烂变质。

⑧ 后熟。将封口后的菜坛，放在阴凉干燥处储存后熟。在后熟过程中，由于食盐和香料的继续渗透和扩散，并进行一系列的生物化学反应，使菜坯的生味消失，鲜味和清香味逐渐形成，显现出榨菜的独特风味。一般榨菜的后熟期约为两个月，良好的榨菜则需一年以上。在后熟期间，每隔 1～1.5 个月要敞开清理检查一次，并追压卤水，称为"清口"。一般经清口 2～3 次以后，则可用水泥封口，即为成品。

（3）产品特点　色泽鲜艳、红绿相间，肉质呈淡黄色，块头均匀，质地脆嫩，味道鲜美清香，微咸可口。

【浙江榨菜】

（1）原料配比　榨菜坯 100kg，食盐 15kg，辣椒粉 1.25kg，花椒 50g，香料面 150g，甘草粉 50g，苯甲酸钠适量。香料面配比：茴香 50%，干姜 20%，甘草 25%，胡椒 5%。配制时，将各种配料磨成细粉，混合均匀即可。

（2）制作方法

① 原料选择。选用质地细嫩、致密、皮薄老茎少、瘤形突起圆钝、凹沟浅而小、菜头呈圆形或椭圆形的新鲜青菜头为原料。剔除空心、黑心和烂心的菜头。

② 头腌。头腌与盐腌中初腌过程相同。腌制 7 天后，起池上囤，压紧菜块，滤出水分。上囤时间为 24h，制成毛熟菜坯。

在腌制过程中，由于头腌加盐量较低，因此必须严格踩池，保持菜块紧密。否则菜块间空隙多，外界空气侵入，易造成微生物污染，导致菜块表面灰白、质地松软，发生"烧池"现象。用刀剥除青菜头基部的老皮、老筋，但不可损伤菜头上的突起瘤和菜耳朵。

③ 腌制。一般采取分两次加盐的方法，进行盐腌脱水。

a. 初腌。按每 100kg 菜头加食盐 3～3.5kg 的比例，一层菜头撒一层食盐，装入菜池内进行腌制。撒盐时必须均匀，且底少上多，并层层揉搓压紧，或用脚（穿有专用工作鞋）踩踏，直至菜体表面湿润，菜色变深绿。装满池后，再在菜表面撒一层面盐，铺上用竹片或木条编制的隔板，压上石板，进行第一次腌制。一般腌制 36～4h，则会有大量菜水溢出。然后起池上囤，起池时应将菜头在盐卤中边淘洗边捞起，上囤时要层层踩紧，以利于压滤脱水，也可在囤面上加压石块。上囤时间约为 24h，上囤后的菜坯为原来质量的 50%～54% 为宜。

b. 复腌。按每 100kg 菜坯加食盐 8kg 的比例，采取与头腌相同的方法，装入菜池内，并随装池随踏菜，且要踏匀、踏实，压紧菜块。装满池后，在菜体表面撒一层面盐，铺上竹板，压上石板，进行第二次腌制。通过二腌可使菜坯继续脱除水分，同时也能使食盐渗入菜坯组织。一般需腌制18～20天，至菜坯无白心，制成咸菜坯。

④ 修剪。将咸菜坯在盐卤中淘洗后，取出进行修剪挑筋。即削去飞皮、挑去老筋、剪去菜耳、除去斑点，使菜坯光滑整齐。当天取出的菜坯，要当天修剪完，不要堆集过夜，以免影响品质。

经修剪后的咸菜坯，还应根据菜块的大小、形状和质地情况，进行分级，分别堆放使用。

⑤ 压榨。将经修剪的咸菜坯，用澄清的卤水进行淘洗，洗净菜坯上的泥沙和污物。将淘洗后的咸菜坯，用压榨机压榨脱除水分。压榨时压力应均匀、缓和，使菜坯的水分徐徐滤出，以防菜块变形和破裂。其出榨率因制成品要求不同而异。即出口菜为60%～62%；甲级菜为64%～66%；乙级菜为66%～68%；小块菜为74%～76%。

⑥ 拌料。拌料就是将经脱水后的咸菜坯与适当比例的辅料，充分混合翻拌均匀。辅料可按每100kg咸菜坯加食盐4.1kg、辣椒粉1.25kg、香料面150g、甘草粉50g、花椒50g、苯甲酸钠50g的比例，进行配料。也可根据不同产品的规格要求，适当调整配料比例。

⑦ 装坛。选用两面上釉、无沙眼、无裂缝的菜坛，用清水刷洗干净，并控干水分。将经拌料调味的菜坯，分层装入菜坛，并层层压紧实，不留空隙。压紧时用力应均匀，不要用力过猛，直至压出卤水。装至距坛口2cm处，在菜坯表面撒一层面盐。

⑧ 封口、后熟。用鲜榨菜或用长梗白菜腌后晒干的干菜叶或干菜头作封口菜，紧密塞满坛口进行封口，置于清洁卫生处发酵后熟。在后熟过程中，香料物质渗入菜体内部，并进行一系列生化反应，生成香气及鲜味物质，使制品产生特殊的品质风味。

装坛后15～20天之内，应将封口菜取出，进行检查。如果菜块下落松散时，应添加同等级别的新菜块，压紧，装至距坛口2cm处；如果表面菜块长醭或发霉，则应挖出，另换同等级别的新菜块，装紧、装满；无论是加菜或换菜后，都要在菜面上加入150g的盖面盐（以50kg食盐加3kg辣椒粉加0.5kg苯甲酸钠进行配制）。

通过检查后，坛口铺上一层箬叶，塞入经腌制晒干的干菜叶，应塞得平实紧密、中间坚硬并高出坛口边缘1cm。每坛用封口菜约0.5kg以上。最后用干净的揩布将坛口揩干净，并用水泥封口，放置于清洁干净阴凉处，继续后熟。

（3）产品特点　呈红、黄色相间，色泽鲜艳，质地脆嫩，味道鲜香，咸辣可口。

二、叶用芥菜（雪里蕻）的盐渍技术与应用

1. 雪里蕻的盐渍技术

【腌雪里蕻（湿态）】

（1）原料配比　鲜雪里蕻 100kg，食盐 16kg，清水 5kg。

（2）制作方法

① 原料选择。选用菜棵整齐、根茎小、叶色浓绿、叶片肥厚、质地细嫩的新鲜雪里蕻为原料。

② 整理。将鲜雪里蕻的泥土拍打干净，剔除老叶、黄叶，削除须根，按长短分档。

③ 清洗。用清水将雪里蕻漂洗干净，捞出，控干表面附着的水分。

④ 盐腌。按配料比例将经清洗的雪里蕻与食盐，码一层菜撒一层食盐装入缸内。摆码雪里蕻时应将雪里蕻根茎对齐，理顺成把，根茎压叶尖，叶尖压根茎，层层交错摆码。装满缸后，雪里蕻顶层撒满一层食盐，并适量洒些清水，以促使食盐溶化。

⑤ 倒缸。盐腌第二天开始倒缸，每天倒缸 1 次。倒缸就是将缸内的雪里蕻和盐水，转入另一个空缸内。通过倒缸可以散发热量和不良气味，并促使食盐溶化。连续倒缸 5～6 天后，每两天倒缸 1 次，盐腌 15 天即为成品。

⑥ 封缸。封缸前可将腌制的咸雪里蕻进行并缸，将不满的缸填满，并进行压实。然后在菜面上加盖竹帘，压上石块，加足盐卤，使雪里蕻淹没在盐卤中。

（3）产品特点　色泽翠绿，整齐无黄叶，质地脆嫩，味道咸鲜。

【霉干菜（半干态）】

（1）原料配比　雪里蕻 100kg，食盐 4.5～5kg。

（2）制作方法

① 原料选择。选用分蘖性强、分叉多、质地鲜嫩的雪里蕻为原料。

② 晾晒。将收获的雪里蕻，平摆于地面，在阳光下晾晒至发蔫。

③ 堆放。将经晾晒的雪里蕻，摘除老叶、黄叶和烂叶，削净菜根，在室内堆成 1.5～2m 的菜堆，进行"堆放" 10～24h，中间翻动 1～2 次，使菜体变黄。

④ 清洗、切分。将堆放过的雪里蕻，用清水洗净泥沙和污物，控干水分，切分成 2～3cm 的小段。

⑤ 复晒。将雪里蕻菜段摊放在苇席上，置于通风向阳处暴晒半天，中间翻动 1～2 次，晒至表面干皮即可，制成雪里蕻干菜坯。

⑥ 盐腌。按配料比例，一层干菜坯撒一层食盐装入缸内，逐层压实，最上面盖上竹算，压上石块进行腌制。一般可腌制 20～40 天，因季节而异，冬季腌

制时间需长些。待菜坯由黄色变成褐色，卤汁呈淡紫红色时腌制结束，制成咸菜坯。

⑦ 三晒。将腌好的咸菜坯取出，稍加挤压，除去部分盐卤，摊放在苇席上，置于通风向阳处，连续日晒 3 天，每天翻动两次。待菜坯基本干燥，收入室内进行堆放，使菜坯间的水分均衡。然后再日晒 2～3 天，直至完全干燥，则制成霉干菜。

（3）产品特点　色泽呈褐色，有光泽，质地柔软，风味清香，鲜甜微咸可口。

2. 雪里蕻的盐渍实例

【腌雪里蕻】

（1）原料配比　春菜 50kg，食盐 5～5.6kg（冬菜 50kg，食盐 5.5～6kg）。

（2）制作方法

① 原料选择。加工的雪菜，要求发棵大、细梗多、菜身干、骨子老、无边蕻、不起台、无虫斑、不冰冻、新鲜、无老黄叶。雪菜主要产期分春、冬两季。春菜，清明前后见新，立夏前落令，菜身含水量大，必须扣紧到货与加工环节，及时腌制，防止堆积腐烂。冬菜，上市时间较长，可从霜降到冬至，气候冷凉，菜身必须干燥，易于储藏。

② 整理。将鲜菜抖松，拍净泥土，剔除老叶、黄叶，削平老根，将晴天菜与雨天菜，以及老嫩、大小、长短菜分档。如有条件最好用太阳晒 2～4h，不能淋雨。依次平铺竹篮内，准备腌制。如果当天不能腌制完毕，必须铺开摊平，不能堆高，防止发热腐烂及变质。

③ 装缸。将腌缸（池）洗净、擦干，先在底面撒一薄层盐，再将整理好的菜从四边向中心螺旋竖直排列。缸底部第一层菜要叶子朝下，根部朝上，从第二层开始，根部朝下，叶子向上。缸内排菜的方向要一致。要放好排菜接头，做到疏密一致，叶无倒仰。菜要排得松紧适当，厚薄均匀，便于落透盐，踏得平，菜梗挺直。分档整理的菜要分档下池，便于按质同腌。

④ 撒盐。每排一层菜要撒 1 次抛盐及 1 次脚盐，抛盐撒在踏菜前，脚盐撒在踏菜后，抛盐与脚盐的比例为 7：3，最多不超过 6：4。撒盐要均匀，菜密的地方多撒一点，疏的地方少撒一点。如腌菜的容器是陶土缸，撒抛盐后，要用手轻轻将雪菜叶子扒开。如是水泥池，要用木耙扒叶，使部分盐粒能渗入根部。但用力不能过重，否则盐粒全部下渗，茎部无盐也会影响成品质量。

春菜如腌在缸内，地面温度高，用盐量要多一些；冬天腌在池内，温度也较高，用盐量也要多一些。缸与池的上、中、下三部分不能平均用盐。下面的 1/3 称缸（池）底，用盐应比平均数低 30%，中间的 1/3 称缸（池）中，用盐要高出平均数 15%。剩下的盐加在上面 1/3 的部分，腌满缸后要加封面盐。

⑤ 踏菜。要按排菜的方向从四边缓慢地转入中心，不能反踏。菜呈四边低、中心高的馒头形最佳。踏菜要轻而有力，踏得软熟出卤，特别是底部第一层菜必须踏出卤来，否则上面就难出卤，但又不能踏得过重，避免将菜踏破。

⑥ 盐腌。腌制要经过"冒头缸（池）"和"照缸（池）"两个阶段后才能封口。

第一天将缸（池）加满，踏完最后一层菜，加上封面盐后，称为冒头缸（池）。当天只是架上"井形"竹片、压上石头（缸压 50～60kg，池压 500kg 左右）。

经过 24h 后，如盐尚未全部溶化，复踏 1 次，使菜身下沉，菜面见卤，再在上面排菜，加满容器为止，称为照缸（池）。照缸后要及时封口，盖上一层清洁的蒲包，四周用竹片插紧，再压石头。腌制时间长的重盐菜，要在蒲包上面用直径 5cm 左右的稻草辫子紧塞四周，再铺上一层敲碎的干泥（干泥厚度：缸为 5～6cm，池为 8～9cm）。20 天后，将铺泥踏紧，再加上一层复脚泥。缸与池都应放在室内或棚内，如果是露天缸，则应遮盖好，防止雨水淋入。储藏过夏的菜，最后放在室内通风处，注意防晒、防雨及防霉。

⑦ 装坛。将起缸（池）的咸菜滴卤断线，装入圆口坛内，每坛 50kg，撒盐 3.5kg，用泥封口。具体方法如同鲜雪菜下缸腌制一样。装满五层可平坛口，五层菜掌握用盐 1～1.5kg，装满后撒面盐 1.5kg，塞上新蒲包，沿坛口内径用竹片做成"×"形插紧将菜压住，将原来腌菜的卤水澄清后加进坛内至浸没竹片，放在室内阴凉处。隔 2～3 天，菜稍有下沉，再在蒲包上面加盐 0.5～1kg，要检查卤水不能超过竹片，加上陶土坛盖，沿坛口用泥封严，不能漏气。菜起缸（池）要及时装坛，防止时间长了菜的颜色发黑。装坛菜以八成熟为好。

（3）产品特点　制作精细，品质优良，成品色黄，味鲜香，有脆性。

【绍兴霉干菜】

（1）原料配比　雪里蕻 100kg，食盐 3kg，辣椒适量。

（2）制作方法

① 原料选择。选用质地细嫩、新鲜的叶用芥菜为原料，或采用未抽薹的小白菜或嫩油菜。

② 整理、清洗。摘除芥菜的老叶、黄叶和叶梗，削除根须，用清水洗净泥沙和污物，晾干水分。

③ 堆放。将经整理的芥菜堆放 12～24h，使部分菜叶呈嫩黄色。堆放时应翻动 1～2 次，以防发热霉变。

④ 盐腌。按配料比例，将变黄的芥菜放在容器中，撒匀食盐，用手揉搓，直至揉搓出卤汁。将揉搓好的菜沥去水分，加入适量辣椒，分层装入缸内，并逐

层压实，最上面压上石块，腌制 10～15 天左右。

⑤ 晒干。将腌好的菜坯，挤压除去卤汁，置于通风向阳处晒干，即制得霉干菜。

（3）产品特点　色泽呈黄褐色、有光泽，质地柔韧，鲜咸清香可口。

【干菜笋】

（1）原料配比　雪里蕻 100kg，食盐 4～5kg。

（2）制作方法

① 原料选择。选用叶色浓绿、叶片肥厚、质地细嫩的新鲜雪里蕻为原料。

② 晾晒。新鲜雪里蕻采收后，及时晒蔫，中间翻晾 1 次，等菜叶表面水分全部收干，但不要过干。

③ 堆放、清洗。除去黄叶，堆在室内 3～5 天（防止发热霉烂），待菜叶 60%～70% 转黄时，用清水洗净，要求无泥沙杂质。再晒至外部水分干时即可。

④ 盐腌。将净菜切成长 2～3cm 的短条，菜按每 100kg 加食盐 4～5kg 的比例，拌和均匀后，用石块把菜压实，待到盐粒溶化，经过 2～3 周腌制，待菜由青黄转为褐色时，就可取出晒干，拌和笋干，包装出厂。

（3）产品特点　色泽黄亮，香气浓郁，吃时鲜嫩清香，食后回味悠长，一直为中外食用者称誉。

【资中冬菜】

（1）原料配比　大叶芥菜 100kg，食盐 12～15kg。

（2）制作方法

① 原料选择。选用质地细嫩、未抽薹、无空心的叶用芥菜为原料。以小雪节至立冬节收获为宜。

② 划菜。芥菜收获后就地从菜的根端划开，俗称"划菜"。划菜时根据菜棵的大小不同，可划一刀或划两刀，都不要划断。当单棵菜质量小于 1kg 时，可从菜基部对剖划成两半；单棵菜质量大于 1kg 时，可先从叶心对剖划成两半，再分别从菜基部对开或划两刀为三瓣。划菜有利于脱水晾晒。

③ 晾晒。将划好的菜搭在晒架上进行晾晒，晒场应设在通风向阳处，晒架可用木杆搭制，晒绳间距为 20～25cm。上架时应先从两端搭起，使两边的负荷均匀，以免发生倒架。上架的芥菜应搭晾整齐均匀，防止芥菜晾晒时干湿不均，造成烂菜。晾晒时间约为 20～30 天。直晒至菜棵外叶全部萎黄，中间菜叶萎蔫即可。一般每 100kg 鲜菜可晒制菜坯 20～25kg。

④ 剪菜。将晾晒的菜坯，剥去枯黄的老叶（可留作坛口封口菜），大棵菜可剪为三节。头节长 3cm 左右，菜质粗纤维较多，通常称为"菜皮"；二节长约 6cm，有 1～2 片嫩叶，品质较细嫩、粗纤维较少，称为"二菜"（又称二冬）；

三节约为 5cm，品质细嫩，称为"菜尖"（又称冬尖）。

⑤ 腌制。

a. 炒盐。腌菜时应使用炒过的盐，这样可使成品香气浓、油润、有光泽。炒盐时可加入 0.2%～0.25% 的菜油，焙炒时要曝气出烟，每 100kg 食盐焙炒后要损失 7～8kg。

b. 揉菜。剪好的菜要加入炒盐进行揉挤。具体方法是：把菜坯放在木盆内，边撒盐、边拌和、边揉挤，并要揉匀、揉透。加盐量按每 100kg 菜尖加炒盐 13kg，每 100kg 二菜、菜皮或老叶加炒盐 5kg。经揉挤的菜，放在围席包（或木桶、缸）内，压紧实进行腌制。第二天取出菜坯再次揉搓一遍，以使菜坯吸收盐分均匀；然后重新装入围席包内，并压紧，继续腌制 10～15 天。

⑥ 装坛。将腌好的菜坯，装入事先洗净擦干的菜坛内。装坛时，应先将菜坯抖散，分层装填，层层压紧实，装至坛口处，用老叶封住面层，使坛中菜坯与外界空气隔离，以免微生物污染造成腐败变质。最后用塑料薄膜包扎封严坛口。

⑦ 后熟。将菜坛口封好以后，加盖瓦盖，置于露天通风干燥处，进行自然发酵。发酵 4 个月后，菜坯出现"翻水"现象时，可将菜坛搬入室内，继续发酵，至农历八月翻转一次坛。发酵至 1 年以上即可成熟。一般新冬菜发酵期为 1 年以上，陈年冬菜应达 2～3 年。发酵时间越长，质量越好。

（3）产品特点　色泽呈黄褐色，有光泽，质地细嫩、筋脆，味道清香、鲜美。

三、芥菜的酱渍技术与应用

1. 芥菜的酱渍技术

（1）原料配比　叶用芥菜 10kg，盐 0.5kg，酱油 0.5kg，花椒 20g，红糖 100g，大料少许。

（2）制作方法

① 原料选择。选用菜棵整齐、根茎小、叶色浓绿、叶片肥厚、质地细嫩的新鲜叶用芥菜为原料。

② 整理。去除老叶、黄叶，切去须根，按长短分档。

③ 清洗。用清水将鲜菜洗干净，捞出，控干表面附着的水分。

④ 热烫。将整理后的鲜菜放入开水中烫漂几分钟，迅速放入冷水中。

⑤ 盐腌。按配料比例码一层菜撒一层食盐装入缸内。根茎压叶尖，叶尖压根茎，层层交错码放。装满缸后，顶层撒满一层食盐，并洒适量清水，以促使食

盐溶化。5～10天即为咸菜坯。

⑥ 晾晒。将腌好的咸菜坯放在苇席上，置于通风向阳处晾晒1～2天，中间翻动1～2次，晾晒成干菜坯。

⑦ 酱油渍。在酱油中加入花椒、红糖、大料加热煮沸，降至室温。将干菜坯装入缸内，倒入混合好的酱油，翻拌均匀，20天后即可食用。

（3）产品特点　入口柔韧，气味醇香。

2. 芥菜的酱渍实例

【梅干菜】

（1）原料配比　大叶芥菜100kg，食盐4kg，酱油3kg，酱色1kg，茶油0.2kg。

（2）制作方法

① 原料选择。选用茎叶肥大、新鲜的大叶芥菜为原料。

② 整理、清洗。摘除老叶、黄叶，削除根须，用清水洗净泥沙和污物，控干水。

③ 晾晒。将经整理的芥菜，摆放在苇席上，置于通风向阳处晾晒1～2天，晒至七成干，制成芥菜干坯。

④ 盐腌。按配料比例，将芥菜干坯与食盐，一层菜撒一层食盐装入缸内，并逐层用木棒揉压，直至有菜汁渗出。装满缸后，菜面盖上竹箅或木架，压上石块进行盐腌。一般腌制5～10天，至芥菜坯开始变为黄色，并有香气，即制成咸菜坯。

⑤ 复晒。将腌好的咸菜坯取出，挤压除去部分盐卤，置于通风向阳处，晒至全干，制成梅干菜坯。一般每100kg鲜菜可制成梅干菜坯4kg左右。

⑥ 酱油渍。按配料比例，把酱油与酱色混合在一起，搅拌均匀。将梅干菜坯装入缸内，倒入混合好的酱油，不断翻拌，使菜坯充分吸附、着色入味。

⑦ 蒸煮。将吸透酱油的菜坯，用木甑蒸3～4h，并趁热按比例拌入茶油。

⑧ 再晒。将酱制后的菜坯摊放于苇席上，置于通风处稍加晾晒，表面略显干燥，即制成梅干菜成品。

梅干菜成品因其湿度大、含盐量低，易于霉变，不宜于大量生产久存，而梅干菜坯在干燥条件下却能长期保存。因此，生产梅干菜成品应随用随加工，以销定产。

（3）产品特点　色泽乌黑发亮，质地柔韧，气味醇香，微酸可口。

四、芥菜的糖醋渍技术与应用

以糖醋榨菜为例。

（1）原料配比　咸榨菜 100kg，白糖 36kg，冰醋酸 2.4kg，丁香 36g，豆蔻粉 30g，生姜 160g，红辣椒粉 200g，桂皮 32g，白胡椒粉 40g，大蒜 200g，清水 60kg。

（2）制作方法

① 原料选择。以腌制为成品的咸榨菜为原料。

② 切分。将咸榨菜切分成长 5cm、宽 2cm、厚 0.3cm 的薄片，凡不能切成片的部分可切分为细丝或宽、高均为 1.5cm 的颗粒。

③ 脱盐、脱水。将切分后的咸榨菜坯，放在清水中浸泡 2～4h 进行脱盐，然后捞出，上榨或装入筐内叠置压出 40％的水分。

④ 糖醋液的配制。按配料比例，将丁香、豆蔻、桂皮、白胡椒粉等香料加 60kg 水放在锅内，煮沸后改用小火熬煮 30～60min，待温度降到 80℃时过滤，再加入白糖，搅拌使其溶解，而后加入冰醋酸，搅拌均匀，晾凉后制成糖醋液，加入生姜丝、大蒜和辣椒粉。

⑤ 糖醋渍。将脱盐后的榨菜坯与配好的糖醋液，在容器中搅拌均匀，然后装入坛内，用竹片横挡在菜面上，使菜完全浸泡在料液内，加盖封好，进行腌制。5 天后再按每 100kg 榨菜加入白糖 8kg 和冰醋酸 0.3kg 搅拌均匀，加盖封好口，继续腌制 7～15 天即可为成品。

（3）产品特点　色泽呈红褐色，质地脆嫩，酸甜可口。

五、芥菜（雪里蕻、雪菜）的泡酸菜技术与应用

雪里蕻，芥菜的变种，一年生草本植物。雪菜，芸薹属，被子植物，是芥菜的一种。

1. 雪里蕻的泡酸菜技术

（1）原料配比　雪里蕻 5kg，一等老盐水 4kg，食盐 0.4kg，红糖 75g，干红辣椒 125g，醪糟汁 50g，香料包 1 个。

（2）制作方法

① 原料整理、清洗。摘除雪里蕻的老叶、黄叶及叶柄，削净根须。用清水漂洗干净

② 晾晒。将整理好的雪里蕻放在通风向阳处，晾晒至萎蔫。

③ 出坯。将雪里蕻与食盐按 100∶6 的比例，一层菜均匀地撒一层盐，并稍加揉搓，进行腌制。而后用石块压上，出坯 24h，取出，控干涩水。

④ 装坛。选用质量良好的泡菜坛，刷洗干净并控干水分。将盐水、红糖、干红辣椒、醪糟汁和余下的食盐等调料放入坛内，搅拌均匀。把雪里蕻捋整齐，装进盛有盐水的坛内，装至 1/2 坛时放入香料包，继续装到九成满，用竹片卡紧，防止菜体上浮，使盐水淹没菜体。盖好坛盖，注满坛沿水，以水密封坛口。

⑤ 发酵。装好坛后进行发酵，泡制 2～3 天即可成熟。

（3）产品特点　色泽呈黄绿色，质地柔脆，味咸带辣微酸，鲜香可口，如彩图 10 所示。

2. 芥菜的泡酸菜实例

【潮州酸菜】

（1）原料配比　叶用芥菜 100kg，食盐 8～13kg。

（2）制作方法

① 原料选择。选用叶片肥厚、质地鲜嫩、无病虫害的新鲜叶用芥菜为原料。

② 整理。将芥菜摘除老叶、黄叶、烂叶及叶柄，削除根须，用清水洗净泥沙和污物，并控干水分。然后将大棵芥菜由根部切分为两半。

③ 晾晒。将整理好的芥菜，在通风向阳处，挂在绳子上进行晾晒，脱除一部分水分，至菜体变软。

④ 盐腌。将经晾晒的芥菜与食盐按 100∶（6～8）的比例，一层菜撒一层食盐，装入缸内进行腌制。装菜时，应层层压实，装满后压上重物，造成嫌气性条件，以利于乳酸发酵。盐腌制 5～7 天。

⑤ 倒缸。将经初腌的芥菜逐层翻倒入另一干净的缸内，与此同时分层撒入配料中剩余的食盐。倒缸码菜时应注意层层压实，压上重物，灌入菜卤，并使菜卤淹没菜料。

⑥ 发酵。装好缸后，密封缸口，置于空气流通处进行自然发酵。1 个月左右即可成熟。

（3）产品特点　色泽呈浅褐绿色，质地柔脆，酸咸适口。

【泡咸雪菜】

（1）原料配比　新鲜雪菜 5kg，精盐 0.5kg。

（2）制作方法

① 原料选择。选用无虫斑、不冰冻、新鲜、无老黄叶的雪菜。

② 堆放。将雪菜在室内堆放 24～48h，中间翻动 1～2 次，两天后逐棵用清水冲洗干净。

③ 晾晒、切分。把雪菜挂在干净的绳子上晾晒至萎蔫，手摸有变软的感觉时即可取下，切除老根后再切成寸段或碎末。

④ 揉盐。将碎雪菜放入干净的盆内，加入精盐用手揉至见雪菜出水。

⑤ 装坛。将雪菜装入坛中，装得越紧实越好。装至坛容积的五分之四时停装，坛口塞些洗干净且控干水的稻草，将坛口塞紧。

⑥ 发酵。将坛子置于阴凉处，坛沿加满水。两个月后即可食用。

（3）产品特点　色绿味香，脆嫩爽口。

第三节 圆白菜（结球甘蓝）的腌制技术与应用

一、圆白菜的盐渍技术与应用

1. 圆白菜的盐渍技术

（1）原料配比 圆白菜 10kg，食盐 1.2kg。

（2）制作方法

① 原料选择。选用结球坚实、叶色浅绿、质地脆嫩、无腐烂、无虫害的新鲜圆白菜为原料。

② 整理。剥去圆白菜的老叶、黄叶和烂叶，削除外露的短缩茎。用清水洗净，控干水分。然后将圆白菜纵切为两瓣。

③ 盐腌。将切分的圆白菜，菜心向上放入缸内。按配料比例一层圆白菜撒一层食盐，并逐层压实。装满缸后，在圆白菜表面压上石块，进行盐腌。

④ 倒缸。盐腌后每隔一天倒缸 1 次，连续倒缸 3～5 次。每次倒缸后都要将菜压紧，并压上石块。腌制 20 天左右即可为成品。

（3）产品特点 色泽呈浅黄绿色，质地脆嫩，味道咸鲜。

2. 圆白菜的盐渍实例

【暴腌圆白菜】

（1）原料配比 圆白菜 500g，精盐 75g。

（2）制作方法

① 整理、清洗。将新鲜无腐烂的圆白菜一片片掰开，用清水洗净，沥干水分。

② 盐腌。将洗净后的圆白菜，一层盐一层圆白菜放入瓷缸内，用干净石块压紧，盐腌半天，每隔 1～2h 翻搅 1 次，半天后即可食用。

（3）产品特点 咸淡适中，脆香爽口，随吃随做，十分方便。

【咸圆白菜干菜】

（1）原料配比 圆白菜 10kg，食盐 1kg。

（2）制作方法

① 整理、清洗。先把圆白菜的根蒂及老黄叶去掉，洗净控干水分，切成丝条，撒上盐搅拌均匀。

② 盐腌。入缸腌制 24h 后，上下翻拌后倒出榨去水分，放阳光下晒，每10kg 晒到 1.5kg 左右即为成品。放坛中储藏，即可食用。

（3）产品特点 脆嫩可口。便于保存，食用时只需开水泡几分钟即可用来烧菜、做汤等。

二、圆白菜的酱渍技术与应用

1. 圆白菜的酱渍技术

（1）原料配比 圆白菜 5kg，食盐 0.75kg，甜面酱适量。

（2）制作方法

① 整理、清洗。先把圆白菜外层老黄叶去掉，洗净，放入缸中，表面层撒上盐，而后加适量凉开水。

② 翻缸。2 天后翻缸 1 次，7 天后取出放进清水中浸泡，1 天换水 1 次。

③ 酱渍。3 天后取出，装入纱布袋，把袋投入装有甜面酱的缸内酱制（酱要淹没装菜袋），30 天后即可食用。

（3）产品特点 香，脆。

2. 圆白菜的酱渍实例

【酱圆白菜】

（1）原料配比 圆白菜 5kg，食盐 300g，豆瓣酱 1.5kg。

（2）制作方法

① 整理、清洗。将圆白菜去掉烂叶、黄叶，洗净，沥干后切成片。

② 盐渍。一层盐一层菜片装缸、压实，7 天后捞出晾晒 2 天。

③ 酱渍。将菜片与豆瓣酱混合均匀装缸，密封 60 天后即可食用。

（3）产品特点 酱味浓郁，清脆可口。

三、圆白菜的糖醋渍技术与应用

1. 圆白菜的糖醋渍技术

（1）原料配比 圆白菜 50kg，食盐 1.5kg，白糖 6kg，醋精 1.5kg，白酒 1kg，辣椒粉 1.5kg。

（2）制作方法

① 原料选择。选用质地细嫩、包心紧实、无病虫害的新鲜圆白菜为原料。

② 整理。剥除圆白菜外部的老、黄叶片，削除根茎，用清水洗净泥沙和污物，控干水分。

③ 盐腌。将圆白菜劈成两半，用配料中 50% 的食盐，一层菜一层盐装入缸内，装满后表面再撒满一层盖面盐，进行腌制。盐腌第二天进行倒缸，并加入配料中另一半食盐。倒缸时，将圆白菜捞出控干盐水，装入另一空缸内，一层菜撒一层盐，边装菜边压紧，最后撒一层盖面盐，盖上箅盖，加压石块，腌制 7 天即

成咸菜坯。

④ 脱盐。将咸菜坯捞出，控干盐卤，切成宽为 1cm 的细丝，用清水漂洗两次，榨压出 40% 的水分。

⑤ 糖醋渍。把辣椒粉、醋精、白糖、白酒、食盐用开水调匀倒入，每天翻动 1 次，经 2～3 天即可为成品。

（3）产品特点　色泽呈浅黄色，质地脆嫩，甜酸可口。

2. 圆白菜的糖醋渍实例

【辣圆白菜】

（1）原料配比　圆白菜 500g，盐 25g，白糖 175g，醋 75g，干辣椒 50g，香油 50g，花椒、葱、姜各少许。

（2）制作方法

① 清洗、切制。将圆白菜洗净，用手撕成片（圆白菜小叶撕成 3～4 片，大叶撕成 10～12 片）。

② 盐腌。在小盆内用 25g 盐腌上 40g 圆白菜，少则腌半天，多则腌 1 天，腌好后，把水分挤出，挤净，装入容器。

③ 煸油。锅架火上，放入香油，烧至五六成熟时下入干辣椒、花椒、葱、姜炸（要炸老些），使油内有香辣味。炸老、炸黑的干辣椒、花椒、葱、姜均捞出不要。

④ 糖醋渍。将热油倒入容器，加糖、醋搅拌均匀，再腌上半日，即可取出装盘食用。

（3）产品特点　色泽白净，酸甜香辣，清脆可口。

【酸甜包菜丝】

（1）原料配比　鲜圆白菜 100kg，食盐 6kg，明矾 200g，咸姜坯 1kg，白糖 10kg，白酒 200g，柠檬酸 100g，苯甲酸钠 20g。

（2）制作方法

① 清洗、切制。将鲜圆白菜洗净泥沙，劈成 2 瓣。

② 盐腌。一层菜一层盐入缸，第一道用盐 3kg，表面撒一点盖面盐，过一夜上下翻动 1 次，再过一夜转缸。下第二道盐 3kg，将圆白菜捞起来，滴干盐水，边转缸边下盐，边踩紧，最后撒一点盖面盐，盖好篾席，上加重物压紧。1 周后即成咸菜坯，约为 60kg。

③ 脱盐、脱水。将咸圆白菜切成细丝，咸姜坯剁成碎丁，用冷水漂洗 2 次，上榨，每 100kg 压干至 12kg 左右。

④ 拌料、糖渍。出榨后扯散，将辅助材料全部投入拌和均匀，过一夜，翻动 1 次，并将圆白菜丝扒在一边，让糖菜汁流在一边，舀入锅内熬干水分至糖汁牵丝，出锅摊晾，再倒入圆白菜丝内搅拌均匀，装坛、装瓶密封即成。

（3）产品特点　甜酸嫩脆爽口，可与海蜇媲美。

【糖醋圆白菜】

（1）原料配比　圆白菜 10kg，胡萝卜 3kg，精盐 300g，白糖 2.5kg，白醋 1.5kg，香油 750g，清水 1kg，花椒、干辣椒适量。

（2）制作方法

① 原料整理。将圆白菜除去外面老叶，把剩下的逐片剥下来，切去菜叶中间的筋，备用。将胡萝卜去皮，用水洗净，切成长约 7cm 的丝。

② 炒制。将锅置火上，倒入香油烧热，投入干辣椒、花椒，煸出香味后去除不用。然后将圆白菜叶、胡萝卜丝下锅，略炒一下，随即出锅，盛入小盆或大口玻璃瓶内。

③ 糖醋液的配制。将锅置火上，加入清水 1kg，再加白糖、白醋、精盐熬成糖醋卤。

④ 糖醋渍。将糖醋卤倒入装有圆白菜的容器内，浸泡腌制。12h 后即可食用。

（3）产品特点　本品颜色白中有红，味酸、甜、辣俱全。

四、圆白菜的泡酸菜技术与应用

1. 圆白菜的泡酸菜技术

（1）原料配比　圆白菜 100kg，食盐 2.5kg。

（2）制作方法

① 原料选择。选用质地脆嫩、结球紧实、无病虫害的新鲜圆白菜为原料。

② 整理、清洗。将圆白菜剥除外部的老叶、黄叶、烂叶，削除根茎，然后用清水洗净泥沙和污物，并沥干水分。

③ 切分。将经整理后的圆白菜，切分成 1～1.5cm 宽的细丝。

④ 装桶。将圆白菜丝按配比撒上食盐拌匀，逐层装入桶内，边装边用手或木棒压紧压实，装至八成满，在圆白菜坯上面用一个小于桶径的木制顶盖，边揉压边压紧菜丝，使被挤压出的圆白菜汁淹没顶盖。

⑤ 发酵。将装好圆白菜的木桶，置于洁净凉爽（温度为 12～20℃）的室内，进行自然发酵。经 10 天左右，即可成熟为成品。

（3）产品特点　色泽呈淡黄绿色，质地青翠，酸味醇和，清香爽口。

2. 圆白菜的泡酸菜实例

【酸圆白菜】

（1）原料配比　圆白菜 2.5kg，苹果 125g，胡萝卜 125g，精盐 65g，香叶 1 片，胡椒粒（切碎）2.5g，干辣椒 2.5g。

（2）制作方法

① 清洗、切制。圆白菜去根和老叶，洗净，切成 3.3mm 左右的细丝；苹果洗净，每个一切 4 瓣；胡萝卜去皮、洗净，切成与圆白菜一样粗细的丝（有的切条）。

② 揉制。将圆白菜丝和胡萝卜丝放在案板上，撒上盐、胡椒碎粒、香叶、干辣椒等，用力揉搓均匀，腌到菜丝变软。

③ 装坛。装坛时，按一层菜，一层苹果的办法共码四层，用木棍压实。坛内加上小盖，盖上压重物，坛口上再盖木盖。

④ 发酵。放在室温 25～30℃的地方发酵，一般发酵 3～4 天，打开盖子。坛内起小白泡并能闻到酸香味时，可取出存入冰箱冷藏，食用时取出。如果发酵时间不够，菜体不酸、不香，并有咸菜味，可延长发酵时间。

（3）产品特点 酸香鲜脆，开胃解腻。

【什锦圆白菜】

（1）原料配比 净圆白菜 5kg，苹果 500g，胡萝卜 200g，盐 100g，香叶 2 片，胡椒粒、茴香籽、干椒各 5g。

（2）制作方法

① 原、辅料加工。择洗干净的圆白菜切成 4～5mm 粗的丝，胡萝卜切成 4mm 左右的丝，苹果切 4 瓣。

② 拌料、装坛。将切好的圆白菜丝、胡萝卜丝撒盐、香叶、胡椒粒、茴香籽、干椒拌匀后，放入缸内，然后一层苹果，一层圆白菜，直至装完，用力按实，压上石头加盖。

③ 发酵。放在温度 36～40℃处使其发酵。当圆白菜发酵起泡沫时，移至 1～5℃条件下冷藏保存。取用时可与洋葱丝、生菜油，拌匀食之。

（3）产品特点 酸味清口，开胃解腻。可作油腻大的肉食配菜，亦可做酸白菜汤、焖酸白菜等。

第四节 苤蓝（球茎甘蓝）的腌制技术与应用

一、苤蓝的盐渍技术与应用

1. 苤蓝的盐渍技术

（1）原料配比 苤蓝 100kg，食盐 25kg，清水 25kg。

（2）制作方法

① 原料选择。选用个体大、色泽绿色、质地脆嫩、不开裂、不腐烂、不黑

心的新鲜苤蓝作为原料。

② 修整、清洗。用刀削去苤蓝外表皮，以不留老筋为度，同时削除虫害和腐烂部分。然后用清水洗净，并沥干水分。

③ 盐腌。按配料比例将去皮的苤蓝与食盐，一层苤蓝撒一层食盐装入缸（或池）内，每装一层均应压实，并浇洒适量清水。也可以先将苤蓝装入缸（或池）内，再按配比把食盐放在苤蓝上面，然后用清水将食盐冲下进行盐腌。

④ 倒缸。盐腌初期每天倒缸两次，以促进食盐溶化和散发异味。如果用菜池进行盐腌，可用泵抽取盐水进行循环。待食盐全部溶化后，可每隔一天倒缸1次。盐腌约20天即可封缸。

⑤ 封缸。封缸时在苤蓝表面压上石块，盐卤应腌没苤蓝，盐液浓度应达到18~20°Bé以防败坏。并且应每隔1~2个月翻倒一次，或进行盐卤循环。储存条件应阴凉干燥，严防阳光暴晒，以免干皮或发热变质。

（3）产品特点 色泽呈淡黄色，质地柔脆不软，无异味。

2. 苤蓝的盐渍实例

【腌苤蓝丝】

（1）原料配比 苤蓝10kg，食盐750g，生姜250g，胡椒粉10g，五香粉少许。

（2）制作方法

① 原料整理。选个大、新鲜、无病虫害的块茎，切去叶梗和根部，将苤蓝去皮，清洗干净。

② 切丝、晾晒。将苤蓝切成细丝，晒至半干。

③ 盐腌。将苤蓝丝与各种调料拌匀，加食盐，层盐层菜码入缸内。

④ 成品。装缸密封，置通风阴凉处10天即可。

（3）产品特点 质地脆嫩，味道咸鲜。

【辣味苤蓝】

（1）原料配比 苤蓝200g，红辣椒3个，花生油、白糖各20g，精盐适量，味精少许。

（2）制作方法

① 清洗、切丝。将苤蓝洗净，削去皮，切成细丝。将红辣椒去蒂和籽，冲洗干净，切成极细的丝。

② 盐腌。将苤蓝丝放在盘内，撒上精盐，拌匀，盐腌30min。

③ 煸炒、拌料。将炒锅置火上烧热，倒入花生油（其他食用植物油均可），待油热后，放入辣椒丝稍煸炒，炒出辣味后即停火，将辣椒油（连同辣椒丝）倒在腌苤蓝丝上，加入白糖、味精拌匀即可上桌供食。

（3）产品特点 苤蓝丝脆嫩，微辣爽口。

二、苤蓝的酱渍技术与应用

1. 苤蓝的酱渍技术

（1）原料配比　苤蓝 100kg，食盐 8kg，甜面酱 70kg，姜丝 0.1kg。

（2）制作方法

① 原料选择。选用个大、肉质脆嫩的新鲜苤蓝为原料。

② 整理。削去外表皮，切成两半。

③ 盐腌。将苤蓝与食盐按 100∶8 的比例，一层苤蓝一层食盐装入缸内进行盐渍，每隔一天翻动 1 次，4 天后压上石块，以促使盐卤溢出。一般盐渍 10 天即可。

④ 切分、脱盐。将咸苤蓝切分成宽和厚均为 0.2cm、长为 6cm 的细丝，放入清水中浸泡脱盐。浸泡时间为 8～12h，中间换水 2～3 次。待盐度下降后捞出、控干水分。同时将鲜姜切分为 0.15～0.2cm 粗的细丝。

⑤ 酱渍。把脱盐的苤蓝丝与姜丝混拌均匀，装入酱袋中，装量约为酱袋容量的 2/3，扎好袋口，放入甜面酱中进行酱渍。酱渍过程中，每天翻动、捺袋两次，4～5 天取出酱袋，将苤蓝丝倒入容器中，放风 1 次，淋去咸卤重新装袋，再放入甜面酱中继续酱渍。一般酱渍 10～15 天即为成品。

（3）产品特点　色泽呈红褐色，质地脆嫩，酱味浓，味鲜咸。

2. 苤蓝的酱渍实例

【甜酱苤蓝片】

（1）原料配比　咸苤蓝 100kg，甜面酱 70kg，糖精 0.03kg。

（2）制作方法

① 原料选择。以腌制为成品的咸苤蓝为原料。

② 去皮、切分。将咸苤蓝削去外皮，切分成厚 0.4～0.5cm 的圆片，也可切分成厚度为 1cm 的圆片。

③ 脱盐、脱水。将切分后的苤蓝片放入清水中浸泡 6～10h，进行脱盐。夏季浸泡时间可短些，冬季可适当延长，中间换水 1～2 次。待盐度降低后捞出，晾晒至四成干即可。

④ 酱渍。先将糖精放进甜面酱中，搅拌均匀。再把脱过盐的苤蓝片装入酱袋内，放入已调好的甜面酱中进行酱渍。如果苤蓝片切得较厚大时，可以直接放入酱中进行酱渍。每天需打耙两次，隔 4～5 天放风 1 次。一般酱渍 7～12 天即可为成品。

（3）产品特点　色泽呈黄褐色，质地脆嫩，甜香微咸，酱味浓郁。

【五香酱苤蓝】

（1）原料配比　苤蓝 100kg，食盐 8kg，甜面酱 35kg，糖精 0.03kg，花椒、

大料各 0.1kg。

（2）制作方法

① 原料选择。选用个大、肉质脆嫩的新鲜苤蓝为原料。

② 整理。削去外表皮，切成两半。

③ 盐腌。将苤蓝与食盐按 100∶8 的比例，一层苤蓝一层食盐装入缸内进行盐渍，每隔一天翻动 1 次，4 天后压上石块，以促使盐卤溢出。一般盐渍 10 天即可。

④ 切分、克卤。将经盐渍的苤蓝捞出，切分为细丝，然后装筐叠置，压去盐卤，以利于吸收酱汁。

⑤ 装袋。把压去盐卤的苤蓝丝抖松后装入酱袋内，装量占酱袋容量的 2/3。

⑥ 酱渍。把糖精和香料加入甜面酱中，搅拌均匀，制成调味甜面酱。把装有苤蓝丝的酱袋扎好袋口，放入已调好的甜面酱内，进行酱渍。在酱渍过程中，每天打耙一次，酱渍 8 天后即为成品。

（3）产品特点　色泽酱红色，质地脆嫩，味鲜甜，酱香浓郁。

【北京什香菜】

（1）原料配比　腌苤蓝丝 50kg，酱姜丝 500g，甜面酱 17.5kg，黄酱 17.5kg。

（2）制作方法

① 原料选择。苤蓝种类有秋苤蓝、伏苤蓝之分，腌制以秋苤蓝为好。伏苤蓝茬口软，质柔嫩。秋苤蓝在立秋以后收获，皮薄个大，质地脆嫩，粗纤维少，鲜苤蓝进货后要及时加工去皮以防糠心或腐烂。片皮厚度以没有老筋为准，片皮要求均匀。

② 盐腌。将去皮后的鲜苤蓝放入腌缸内，按菜坯质量 25% 的比例将盐撒在上边，再按菜坯质量 20% 的比例注入清水，水从上往下冲，每天倒缸 2 次。倒缸时要扬汤散热，促使盐粒溶化，待食盐全部溶化后，每天可倒缸 1 次。倒 3～4 次以后，可隔 1～2 天或 3～5 天倒 1 次，倒 10 次左右共计 20 余天即可封缸储存备用。封缸时汤要灌满，以漫过苤蓝为好，否则容易因缺汤引起腐烂变质。

③ 切丝。用作什香菜原料的腌苤蓝多选用直径在 10cm 以上者，否则菜丝短而不齐。切丝时，先将苤蓝由正中切为两半，然后将其一半平放在菜案上，用快刀切成薄片，再切成 1～2mm 粗的细丝，丝切得要粗细均匀。

④ 脱盐。将加工好的苤蓝丝，按配方加入姜丝，放入清水中撤去盐分。加水量为菜丝的 200%，冬季撤得淡些，夏季撤得咸些。撤咸时间约用 24h。撤咸时要用木棍轻轻翻动，使苤蓝丝与姜丝搅拌均匀。撤咸后装入布袋，控水 5～6h，即可入缸酱制。

⑤ 酱渍。入缸酱制后，每天要打耙 3～4 次，酱制时间要根据季节不同而变

化，一般夏季用 7 天左右，冬季则需 2 周左右，待菜丝酱透后即为成品。

（3）产品特点　色泽金黄，有光泽，菜丝均匀，丝细如发，整齐不碎，酱味浓厚，口脆不软。

【甜酱八宝菜】

（1）原料配比　咸苤蓝 50kg，咸黄瓜 10kg，咸藕 6kg，咸扁豆 7kg，咸甘露 6kg，咸银条 4kg，花生仁 10kg，核桃仁 3kg，杏仁 3kg，瓜子仁 0.5kg，姜 0.5kg，甜面酱 100kg。

（2）制作方法

① 原料选择。按配料要求选用各种经过腌制的咸菜坯成品作为主要原料。杏仁、花生仁、核桃仁、瓜子仁和姜不需腌制，应选用优等原料。甜面酱应选用天然晒制的优质甜面酱。

② 预处理。把各种咸菜坯切分成不同形状的条、丁、块和片。对杏仁、花生仁等辅料进行预煮、去皮等处理。咸甘露原样不动。

a. 咸苤蓝。将咸苤蓝切成厚 0.3～0.4cm 的薄片，再戳成梅花片。

b. 咸黄瓜。将咸黄瓜纵向劈成 4～6 瓣，再斜切成 2～3cm 长的柳叶形条。

c. 咸藕。先将藕切成四瓣，再切分为 0.3～0.4cm 厚的扇形片。

d. 咸扁豆角。斜刀切成 2cm 长的段。

e. 咸银条。切成 2cm 长的小段。

f. 姜。切成粗度为 0.1～0.15cm 的细丝。

g. 花生仁、杏仁。均应经浸泡、煮熟后，去掉外皮。

h. 瓜子仁。炒熟备用。

③ 脱盐、脱水。将切好的咸菜坯按配料比例均匀地混合在一起，放入缸（或其他容器）内，用清水浸泡 24h 左右，进行脱盐，中间换水 2～3 次。待盐度降低后，捞出，用压榨机压出约 40％的水分，以便于菜坯吸收酱汁，并防止发酵和霉变。

④ 酱渍。将甜面酱按比例放入缸内，然后把脱水菜坯与各种果仁混合均匀，装入酱袋，扎好袋口放入甜面酱中进行酱渍。在酱制过程中，每天打耙、翻酱、捺袋一次，4～5 天后取出酱袋，把菜坯倒出，在容器内翻拌均匀，进行放风。除去菜卤后再装入酱袋，重新放在甜面酱中继续酱渍。酱渍时间，夏季一般 7～8 天，冬季 15 天左右，待菜坯全部吃透酱汁时，即为成品。

（3）产品特点　色泽呈浅红褐色、有光泽，质地脆嫩，酱香浓郁，味道甜咸。

【什锦酱菜】

（1）原料配比　咸苤蓝 30kg，咸芥菜 20kg，咸黄瓜 16kg，咸甘露 16kg，咸胡萝卜 7kg，咸姜 1kg，花生仁 10kg，白糖 14kg，甜面酱 80～100kg。

（2）制作方法

① 原料选择。按配料比例选用腌制为成品的各种咸菜坯为原料。

② 预处理。咸甘露原样不动。

a. 咸苤蓝。用花刀切成边长为 1cm、厚为 0.2～0.3cm 的方形片。

b. 咸芥菜。切成边长为 0.8cm 的方块。

c. 咸黄瓜。切成长 2～3cm、厚 0.5cm 的条。

d. 咸胡萝卜。切成长 3～4cm 的细丝。

e. 咸姜。切成 0.15cm 粗的细丝。

f. 花生仁。煮熟后去掉红皮。

③ 脱盐、脱水。把经过预处理的各种咸菜坯按比例均匀混合在一起，放入容器内用清水浸泡脱盐。菜坯与水的比例为 1∶1.15，浸泡时间夏季为 12h，冬季为 24h，中间需换水 2～3 次。捞出后用压榨机压榨脱水，也可将菜坯捞出后装入袋或筐内，堆叠自压脱水。一般脱除 20% 的水分即可。

④ 酱渍。将脱盐后的菜坯与花生仁混合均匀，装入酱袋放在甜面酱中，进行酱渍。每天翻缸、揉袋 1～2 次。4～5 天后取出酱袋，把菜坯倒在容器中翻动、放风 1 次，除去咸卤重新装袋，继续酱渍。夏天酱渍 7～8 天，冬天酱渍 15 天左右。最后把白糖加入酱菜中拌均匀，即为成品。

（3）产品特点　色泽呈浅红褐色，质地脆嫩，酱味浓厚，甜香可口。

【酱油八宝菜】

（1）原料配比　咸苤蓝 30kg，咸黄瓜 14kg，咸香瓜 14kg，咸豇豆角 10kg，咸甘露 10kg，咸青萝卜 10kg，花生仁 10kg，咸姜 2kg，酱油 100kg，味精 0.4kg，糖精 30g。

（2）制作方法

① 原料选择。选用腌制为成品的咸苤蓝、咸黄瓜、咸香瓜、咸豇豆角、咸青萝卜、咸甘露、咸姜和优质花生仁为原料。

② 预处理。

a. 将咸苤蓝和咸青萝卜分别切分成长约 2.5cm、宽 1cm、厚 0.3cm 的长方形片。

b. 将咸黄瓜纵切两半，再切分为 0.3cm 厚的半圆形片。

c. 将咸香瓜纵剖两半，除去籽瓤，切成 1cm 见方的丁块。

d. 将咸豇豆角切分为 3cm 长的段。

e. 将咸姜切分成粗度为 0.1～0.15cm 的细丝。

f. 将咸甘露个体大的掰成均匀的小块，个体小的整用。

g. 花生仁经煮熟后，去掉红色外皮。

③ 脱盐卤。将切分的咸菜坯，按配料比例混合在一起，用压榨机压去盐卤。

④ 酱油渍。按配料比例将味精、糖精和酱油在缸中混合均匀，然后放入经脱盐卤后的菜坯和去皮的花生仁，翻拌均匀进行酱油渍。隔日翻动 1 次，翻动 2 次后，再隔三天翻动 1 次，7 天即为成品。

（3）产品特点　色泽呈浅红褐色，质地清脆，味道酱香、微甜、鲜咸可口。

【哈尔滨酱油小菜】

（1）原料配比　咸苤蓝 40kg，咸黄瓜 20kg，咸胡萝卜 5kg，咸豇豆角 15kg，咸甘露 15kg，花生仁 3kg，鲜姜 2kg，酱油 100kg，味精 0.4kg，糖精 30g。

（2）制作方法

① 原料选择。以已腌制为成品的咸苤蓝、咸黄瓜、咸胡萝卜、咸豇豆角和咸甘露为原料，选用鲜姜和优质的花生仁及酱油为辅料。

② 切分、去皮。

a. 将咸苤蓝切分成长 2.5cm、宽 1.5cm、厚 0.4cm 的长方形片。

b. 将咸黄瓜切分成长 3.5cm、宽和厚均为 0.6cm 的长条。

c. 将咸胡萝卜用花刀切分成长为 2cm、宽和厚均为 0.6cm、两侧带有波浪花纹的条。

d. 咸豇豆角切分成长为 3cm 的小段。

e. 咸甘露根据大小，分瓣均匀。

f. 鲜姜切分成粗度为 0.1～0.15cm 的细丝。

g. 花生仁炒熟后，去掉红衣，备用。

③ 脱盐、脱水。将经切分的咸菜坯，按配料比例混合在一起，放入清水中浸泡 4～8h 进行脱盐，中间换水 2～3 次。待盐度降低后捞出，上榨或装入筐内堆叠放置，压榨出 30％的水分。

④ 酱油渍。将酱油在锅中煮沸，晾凉后加入味精和糖精，混合均匀，制成调味酱油。将脱盐后的混合菜坯装入缸内，按配料比例倒入已调配好的调味酱油进行酱油渍。每天翻动 1 次。酱渍 7 天左右即为成品。

（3）产品特点　色泽呈红褐色，质地脆嫩，味道鲜香。

三、苤蓝的糖醋渍技术与应用

1. 苤蓝的糖醋渍技术

（1）原料配比　咸苤蓝 500g，白糖 100g，食醋 250g，葱、姜各 40g。

（2）制作方法

① 切丝、脱盐。将腌制为成品的咸苤蓝切成丝，放入清水中撤淡，控干水分。

② 晾晒。将苤蓝丝晾晒至六成干备用。

③ 配制糖醋汁。糖、醋放入锅内熬 5min 左右加入葱段、姜丝。

④ 糖醋渍。将苤蓝丝与糖醋汁调合均匀，每天翻动 1~2 次，3~4 天即为成品。

（3）产品特点　呈浅黄色，质地脆嫩，甜酸可口。

2. 苤蓝的糖醋渍实例

【糖醋苤蓝片】

（1）原料配比　苤蓝 3kg，精盐 200g，白醋 1kg，白糖 1kg，花生油 100g，香葱、味精少许。

（2）制作方法

① 清洗、切分。将苤蓝洗净，削皮，切成小碎片，放在盘内。香葱去根洗净，切成碎末。

② 盐腌。将苤蓝片撒上精盐拌匀，预腌约 1h，挤去水分。

③ 制糖醋汁。将花生油放炒锅内烧热（其他食用植物油也可），投入葱末，炒出香味后加入白糖和少许水，见汁浓稠即可，再加入白醋、味精，调匀晾凉。

④ 糖醋渍。将糖醋汁浇在腌好的苤蓝片上即可食用。

（3）产品特点　鲜嫩、甜酸适口。

四、苤蓝的泡酸菜技术与应用

以泡苤蓝为例。

（1）原料配比　苤蓝 2kg，一等老盐水 2kg，食盐 20g，白酒 20g，红糖 40g，醪糟汁 20g，干红辣椒 100g，香料包（花椒、八角、桂皮和小茴香各 10g）1 个。

（2）制作方法

① 原料选择。以鲜嫩苤蓝作为原料，老苤蓝粗纤维多，不宜泡制。

② 清洗、整理。将苤蓝洗净，削去表皮，去皮后的苤蓝勿碰损、切破，应完整入坛。

③ 晾晒。洗净后的苤蓝捞起，晾干附着的水分。

④ 装坛。老盐水倒入坛中，放入红糖 20g、盐、白酒和醪糟汁并搅匀，放入辣椒垫底，再加入苤蓝，待装至一半时，放入余下的红糖和香料包，继续把苤蓝装满，用篾片卡住，不使移动，盖上坛盖，添足坛沿水。

⑤ 发酵。通风阴凉处，泡制 10 天左右即为成品。

⑥ 成品。泡苤蓝适合食本味或拌食。

（3）产品特点　菜色橙黄，咸鲜脆嫩，微带辣味，可储半年。

第五节　其他白菜类蔬菜的腌制技术与应用

一、花椰菜的腌制技术与应用

1. 花椰菜的盐渍技术应用

以盐水菜花为例。

（1）原料配比　菜花 1kg，精盐 40g，味精 20g，清水 1kg，姜 4 片，花椒数粒，醋精、葱各适量。

（2）制作方法

① 整理、清洗。将菜花去筋洗净，掰成小朵。

② 热烫。取锅置火上，加入清水，水开后放入菜花和醋精（放醋精可使菜花煮沸后不变色），待菜花烫熟后捞出。

③ 盐腌。另取一个干净锅，倒入清水 1kg，加精盐、味精、葱姜、花椒，锅开后，去水面浮沫后倒入大碗内，把菜花泡入煮好的水中，1h 后即可食用。

（3）产品特点　咸香爽口。

2. 花椰菜的酱渍技术应用

以酱油菜花为例。

（1）原料配比　菜花 5kg，食盐 200g，酱油 3kg。

（2）制作方法

① 整理、清洗。先将菜花掰成小朵，用清水洗净，控干水分。

② 盐腌。按一层菜一层盐的方法，把菜花放入容器内进行腌制，待有鲜味后取出。

③ 脱盐。放入清水内洗 2 遍后，沥干水分。

④ 酱油渍。把酱油放入锅内熬开，晾凉后倒入容器中，放入菜花，10～15 天即为成品。

（3）产品特点　呈红褐色，质地脆嫩，清香味美，色香味俱佳。

3. 花椰菜的糖醋渍技术应用

以酸甜菜花为例。

（1）原料配比　菜花 50kg，白糖 15kg，醋精 2.5kg，香叶、盐少许。

（2）制作方法

① 整理。削去菜花上的污物。

② 切分、清洗。将菜花切成小块，用水清洗干净。

③ 热烫。把菜花放入沸水中烫熟后，捞出沥干水分，晾凉。

④ 糖醋液的配制。锅内加水，以淹没菜花为准，将白糖、醋精、香叶、盐放入锅内烧开，倒入缸内晾凉。

⑤ 糖醋渍。将晾凉的菜花放入缸内，与糖醋液拌匀，浸泡 2 天即可食用。

（3）产品特点　白色，酸甜清香。

4. 花椰菜的泡酸菜技术应用

以泡菜花为例。

（1）原料配比　菜花 5kg，一等老盐水 5kg，食盐 150g，干红辣椒 150g，白糖 100g，白酒 100g，醪糟汁 40g，香料包 1 个。

（2）制作方法

① 原料选择。选用花球紧实、颜色洁白、质地细嫩、无伤痕的新鲜菜花为原料。

② 整理。将菜花用手掰或用不锈钢刀切成小朵，去掉茎筋。

③ 烫漂。把整理好的菜花放在沸水中，烫漂 2～3min，烫漂时间不可过长，否则会使菜花质地软化。以烫至表面透明。中间尚有硬心为度。烫漂后，迅速用冷水冷却。捞出，晾干表面附着的水分。

④ 装坛。

a. 选用无砂眼、无裂纹、质量好的泡菜坛，刷洗干净，控干水分。

b. 将老盐水与白糖、食盐、干红辣椒、白酒和醪糟汁放进泡菜坛内，混合均匀。

c. 把晾好的菜花小朵，装进盛有盐水的坛内，装至半坛时放入香料包，继续装至八成满。用竹片卡紧，使盐水淹没菜花。盖好坛盖，注满坛沿水，密封坛口。

⑤ 发酵。将装好菜的泡菜坛，置于阴凉处发酵。泡制 5～7 天即可成熟。

（3）产品特点　色泽呈淡黄色，质地嫩脆，味道咸香微辣可口。

二、白菜（青菜）的腌制技术与应用

以泡油菜为例。

（1）原料配比　油菜 5kg，盐 150g，甘草末、明矾粉各 10g，五香粉 20g，烧酒 25g。

（2）制作方法

① 整理、清洗。将油菜去黄叶、根须，不要弄散，洗干净。

② 晾晒。将油菜放置于阳光下晾晒至萎蔫。

③ 揉盐。将晒蔫的油菜放在 1 个大盆内，用精盐仔细揉搓，揉至柔软时装入小口坛。

④ 装坛。按一层油菜一层五香粉、甘草末、明矾和烧酒少许入坛，然后用手压实。

⑤ 发酵。待装完后，上铺 1 草圈，用箬竹叶封好，扎紧口然后坛口朝下置于稻草灰堆中，3 个月后即成。

（3）产品特点　没有卤汁，菜心青而不黄，生吃时甘鲜清香，爽口宜人。

三、菜心（菜薹）的腌制技术与应用

以白梅子醋腌菜薹为例。

（1）原料配比　菜薹 200g，盐 1 大勺，白梅子醋 3 大勺，酒引子 2 大勺。

（2）制作方法

① 整理、清洗。切掉菜薹的粗茎，放入水中浸泡后，再在流水下洗净，除去水分。

② 烫漂。将整理后的菜薹放入沸水中焯一下，捞出立即用凉水冷却，将水分挤干。

③ 盐腌。将菜薹按照一层菜一层盐的方法摆放在容器里，顶层放置一块轻压块，腌制一夜。

④ 醋汁的配制。在另外的容器里将白梅子醋和酒引子混合均匀。

⑤ 醋渍。将腌制后的菜薹挤干水分，放入容器中与白梅子醋搅拌均匀，入味后即可盛盘食用。

（3）产品特点　香嫩可口，开胃解腻。

四、乌塌菜的腌制技术与应用

以盐腌塌菜和芹菜为例。

（1）原料配比　塌菜 1 棵，芹菜 300g，盐 1 大勺，盐 2 小勺。

（2）制作方法

① 整理、清洗。将塌菜去除老叶和杂质，用清水冲洗干净。

② 辅料准备。芹菜在煮沸的淡盐水（2 小勺盐）里焯一下，立即放入冷水中，捞出并控干水分。

③ 切分。将塌菜和芹菜切成 3cm 长的段。

④ 盐腌。将塌菜和芹菜混合，加入 1 大勺食盐，搅拌均匀，压上压块，腌制 5～6h。

⑤ 成品。待盐分吃透，即可盛盘食用，也可浇些酱油再食用。

（3）产品特点　有塌菜的清香，口味微咸，开胃解腻。

五、芥蓝的腌制技术与应用

以酱油渍芥蓝为例。

（1）原料配比　芥蓝 300g，蒜 20g，红尖椒 30g，酱油 20g，香油 10g，白砂糖 5g。

（2）制作方法

① 芥蓝菜洗净，切段。

② 大蒜、红辣椒分别切末，备用。

③ 锅中倒入半锅水烧开，放入切好的芥蓝菜烫熟，捞出沥干水分。

④ 芥蓝菜中加入蒜末、红辣椒和所有的调味料（酱油、香油、白糖）拌匀，即可食用。

（3）产品特点　鲜脆可口，甜辣适中。

第六章　香辛类蔬菜的腌制加工技术与应用

06 Chapter

第一节　薤头（藠）的腌制技术与应用

一、薤头的盐渍技术与应用

1.薤头的盐渍技术

（1）原料配比　鲜薤头 100kg，食盐 9kg，明矾 0.2kg。

（2）制作方法

① 原料选择。选用质地细嫩、个头均匀、无损伤的薤头为原料。

② 整理、清洗。削除须根，剥去黑皮和老皮，留茎 1.5～2cm，用清水洗净泥沙和残留皮屑，并沥干水分。

③ 盐腌。按每 100kg 薤头，用食盐 9kg、明矾 200g 的比例，一层薤头均匀地撒一层食盐和明矾，装入缸（或菜池）内进行盐腌。容器下半部分的加盐量占总盐量的 40%，上半部分占 60%。

④ 倒缸。在盐腌过程中，每天早晚各倒缸 1 次，连续倒缸 4～5 天。如果用菜池盐腌时，需每天用泵抽出池底盐卤浇在池面的薤头上，连续抽卤淋浇 5～6 次。盐腌 5～6 天即可为咸菜坯。

（3）产品特点　色白而微黄，咸度适当，嫩脆香甜。

2.薤头的盐渍实例

【盐薤头】

（1）原料配比　鲜薤头 100kg，食盐 12kg。

（2）制作方法

① 原料选择。采用 8 月以前出土的藠头，要求无青皮，破损少，质地肥嫩，个头均匀。

② 整理、清洗。剪去残留的茎、根蒂。用洗皮机或人工脚踩，去掉藠头表面的黑皮，用清水淘洗干净，沥干水分。

③ 盐腌。按每 100kg 藠头，用食盐 8kg 的比例分层撒盐，装入缸或池内进行腌制。次日翻缸一次，腌制 4～5 天，捞出、沥干。

④ 再腌。将原卤盐水煮沸澄清，剔去泥沙杂质，晾凉。将沥干的咸藠头坯倒入室内另一空缸或菜池，上面用竹架石头压实，将盐卤水和剩余的食盐倒入缸内，加入适量的清水，以咸藠头坯沉没为度，腌制 1 个月即为成品。

（3）产品特点　具有藠头固有的香气。

二、藠头的酱渍技术与应用

1. 藠头的酱渍技术

（1）原料配比　鲜藠头 10kg，食盐 1kg，甜面酱、酱油各 5kg。

（2）制作方法

① 整理、清洗。用剪刀修剪藠头的根蒂，撕掉粗皮，洗净，控干表面水分，加盐腌制 10 天。

② 酱渍。取出藠头，控干水，放入甜面酱缸中酱渍。

③ 酱油渍。7 天后取出，去掉表面余酱，再浸入酱油中保存，随吃随取。

（3）产品特点　油红色，有酱香，质地脆嫩。

2. 藠头的酱渍实例

【五香藠头】

（1）原料配比　鲜藠头 5kg，食盐 300g，酱油 1.5kg，花椒、八角、桂皮等各适量，米酒 100g。

（2）制作方法

① 原料选择。选用质地脆嫩、白色、个头大小均匀、无损坏的新鲜藠头为原料。

② 整理。将藠头削去须根，剥去黑皮和老皮，用清水洗净泥沙和皮屑，而后控干水分。

③ 盐腌。将藠头与食盐按配料比例，一层藠头一层食盐，放入缸内进行盐腌，每天翻动两次，7 天后取出，沥去盐卤，装入坛内。

④ 酱油渍。将五香料放入酱油中，加热煮沸，晾凉后倒入坛中，倒入 100g 米酒，翻拌均匀，封坛口，酱制 10 天左右即可食用。

（3）产品特点　北方口味，咸中带五香味，呈金黄色。

三、藠头的糖醋渍技术与应用

1.藠头的糖醋渍技术

（1）原料配比　鲜藠头 100kg，食盐 9kg，白糖 10kg，食醋 15kg，明矾 0.2kg。

（2）制作方法

① 原料选择。选用质地细嫩、个头均匀、无损伤的藠头为原料。

② 整理。削除须根，剥去黑皮和老皮，留茎 1.5～2cm，用清水洗净泥沙和残留皮屑，并沥干水分。

③ 盐腌。按每 100kg 藠头，用食盐 9kg、明矾 200g 的比例，一层藠头均匀地撒一层食盐和明矾，装入缸（或菜池）内进行盐腌。容器下半部分的加盐量占总盐量的 40%，上半部分占 60%。在盐腌过程中，每天早晚各倒缸 1 次，连续倒缸 4～5 天。如果用菜池盐腌时，需每天用泵抽出池底盐卤浇在池面的藠头上，连续抽卤淋浇 5～6 次。盐腌 5～6 天即可为咸菜坯。

④ 脱盐。将经盐腌的咸藠头，放入清水中浸泡 12～24h，即可捞出、沥干水分。

⑤ 糖醋液的配制。按 100kg 藠头加糖 20kg、食醋 25kg 的比例，将白糖加入食醋中，在锅中煮沸，使糖溶解，晾凉，制成糖醋液。

⑥ 糖醋渍。将经脱盐的藠头放入缸中，加盖竹箅，压上石块，再灌入经配制的糖醋液，经 20～30 天即为成品。

（3）产品特点　色泽呈浅黄色，有光泽，质地脆嫩，酸甜可口，微有咸味。

2.藠头的糖醋渍实例

【甜辣藠头】

（1）原料配比　鲜藠头 100kg，红糖 40kg，精盐 8kg，干红辣椒 7kg，50°以上白酒 1.25kg。

（2）制作方法

① 原料选择。选用色泽洁白、饱满、大小均匀、质地脆嫩、无绿芽的新鲜藠头为原料。以肉质肥厚、质脆、味甜的新鲜红辣椒和水分少、酸度低、甜度高的红糖为辅料。

② 整理。将藠头削去须根、长芽，剥除老皮。而后用清水反复搓洗，除去泥土和皮屑，漂洗干净，装入筐内，置于阴凉处控干水分。

③ 盐腌。将经整理的藠头放在容器内，按配料比例每 100kg 藠头加精盐 8kg，翻拌均匀后加入剁细的鲜红辣椒 7kg、白酒 1kg、红糖 30kg，翻拌均匀。将拌好配料的藠头，装入事先洗刷干净，并用白酒杀菌的菜坛内进行腌制。

④ 封坛。腌制 7 天后加入红糖 5kg，与藠头翻拌均匀。以后每天将坛中配料从上到下翻动 1 次，连续翻动 4 天后，将 5kg 红糖均匀地铺撒在藠头表面，并沿坛口周围浇洒白酒 0.25kg。然后将坛口用塑料薄膜和厚纸扎紧，盖上盖，再用黏性黄土包实进行密封。三个月后即可成熟，半年后质量最好。

（3）产品特点　色泽微黄色，质地脆嫩，味甜、鲜咸微酸微辣爽口，如彩图 11 所示。

四、藠头的泡酸菜技术与应用

以泡藠头为例。

（1）原料配比　藠头 5kg，一等老盐水 4kg，食盐 0.3kg，白糖 250g，白酒 75g，干红辣椒 65g，香料包 1 个。

（2）制作方法

① 原料选择。选颜色洁白、个头均匀、质地柔嫩、新鲜的藠头为原料。

② 清洗。将藠头用清水洗净泥沙和污物，沥干水分。

③ 晾晒。把清洗后的藠头，放于通风向阳处晾晒，直至发蔫。

④ 出坯。把晾晒过的藠头放入容器中，加入 300g 食盐和 39g 白酒，翻拌均匀。腌制 3～5 天出坯，沥干附着在表面的水分。

⑤ 装坛。将老盐水倒入已洗刷干净、控干水分的泡菜坛内，加入白糖和剩余的白酒，搅拌均匀，再装入出坯的藠头及红辣椒。装至一半时，放入香料包，继续装入藠头，直至装满，用竹片卡紧。而后盖上坛盖，注满坛沿水，以水封口。

⑥ 发酵。装好坛后，置于通风干燥、洁净阴凉处进行发酵，泡制 1 个月左右即可成熟。

（3）产品特点　色泽微黄，质地脆嫩，咸辣微酸，鲜香爽口。

第二节　大蒜的腌制技术与应用

一、大蒜的盐渍技术与应用

1. 大蒜的盐渍技术

（1）原料配比　鲜蒜头 100kg，食盐 20kg，清水 24kg。

（2）制作方法

① 原料选择。以夏季收获的新鲜大蒜为原料最好。应选用个头整齐均匀、

质地鲜嫩、八九成熟的紫皮蒜为原料。剔除有病虫害和严重损伤的蒜头。

② 整理。削去蒜头的须根，剪去叶茎留 1.5～2cm 叶鞘（假茎），再剥去蒜头外面 1～2 层老皮。

③ 浸泡。放入清水中浸泡 24h，脱除辛辣臭味，并控干水分。

④ 盐腌。将经整理的蒜头与食盐按 100：15 的比例，一层大蒜撒一层食盐进行装缸。再将配料中的余盐与清水配成 17°Bé 的盐水，倒入缸内，使盐水与蒜头齐平，进行盐腌。

⑤ 翻缸。盐腌第二天进行翻缸，即用手沿缸边往下按蒜，让缸下层的蒜头翻上来。盐腌第一周内每天如此翻缸 1～2 次，直至蒜头自动沉底。通过翻缸，一方面可促进食盐溶化，同时可使蒜头渗盐均匀；另一方面也可散发辛辣气味。一般盐腌 30 天即可为成品。

（3）产品特点 色泽乳白、透明，质地脆嫩，味道鲜美。

2. 大蒜的盐渍实例

【咸蒜】

（1）原料配比 鲜大蒜 100kg，食盐 10kg。

（2）制作方法

① 原料选择。选用鳞茎颗粒整齐、肥大、肉质鲜嫩、七八成熟的紫皮蒜为原料。剔除有病虫害和严重机械损伤的蒜头。

② 整理。将蒜头剪去茎叶保留 2～3cm 长的假茎；削除蒜头茎盘的根须，削根须时不宜太深，防止损伤蒜肉；剥去蒜头表面粗老的膜质鳞片，保留嫩皮 2～3 层。

③ 浸泡。将整理的蒜头放入清水中浸泡 4～5h，中间换水 1～2 次，蒜头与水的比例为 1：1。浸泡期间可进行轻度的搅拌，以利于清洗蒜头表面的泥沙，并脱除蒜头部分辛辣气味。然后捞出，控干水分。

④ 盐腌。按每 100kg 鲜蒜头加盐 10kg 的比例，一层蒜头撒一层食盐装入缸内，每层洒少许 10°Bé 的淡盐水（每 100kg 蒜头约洒半斤盐水），一般装至多半缸蒜头即可进行盐腌。

⑤ 倒缸。盐渍过程中每天早晚各翻蒜倒缸 1 次，连续进行 5 天。每次翻蒜倒缸后，需将蒜头中央扒成一个空穴，以便于渗卤和透气，并经常用勺（或瓢）掏出空膛中的盐卤浇淋表面的蒜头，以促进食盐的溶化和盐分的渗透。

⑥ 装坛。盐渍 10 天后，将蒜头捞出装入事先洗刷干净的菜坛内。装坛时应边装边轻轻压实蒜头，然后灌入盐渍蒜头的原盐卤，使盐卤淹没蒜头，并用竹片卡紧蒜头，防止蒜头上浮。最后用塑料薄膜将坛口封严，每天将菜坛卧倒，滚动 3～4 次，连续滚动 6～7 天，以使盐分渗透均匀。装坛后约 1 个月即可成熟。

（3）产品特点 色泽呈黄白色，质地脆嫩，咸味清淡，有蒜香，微辣爽口。

【腌蒜米】

（1）原料配比　鲜蒜 100kg，食盐 25kg，柠檬酸 85～100g，明矾 15～100g，偏磷酸钠 5～10g，清水适量。

（2）制作方法

① 原料选择。选用形态饱满、蒜瓣完整、无虫蛀、无霉烂变质的新鲜大蒜头为原料。剔除个头过小的蒜头和独头蒜。

② 整理。剥去蒜头和蒜瓣的外皮，得到蒜米。操作过程中应注意不要损伤蒜米的肉质部分。

③漂洗。用清水漂洗蒜米。漂洗时应注意除净黏附在蒜米表面上的透明膜质内皮。

④ 分级。按蒜米颗粒的大小进行分级。一般分级标准为：一级每千克为 230～300 粒；二级每千克为 300～450 粒；三级每千克为 450～600 粒。

⑤ 热烫。将分级后的蒜米分别进行烫漂。将烫漂液加热至 95℃，放入蒜米，以蒜米略有白心为度，烫漂时间过长、过短都会影响制品的色泽和脆度。烫漂后应及时捞出，用冷水冷却。冷却时应勤换水，使蒜米迅速冷透，然后捞出，控干水分。烫漂液的配料比例为：清水 100kg，柠檬酸 50g，明矾 15～100g。

⑥ 盐腌。经烫漂的蒜米，先用浓度为 7°Bé 的盐水浸渍 24h；而后添加食盐，将盐液浓度调整至 11°Bé，继续浸渍 24h；然后再加食盐使盐水浓度调至 15°Bé，再浸渍 4h；最后将盐水浓度调整至 22°Bé，盐渍 15～25 天即可为咸蒜米。

⑦ 配制汤液。将浓度为 22～23°Bé 的盐水煮沸，加入 0.35％柠檬酸、0.05％偏磷酸钠和 0.03％明矾，搅拌溶解，然后经过滤、晾凉，制成汤液。

⑧ 成品。将经盐渍的咸蒜米，挑选剔除变色、有伤疤和缺陷者，然后定量装入塑料桶内，灌入已配制好的汤液，封好桶口即可进行储存、运输和销售。

（3）产品特点　色泽呈白色或乳白色，颗粒饱满、完整，质地脆嫩，具有独特的咸蒜米风味。

二、大蒜的酱渍技术与应用

1. 大蒜的酱渍技术

（1）原料配比　大蒜 5kg，盐 1kg，甜面酱适量。

（2）制作方法

① 原料。选用鳞茎颗粒整齐、肥大、肉质鲜嫩的大蒜为原料，剔除有病虫害和严重机械损伤的蒜头。

② 整理。大蒜头洗净去皮，备用。

③ 浸泡。放入清水中浸泡 24h，脱除辛辣臭味，并控干水分。

④ 盐腌。将经整理的蒜头与食盐按比例，一层大蒜撒一层食盐进行装缸。每层撒适量的凉开水，共用水 2kg，3 天搅动 1 次，10 天后即为半成品。

⑤ 装袋、酱渍。把腌好的蒜头用纱布袋装好，沉入甜面酱中，酱要淹没纱布袋，15～20 天后即可食用。

（3）产品特点　甜咸可口。

2. 大蒜的酱渍实例

【甜酱大蒜】

（1）原料配比　大蒜 5kg，红糖 1.5kg，酱油 750g，精盐 400g。

（2）制作方法

① 整理。将红皮蒜去除表皮和根须。

② 浸泡。放入清水中浸泡 3 天（每天换水 1 次，以减少辛辣气味），捞出沥干，放入刷洗干净的坛内。

③ 配制调味酱油。锅置火上，放入酱油、红糖和精盐烧沸成卤汁后晾凉，备用。

④ 酱油渍。将调味酱油倒入坛内，以淹没大蒜为度，如卤汁不够，可加入适量的花椒水，每天翻动 1 次，连续翻动 7 天，泡制 40 天后即成。

（3）产品特点　色呈棕红，质地脆嫩，甜中透咸。

【桂花酱蒜】

（1）原料配比　蒜头 5kg，精盐少许，酱油、醋各 750g，红糖、桂花各 50g。

（2）制作方法

① 原料选择。选用鳞茎颗粒整齐、肥大、肉质鲜嫩的蒜头为原料。

② 整理。削去蒜头的须根，剥去蒜皮。

③ 浸泡。将去皮后的大蒜用清水浸泡，第二天换一次水，第三天捞出沥干水分。

④ 调味酱油的配制。锅置火上，放入酱油、精盐、糖、醋、桂花和适量的清水煮沸，离火晾凉。

⑤ 酱油渍。将蒜装坛，倒入调味酱油浸泡，隔 3～4 天翻动 1 次，共翻动 3 次后封坛，1 个月后即可食用。

（3）产品特点　色泽棕红，质地脆嫩，酸甜适口。

三、大蒜的糖醋渍技术与应用

1. 大蒜的糖醋渍技术

（1）原料配比

① 配比Ⅰ。鲜大蒜头 100kg，食盐 10kg，白糖 18kg，食醋 35kg。

② 配比Ⅱ。鲜大蒜头 100kg，食盐 10kg，红糖 9kg，糖精 2.5g，食醋 35kg。

（2）制作方法

① 原料选择。选用鳞茎颗粒整齐、肥大、肉质鲜嫩、蒜皮白色、七八成熟的新鲜大蒜头为原料。剔除有病虫害和严重机械伤害的蒜头。

② 预处理。削去须根和茎叶，但要保留 1.5～2cm 长的假茎，剥去蒜头表面粗老的鳞片，留 2～3 层嫩皮，然后用清水漂洗，沥干水分。

③ 盐腌。按鲜蒜头与食盐 10：1 的比例，将蒜头与食盐逐层装入缸内摆平，进行盐腌。通过盐腌可使蒜头紧缩，防止散瓣，并可脱除部分蒜的辛辣味。

④ 倒缸。盐腌过程中，每天早晚各倒缸 1 次，直至盐卤能腌到全部蒜头的3/4 处。在缸中蒜头的中央留一个空穴，以使盐卤流入空穴中，然后每天用勺将缸内盐卤浇淋在缸面蒜头上面，连续浇淋 7 天，即为咸蒜头。

⑤ 晾晒。将腌好的咸蒜头捞出，摊放在竹席上进行晾晒。日晒时需经常翻动，夜间予以覆盖防雨。一般晾晒 3～4 天，晒至蒜皮有韧性，一般 100kg 咸蒜头晒至 70kg 即可。

⑥ 糖醋液的配制。按每 100kg 半干咸蒜头，用食醋 70kg、白糖 32kg，或每100kg 半干咸蒜头用食醋 70kg、红糖 18kg、糖精 5g 的比例，先将食醋煮沸后，加入白糖（或红糖、糖精），使其溶解，搅拌均匀，晾凉，制成糖醋液备用。

⑦ 糖醋渍。将半干的咸蒜头装入干净的坛中，边装边轻轻压紧，一般装至半坛或 2/3 坛，留有一定的空隙，灌入已配好的糖醋液，进行浸渍。糖醋液用量与蒜头的比例，一般为（0.8～1）：1。

⑧ 封坛。装好坛后，在坛口处用竹片呈十字形卡住，以防蒜头上浮。然后用塑料薄膜覆盖好坛口，用绳捆扎封严坛口；也可用油纸、牛皮纸覆盖坛口，用绳捆扎，再涂敷三合土将坛口封闭严密。30～40 天即可成熟。

大量生产时也可用中等陶釉缸盛装糖醋渍蒜，用塑料薄膜密封缸口。

⑨ 储存。糖醋蒜应放在阴凉、干燥的条件下储存，防止日光暴晒或温度过高，同时也应经常保持坛口良好的密封条件，防止因封口不严受到潮湿或进入不干净的水，而引起糖醋蒜的软化、腐败、变质。

（3）产品特点 色泽呈黄褐色或棕红色，质地细嫩，味甜酸微咸，具蒜香的特殊风味。

2. 大蒜的糖醋渍实例

【糖醋蒜】

（1）原料配比 鲜大蒜头 100kg，红（白）糖 30kg，食醋 70kg。

（2）制作方法

① 原料选择。选用肉质鲜嫩、八成熟的白皮大蒜头为原料，剔除有病虫害和严重机械伤害的蒜头。

② 整理。切除蒜头的须根和茎叶，保留 1.5～2cm 长的假茎，以防蒜瓣裂开

脱落，剥去蒜头外层的老皮，保留 2～3 层嫩皮。在处理中应注意不要损伤蒜肉，以防腌渍时蒜头软烂。

③ 浸泡。将处理的蒜头在清水中浸泡 8h 左右，每隔 2h 换水一次，以脱除部分大蒜的辛辣臭味。而后捞出，将蒜头根部向上，倒置控干水分。

④ 糖醋渍。按配料比例将糖、醋在锅内调好烧开，使糖溶解，搅拌均匀，晾凉备用。将控干水分的蒜头装入坛（或缸）内，边装边轻轻压紧，然后倒入已调配好的糖醋汁液，进行浸渍。每天翻动 1 次，连续翻动 7 天，以使蒜头腌制均匀。40 天左右即为成品。

（3）产品特点 色泽呈浅红褐色，质地脆嫩，味道酸甜具蒜香、无辣味。

【北京糖醋蒜】

（1）原料配比 鲜大蒜头 100kg，食盐 6.8kg，白砂糖 50kg，食醋 1.2kg，桂花 0.6kg。

（2）制作方法

① 原料选择。应选用肉质细嫩、蒜头直径 3cm 以上的紫皮蒜为原料，俗称"大六瓣"。采收期以夏至前四五天为宜，其蒜皮白，肉质嫩，辣味小，如采收过早蒜头水分大、蒜瓣小，而过晚采收则蒜皮变红、质地变老、辛辣味重，会影响加工后产品质量。剔除有病虫害、严重机械伤害和成熟度不适的蒜头。

② 整理、清洗。剪去茎叶，保留 1.5cm 长的假茎，剥除蒜外表 2～3 层老皮，留 1～2 层嫩皮，削去须根，根盘要削平削净不出凹心，不损伤蒜肉，然后用清水将蒜头洗净。

③ 盐腌。将洗净的蒜头与食盐按 100：5 的配比，一层蒜头撒一层食盐放入缸内进行盐腌，每层加盐后，少洒些水，以促使食盐溶化。盐腌可保持蒜皮整齐不烂、蒜瓣不散，常称"锁口盐"。盐腌过程中，每天翻缸 2 次，连续 3 天，待食盐全部溶化后即可。

④ 浸泡。将经盐腌的蒜头捞出，放入清水中浸泡。蒜与水的比例为 1：3，待第三天水面冒出小泡时开始换水，每天换水一次，一般换 6～7 次，时间约 7～8 天，等蒜头全部下沉冒出气泡为止，以脱除蒜头的辛辣味和浊气。

⑤ 晾晒。将泡好的蒜捞出，蒜茎朝下堆码在苇席上，3～4h 翻动 1 次，晒至外皮有韧性即可。

⑥ 汤汁配制。按每 100kg 蒜头需清水 12kg、食盐 1.8kg 和食醋 1.2kg，并加入白糖，煮沸晾凉后备用。

⑦ 装坛。将菜坛刷洗干净，按配料一层蒜一层糖装入坛内，再按比例灌入配好的汤汁，然后用塑料薄膜和白布，将坛口扎紧封好。

⑧ 滚坛。装坛后每天滚坛 2～3 次，两天后打开坛口，换进新鲜空气，排出辛辣浊气味。以后每当封口塑料薄膜鼓起来就要放气一次。一般放气都在当日晚

上打开坛口，次日早晨封口，打开坛口约 6h。20 天后每天滚坛 1～2 次，再过一个月可隔 1 天滚坛一次。在蒜成熟前 6～7 天加入桂花，以增进风味。一般处暑季节即可成熟为成品。

（3）产品特点　色泽呈乳白色、有光泽，质地脆嫩，味道甜香爽口，如彩图 12 所示。

【腊八蒜】

（1）原料配比　大蒜 10kg，食醋 5kg，白糖 1kg（根据食用习惯，可不加白糖，也可增加糖量）。

（2）制作方法

① 原料选择。选用蒜头饱满、不失水萎蔫、不生芽的紫皮或白皮蒜作为原料。

② 整理。将大蒜剥除蒜皮，得到蒜米，用清水洗净、晾干。

③ 醋渍。按配料比例先将白糖放入醋内，搅拌使其溶化，制成糖醋液。然后将蒜米装入干净坛内，倒入糖醋液，进行醋渍。封好坛口，放在 10～15℃ 的条件下，醋渍 15 天左右即为成品。

（3）产品特点　色泽呈翠绿色，质地清脆，酸辣清口。

四、大蒜的泡酸菜技术与应用

以泡大蒜为例。

（1）原料配比　大蒜 2.5kg，食盐 600g，料酒 50g，红糖 40g，香料包 1 个（花椒 25g，大料 50g，小茴香 25g，桂皮 25g）。

（2）制作方法

① 将大蒜外层老皮及须根去掉，洗净后沥干，用 250g 盐腌 10 天，捞出、沥干。

② 将剩下的 350g 盐及各种调料，放入烧开的水中煮沸几分钟，晾凉后澄清，倒入泡菜坛中。

③ 将沥干的大蒜和香料包投入泡菜坛中，加足坛沿水密封，1 个月后即成。

（3）产品特点　呈浅黄色，质地脆嫩，味道咸甜清香。

第三节　洋葱的腌制技术与应用

一、洋葱的酱渍技术与应用

以酱渍洋葱为例。

（1）原料配比　洋葱头 5kg，酱油 150g，红糖 300g，盐 75g，花椒、大料少许。

（2）制作方法

① 原料选择。要求洋葱鳞片肥厚、抱合紧密、肉质脆嫩、未发芽、无臭味及腐烂变质，大小、外形较一致。

② 整理、清洗。将洋葱的根部和顶端用刀切去，剥除外层老皮，用清水洗清，沥干水分。用刀切成滚刀块，放入盆内备用。

③ 调味酱油的配制。把酱油、红糖、盐、花椒、大料等倒入锅中，上火烧开后，起锅晾凉。

④ 酱油渍。取一只干净的坛子，将洋葱和兑好的汁液一起搅拌均匀，即可装入坛中，封好口，约3～4天即可食用。

（3）产品特点　色微红，清脆甜香，开胃增食。

二、洋葱的糖醋渍技术与应用

以糖醋洋葱为例。

（1）原料配比　鲜洋葱100kg，食盐5kg，白糖12kg，食醋30kg，生姜1kg。

（2）制作方法

① 原料选择。选用鳞片较薄、质地细嫩的黄皮洋葱头作原料。剔除生芽和腐烂的葱头。

② 整理。将葱头剥去表面干燥膜质的鳞片，削去须根和顶端干缩叶茎。然后用清水洗净泥土和杂物。

③ 切分。将经整理的洋葱纵向切分为0.5cm宽的细丝；把鲜姜切成粗为0.1～0.15cm的细丝。

④ 盐腌。将切分的洋葱丝与食盐，按配比在容器中混拌均匀，盐腌4h，中间翻拌1～2次，当洋葱丝盐腌入味后，取出沥干盐卤，或放置在阴凉处晾半天。

⑤ 糖醋液的配制。按配料比例，将白糖和醋放在锅内加热煮沸使糖溶化，搅拌均匀后，晾凉制成糖醋液。

⑥ 糖醋渍。将经盐腌的洋葱丝与姜丝混合在一起装入坛内，倒入配制好的糖醋液，翻拌均匀，进行糖醋渍。每天翻拌1～2次，3～5天后即可为成品。

（3）产品特点　色泽呈浅黄色，质地脆嫩，味道酸甜略咸，微辣清口。

三、洋葱的泡酸菜技术与应用

以虾酱洋葱为例。

（1）原料配比　洋葱4个，韭菜40g，腌鱼液1/4杯，辣椒粉4大匙，虾酱、蒜末2大匙，姜末1/4小匙。

（2）制作方法

① 原料选择、切制。洋葱去皮，大的洋葱切两半。韭菜清洗干净切成洋葱的长度。

② 腌制。洋葱中倒入腌鱼液腌制 1h，其间翻一翻使洋葱均匀入味。

③ 拌料。虾酱捣碎。腌制洋葱的鱼液倒出来，鱼液里放入辣椒粉泡开，放入其他调料拌匀，作调味酱。

④ 泡制。洋葱里倒入调味酱拌匀，放入韭菜翻一翻，在常温下放置 1~2 天后即可食用。

（3）产品特点　虾酱味浓，鲜香可口。

第四节　其他香辛类蔬菜的腌制技术与应用

一、葱的腌制技术与应用

以泡大葱为例。

（1）原料配比　大葱 2kg，25％食盐水适量，一等老盐水 2kg，红糖 20g，白酒 30g，醪糟汁 20g，食盐 50g，干红辣椒 30g，香料包（八角、香草、豆蔻各 1g，花椒 2g，滑菇 7g）1 个。

（2）制作方法

① 原料选择。选个大均匀、鲜嫩无伤的扁圆大葱。

② 整理、清洗。大葱剥去表皮，洗净，入清水退去浆汁，捞起沥干。干红辣椒用水洗净。

③ 切制。大葱切成 5cm 的葱段。干红辣椒去蒂后洗净，切成 1cm 宽的小段。

④ 盐腌。将葱段放入浓度为 25％的盐水中盐渍 7 天，捞出葱段，晾干附着在表面的水分。

⑤ 发酵。将各料调匀装入坛内，放入大葱及香料包，盖上坛盖，添足坛沿水。泡 2 天即成。

（3）产品特点　色微黄，鲜嫩甘香。可储存 100 天以上。

二、韭菜的腌制技术与应用

1. 韭菜的盐渍技术应用

【腌韭菜】

（1）原料配比　鲜韭菜 2.5kg，精盐 250g，香油少许。

（2）制作方法

① 原料选择。选用霜降前收获的宽韭菜。

② 整理、清洗。去除黄梢，择拣后放入清水中浸泡 1h，洗净基部泥土部分，控干水分。

③ 切分。将洗净的韭菜切成约 5~6cm 长的段。

④ 盐腌。取一个干净瓷盆，铺一层韭菜，撒一层盐，将韭菜和盐装完。腌制 1~2 天，每天早晚倒缸 1 次，装入一个干净的坛内。将剩余盐卤加少许香油倒入坛内，5 天后即为成品。

⑤ 储藏。坛内亦可加腌小黄瓜、小茄子，用原卤拌匀收储即可。

（3）产品特点　韭菜食之辛甘咸香，具有温中运气、开胃之功效。

【腌韭菜花】

（1）原料配比　韭菜花 100kg，精盐 20kg，鲜姜 3kg，白矾 0.5kg。

（2）制作方法

① 原料选择。选用花为白色、质地鲜嫩、无黑籽的韭菜花作为原料。摘除花梗、黄叶、烂叶及杂物。

② 漂洗。将韭菜花用清水漂洗干净后，再在清水中浸泡 2h，然后捞出、控干水分。

③ 调味。将鲜姜剁成碎末，白矾研磨成细粉；按配料比例将姜末和白矾粉与食盐混合拌匀，制成调料食盐。

④ 盐腌。按配料比例将韭菜花与调料食盐混合，用电磨或粉碎机磨碎后，装入缸（或池）内进行盐腌。

⑤ 打耙。每天打耙两次。打耙就是用木制的丁字耙，在盐腌的韭菜花内上下均匀地翻动。通过打耙既可以使韭菜花吃盐均匀，又可以散发热量，防止发酵。经盐腌 1 周后即为成品，可封缸保存。

（3）产品特点　色泽呈深绿色，质地细腻，呈糊糊状，味道清香，鲜咸，具有韭菜花的独特风味。

2. 韭菜的酱渍技术应用

以酱韭菜花为例。

（1）原料配比　韭菜花 5kg，食盐适量，优质酱油 2kg，花椒面 20g，味精 4g。

（2）制作方法

① 选料、整理。选用无黑籽、鲜嫩的韭菜花，去除花梗或杂物，掰成小朵。

② 清洗。将韭菜花清洗干净，放清水中泡 1h，捞出晾干。

③ 拌料。把花椒炒至焦黄，然后用擀面杖碾碎，擀成面同韭菜花搅拌均匀，备用。

④ 酱油渍。把酱油放入锅内熬开，待晾凉后，加入食盐和味精。将准备好的韭菜花和酱油放入坛内，拌匀。15 天左右即为成品。

（3）产品特点　呈深绿色，质地脆嫩，味道清香。

三、芫荽的腌制技术与应用

以腌芫荽为例。

（1）原料配比　芫荽（香菜）100kg，食盐 18kg。

（2）制作方法

① 原料选择。选用整齐、鲜嫩的大、中棵芫荽为原料。以秋季收获、干物质含量高、香味浓郁的芫荽腌制最好。

② 整理、清洗。将芫荽削去根部，摘除老叶、黄叶和杂物。用清水洗净泥沙和污物，并控干水分。

③ 盐腌。将芫荽捋成小把，按配料比例摆码一层芫荽撒一层食盐进行装缸盐腌。缸上部的加盐量应比下部多。装满缸后，最顶层撒满一层 2cm 厚的食盐。

④ 倒缸。盐腌后每天倒缸 1 次，连续倒缸 2～3 次，15 天左右即可为成品。

（3）产品特点　色泽碧绿，质地柔嫩，味道咸鲜，香味浓郁。

四、香椿的腌制技术与应用

以腌香椿为例。

（1）原料配比　香椿 100kg，食盐 24kg，五香面 1.5kg。

（2）制作方法

① 原料选择。选择新鲜、柔嫩的香椿芽。

② 清洗。用清水洗净，沥去水分。

③ 初腌。将香椿芽装入小坛，装一层香椿芽撒一层盐，当天进行倒坛，1 天 1 次连续 3 天，每次倒坛时要用手轻搓一下，使其变软，约 5 天后取出晾干水分。

④ 阴干。放到通风阴凉处，晾至八成干时收起。

⑤ 复腌。将晾干的香椿芽、五香面和 6kg 的盐拌匀再入坛，封好坛口，15 天后即可取出食用。

⑥ 成品。吃时最好用开水烫一下，热炒、冷拌均可。如要继续存放，可再加少许精盐。

（3）产品特点　色泽碧绿，香味独特，味芬芳，如彩图 13 所示。

第七章 薯芋类蔬菜的腌制加工技术与应用

07 Chapter

第一节 姜的腌制技术与应用

一、姜的盐渍技术与应用

1. 姜的盐渍技术

（1）原料配比 鲜姜 100kg，食盐 25kg，清水 5kg。

（2）制作方法

① 原料选择。以秋分季节收获的完全成熟的老姜为主，剔除带有病、虫、伤、烂的姜，后期收获的姜，加工时还要去掉受冻的姜块，以保证加工品的质量。

② 清洗。将原料先用冷水浸泡 2h，再进行清洗。

③ 盐腌。把洗净的鲜姜和 25kg 的食盐，层姜层盐码在池内，从上往下再加 5kg 的清水以促化盐。每天倒缸 1 次，经过扬汤散热，促使化盐，腌 30 天可成半成品。

④ 切制。先把姜切成厚 0.2cm 的薄片，或再切成细丝，成品率可在 85%以上。

⑤ 成品。此种姜丝可点些香油、加醋等，既可直接食用，也可作为原料再行深加工，是八宝菜以及包瓜等菜不可缺少的成分，具有清香和调味的作用。

（3）产品特点 具有姜片（或丝）固有的香气和风味，色红，质脆味香，有杀菌、开胃和暖肚之良效，在八宝菜以及包瓜馅中是重要调味成分。

2. 姜的盐渍实例

【腌姜芽】

（1）原料配比　鲜姜芽 100kg，食盐 25kg，清水 5kg。

（2）制作方法

① 原料选择。选用伏天滋生的淡绿色、幼嫩整齐、新鲜的姜芽为原料。剔除老姜及杂物。

② 清洗。用清水洗净姜芽表面的泥沙和污物，然后控干水分。

③ 盐腌。按配料比例将姜芽与食盐装入缸内。装缸时码一层姜芽撒一层食盐，并逐层压紧。每层淋入少量清水，以促使食盐溶化。然后在姜芽顶层撒满一层食盐，腌制 5 天左右即可封缸。腌制姜芽一般不进行倒缸，以防变色。

（3）产品特点　色泽黄白，质地鲜嫩，味咸略有辛辣气味，如彩图 14 所示。

【湖南干草姜】

（1）原料配比　鲜生姜 100kg，食盐 5kg，甘草粉 0.2kg。

（2）制作方法

① 原料选择。挑选质地鲜嫩的生姜，剔除太嫩太老或有破伤的姜。

② 去皮。将生姜用竹片或不锈钢刀刮去皮层，洗净沥干。

③ 盐腌。用食盐分层入缸腌制，次日翻缸一次，3 天后即可捞出。

④ 晾晒。将腌好的姜放在竹席上晾晒，第二天，拌上甘草粉，继续晾晒，晒至原重的 45% 左右，干草姜即成。

⑤ 储藏。若产品需长期保存，则可将产品装入泡菜坛压紧密封。

（3）产品特点　本品质地嫩脆，甜咸适度。

二、姜的酱渍技术与应用

1. 姜的酱渍技术

（1）原料配比　咸姜坯 100kg，甜面酱 60kg。

（2）制作方法

① 原料选择。以腌制为成品的咸姜为原料；选用甜度较高的甜面酱为辅料。

② 切分。将咸姜切分成厚度为 0.1～0.15cm 的薄片。

③ 脱盐。把姜片放入清水中浸泡 4h 左右，进行脱盐，每隔 1h 左右换水一次。待盐度降低后捞出，控净表面水分。

④ 晾晒。将经脱盐的姜片，放在阴凉通风处晾一天，直至半干。

⑤ 酱渍。将姜片装入酱袋内，放入甜面酱中进行酱渍。每天翻动、捺袋一次。4～5 天后取出酱袋放风 1 次，以使酱汁渗入均匀，并放出辛辣气味。淋去咸卤后重新装入酱袋，放在甜面酱中继续酱渍。一般酱渍 7～10 天，即可为

成品。

（3）产品特点　色泽呈红褐色，质地柔韧，味道甜咸略带有姜辣味。

2. 姜的酱渍实例

【北京甜酱姜片】

（1）原料配比　姜芽 100kg，食盐 25kg，二酱 80kg，甜面酱 100kg。

（2）制作方法

① 原料选择。选用质地幼嫩的姜芽为原料。掰去疙瘩和虚尖，用清水洗净，控干水分。

② 盐腌。按配料比例将姜芽与食盐装入缸内进行盐渍，装缸时铺一层姜芽撒一层食盐，每层可洒少许清水。盐渍过程中每天倒缸 1 次，以散发热量和辛辣气味，促进食盐溶化。一般盐渍 15 天，即可制得咸姜芽坯。

③ 脱盐、脱水。将咸姜芽坯放入清水中浸泡 10～12h，进行脱盐，中间换水 2～3 次。然后捞出，装入布袋或筐内叠置，自压脱水 5～6h。

④ 初酱。将经脱盐的姜芽装入酱袋内，扎好袋口，放入二酱中进行酱渍，每天打耙 3～4 次。酱渍 4～5 天。

⑤ 复酱。将经初酱的姜芽，倒在容器内淋去咸卤，翻拌均匀，装入另一个经洗净的酱袋内，放在新的甜面酱中，再次进行酱渍。酱渍过程中，每天翻动、捺袋 3～4 次，连续进行 3～4 天后，每天翻动、捺袋 1～2 次。一般酱渍 15 天左右，即可为成品。

（3）产品特点　色泽金黄色，有光泽，质脆不柴，酱香浓郁，甜咸有鲜姜的辛辣气味。

【扬州嫩生姜】

（1）原料配比　鲜姜 100kg，20°Bé 盐水 70kg，食盐 1.3～1.4kg，甜面酱 100kg，二酱 80kg。

（2）制作方法

① 原料选择。嫩生姜原料以嫩取材，用浙江平湖产的红爪姜为最好。鲜姜要求色白、肥嫩、无黑斑、无霉烂。

② 去皮。摘去根茎上不能食用的枝，并分块，剔除烂姜。鲜姜每 50kg 用清水 20～25kg 浸泡，除去姜皮，漂洗干净。

③ 盐腌。采用卤泡法腌制。先用 18～20°Bé 盐水浸泡 1～2 天，然后再用 20°Bé 的新盐水浸泡 5 天左右。此时由于姜内水分渗出，盐液浓度下降，需及时加盐调至 20°Bé。再将菜坯压紧，用竹片、木棍别紧缸头，灌入澄清盐卤后加封缸盐，储存备用。出坯率为鲜姜的 65%～70%。

④ 切分。将腌姜坯切制成宽约 2.5cm、长约 3cm 的佛手形姜块或菜片。

⑤ 脱盐。姜坯放入清水中浸泡，经漂洗后脱去盐分。

⑥初酱。经漂洗后的姜片立即装袋，装袋不宜过紧，待控干水分后立即进行初酱。先用二酱进行初酱，去除部分辣味，初酱一般用4天左右，起缸沥去酱汁再行复酱。

⑦复酱。要用新鲜甜面酱，每50kg姜坯用新鲜甜面酱60kg，每天需倒缸1次，夏季10天，春、秋季15天，冬季20天左右即可成熟。出品率在80%左右。

（3）产品特点　色金黄有光泽，有酱香和姜香气，造型美观，形似佛手，质绵软，鲜嫩无渣，是扬州特有的酱菜品种。

【玫瑰子姜】

（1）原料配比　鲜姜300kg，精盐20kg，陈年白酱100kg，上等红糖20kg，糖色3kg，玫瑰糖8kg。

（2）制作方法

①原料选择。一般以白露节令收获的玉溪沙地鲜姜为好。这种姜芽多、筋少、肥壮，是加工玫瑰姜的上乘原料。

②清洗。先将姜须、秆削掉，洗干净。

③盐腌。腌制时的用盐量为净姜的9%，采取簸盐法（即把生姜置簸箕内，撒上盐，均匀簸动），分3次加盐，每次加3%，每天簸一道盐，到第三道时要多腌1天。

④酱渍。4天后淘洗出缸，滤干水分后，再入缸加酱。加酱时，要放一层姜，加一层酱，酱要漫过姜5cm左右。经3个月的日晒夜露（要防雨受潮），成为半成品酱姜。

⑤浸泡。将半成品酱姜出缸，洗净，晾干，即可下缸加糖汁浸泡。糖汁系用红糖加25%的水化成的，冷却后再加入糖色和玫瑰糖即成。浸泡1个月后，即为泡玫瑰姜。

⑥晾晒。将泡玫瑰姜捞出，经套色，晒一两天后，即为干玫瑰姜。

（3）产品特点　色泽黑亮、红褐，肥嫩块小，鲜辣回甜，酱香浓郁，玫瑰香宜人，柔软无渣，洁净清爽，是佐餐的上好酱菜。

【湘潭紫油姜】

（1）原料配比　鲜姜50kg，酱油30kg，食盐23kg。

（2）制作方法

①原料选择。选用农历白露以前出土的芽姜，要求鲜姜折断无筋、块形肥嫩，每块均要有四五根较长的形如手指的白嫩茎芽伸出。

②整理。剪去姜块茎端上伸出的姜须，把姜块上的种姜和姜根掐去。

③盐腌。将处理好的姜块用淡水淋湿放入缸内，每50kg姜块下盐15kg，然后用竹篾片将缸内的姜块慢慢撬动，动作要轻，以免弄碎姜块。拌匀后，在缸

内腌制一晚。第 2 天，将缸内的盐水倒出不要，再放入清水，洗净姜块表面黏附的泥沙，转入另一缸中。转缸时要将姜块分层放入，每放一层姜块撒入一层盐，共分 3～4 层放置，上面再盖一层较厚的盐，用盐量约为 3.5kg。第 3 天，把缸内姜块全部搅动，使上面这层未溶解的盐与缸内姜块均匀混合。第 4 天进行第 2 次转缸，方法如前，只是用盐量减至 2.5kg 即可。这次转缸后缸内留下的盐水不要倒掉，储存起来。第 5 天仍须如前将缸内姜块搅动。第 6 天进行第 3 次转缸，方法同前，加盐 1kg，顶上面这层盐仍要撒得厚点。第 7 天进行第 4 次转缸，这次转入新缸后不要再撒盐，只将第 2 次转缸以来所储存的盐水全部倒入新缸内即可。

④ 克卤。第 4 次转缸后，放置一夜至第 8 天将姜块从缸内捞出装在笋筐内，将笋筐叠放入空缸内，目的是压出姜块内所含盐水。放置在最下层的姜块盐水压干后，将上下层笋筐调换一下位置，直至每一笋筐内姜块的水分全部压干。

⑤ 制坯。压干后的姜块集中倒入几口新缸内，耙平、压紧。每口缸的缸口要留出 15cm 左右的余地。压出的盐水再进行测定，将其含盐量调整到 18°Bé，然后倒入缸内。盐水必须略高于姜面。最上面要薄薄撒上一层盐，每口缸约撒 0.5～1kg。上面再用荷叶盖严实，荷叶上面盖一层酱瓣子，然后盖上塑料薄膜，薄膜上面再放一层较厚的盐，以到达缸口为宜。制成的咸坯可作较长时间的储存，可随时取出加工为成品。

⑥ 酱渍。从缸中捞出咸坯，装在笋筐内沥干盐水，然后倒入一口空缸内，每倒进一筐加入两瓢酱，搅拌均匀后再倒下一个笋筐，如此倒满一缸后，上面再盖一厚层酱即可。放置一周后，将缸内姜块上黏附的酱瓣用原汁卤水洗净，再转一次缸，上面盖上一层篾折子，用石头压紧，倒入 30kg 原汁酱油，浸泡 2～3 天后捞出即为成品。

（3）产品特点　紫油姜是湖南湘潭的美味食品，产品采用优质鲜姜，成品色泽鲜艳，酱香浓郁，香脆嫩辣，微甜可口，是酱菜中之珍品。

【江苏酱生姜】

（1）原料配比　生姜 5kg，盐 500g，优质酱油、稀甜酱适量，糖精 1g，苯甲酸钠 0.5g，味精 2g。

（2）制作方法

① 原料选择。以寒露前收获的生姜为佳，这种姜皮色细白，质地脆嫩；而霜降前后收获的姜，皮厚色深，质老而辣，不宜加工。

② 整理、清洗。先剔去杂姜、老姜、碎坏姜，将选好的姜洗净，放入桶内，加水后用棍棒搅捣，脱去姜皮，然后沥干水分备用。

③ 盐腌。生姜每 5kg 加盐 500g，放一层生姜，加一层盐。腌 15 天左右，中间翻动 2～3 次，即为半成品。

④ 切片。先把咸姜用刀切成薄片，入清水内洗净，沥干水分。

⑤ 拌料。姜片每 5kg 加糖精（或白糖，如加白糖，量依个人口味而定）1g、苯甲酸钠（防腐剂）0.5g、味精 2g、优质酱油适量。

⑥ 酱制。然后将拌料的腌姜片装入白布袋内，再将姜袋下入稀甜酱中，每周翻动 1 次。夏天酱 1 个月左右，秋天酱 1 个半月，冬天酱 2 个月即可食用。

（3）产品特点　酱汁澄清，姜片薄，质地脆嫩，味道鲜、咸、甜、辣，香气协调浓郁，味美宜人，具有开胃驱寒、健胃益体的功效，为佐餐佳品。

三、姜的糖醋渍技术与应用

1. 姜的糖醋渍技术

（1）原料配比　鲜姜 5kg，盐 1.2kg，醋 1.5kg，糖 3.5kg。

（2）制作方法

① 去皮、晾晒。将姜刮去姜皮，洗净后晾晒 1～2 天。

② 盐腌。一层姜一层盐装入缸内，洒入一些淡盐水，要没过姜面，腌制 7 天。

③ 切片。捞出控去水，切成长和宽各 2cm、厚 0.2cm 的姜片。

④ 脱盐、脱水。放在清水中浸泡 1 天，捞出，控去水。

⑤ 醋渍。将醋煮沸后冷却，再把姜片倒入醋中浸泡 1 天。

⑥ 糖渍。捞出，控去水，随即拌糖，第一次用糖 2kg，将姜片与糖放入缸中，适当翻松拌匀，糖渍 2 天。再把糖液取出，用锅煮开，把余下的白糖 1.5kg 倒入一起进行浓缩，待降温至 60℃时，倒回姜片缸内，继续糖渍，7 天后即可食用。

（3）产品特点　酸甜微辣，口味鲜美，并有镇吐开胃、祛寒驱湿之功效。

2. 姜的糖醋渍实例

【糖醋姜芽】

（1）原料配比　咸姜芽 100kg，白糖 30kg，食醋 16kg，酱油 20kg。

（2）制作方法

① 原料选择。以腌制为成品的咸姜芽为原料。

② 脱盐。将咸姜芽放入清水中浸泡 4～8h，中间换水 2～3 次，至姜芽略有咸味时，捞出控干水分。

③ 糖醋渍。按配料比例，将食醋、酱油和白糖放在锅内煮沸，晾凉后，与姜芽一起倒入缸内，翻拌均匀后进行糖醋渍。每天翻动 1 次，7 天左右即可为成品。

（3）产品特点　色泽呈黄褐色，质地清脆，酸甜适口。

【广东糖醋酥姜】

(1) 原料配比　鲜姜 120kg，食盐 35kg，食醋 37kg，白糖 12kg，红花粉 50g。

(2) 制作方法

① 原料选择。选用鲜嫩、肉肥、坚实、完整的生姜为原料，剔除太嫩、太老或有破伤的姜。因为太嫩的姜水分含量高，出品率低，也不耐储存；太老的姜则肉质粗糙，口味不好。

② 整理、去皮。削去姜芽、姜仔、老根。大姜块破小块，用清水洗净。把洗净的鲜姜用薄竹片把表皮刮去。皮要刮净，刮薄，一般每 100kg 生姜去皮不超过 18~19kg。再用清水洗净。

③ 盐腌。把姜块装入大木桶，姜块每 50kg 加盐 9kg，盐要撒匀，不搅拌。2h 后，姜块腌出汁液，姜层下降，再按照装第一层的办法装入第二层，待木桶装满后，最上一层多加食盐 0.5~1kg，用以防腐。姜上盖竹篾盖，压上相当于桶内质量 50％的鹅卵石，竹篾盖中央可多压些石头。3h 后，桶内的姜即可排出大量汁液，用橡胶管吸去一部分，留在桶内的汁液必须漫过姜面 7cm，如果汁液太少，姜露出水面，容易变色发霉。

④ 沥水。姜块在桶内腌 24h 后，用笊篱将姜捞到竹筐内。像装桶时一样，盖上竹篾盖，压上相当于筐内姜块质量 50％的鹅卵石，压水，3h 后，去皮的生姜每 100kg 可得咸坯 50kg。从筐内压出的水分，需保持清洁，盛入桶内，用来腌制其他蔬菜。

⑤ 二次盐腌。将咸坯重新逐层装入木桶，咸坯每 50kg 加食盐 6kg，逐层撒匀。最上一层多加 0.5~1kg。盖上竹篾盖，压石头，这一次腌出的汁液少，不须排汁。24h 后，再把姜坯捞到竹筐内，压沥汁液（方法同前）。姜块发软，被压至鲜姜的一半时，质量比咸坯下降 8％~9％。

⑥ 醋渍。咸坯装桶醋渍。装桶前先放入桶底相当于姜重 5％的食醋。然后装姜，装至距桶口约 17cm 时，灌进相当姜重 25％的食醋。盖上竹篾盖，压上相当于桶内姜重 20％的鹅卵石。桶内的醋液，一般应漫过姜面 10cm，不够这个程度，应该再添。浸渍 24h 即为半成品。半成品色白鲜明，较浸渍前稍肥胖一些，质量比浸渍前增加 1％~2％。

⑦ 切分、脱盐。把半成品纵劈两瓣，再斜着切成一边厚、一边薄的碎圆片或半圆片，厚边约 3mm，薄边像斧刃。剔除不合格片。姜片放入清水里浸 30min，洗净。捞进另 1 只木桶或缸内，注入清水，再浸泡 12h，析出一部分盐分。捞进竹筐，盖上竹篾盖，压上石头，沥水 8h。中间需翻 1 次，使压力平衡，筐内姜片排水均匀。

⑧ 二次醋渍、糖渍。将姜片装入木桶，装至距桶口16cm。按桶内姜片50%的质量灌进食醋。醋液要漫过姜面约10cm，然后盖上竹篾盖，浸渍12h，把姜片浸得更酸更脆。再捞到竹筐里，沥净醋液，3h后，姜片更加饱满，质量增加约4%～5%，即可糖渍。把姜片倒进缸内，装至距缸口15cm。然后，加入相当于缸内姜重70%的白糖，用手上下翻动，搅拌均匀，把缸面摊平，盖上麻布、竹篾和缸罩。浸渍24h，使姜片充分吸收糖液。然后，倒进竹筐，把糖液盛入缸或桶中，约2h。糖液沥净即可染色。

⑨ 染色、煮制、装缸、储藏。把姜片放入缸里，装至距缸口15cm。姜片每50kg加入无毒红花粉50g，上下搅拌均匀，摊平。再将糖渍后沥出糖液灌进去，盖上麻布、竹篾盖和缸罩，7～8天后姜片即被颜料染透，此时姜片又吸收了一部分糖液，姜内的水分和醋液相对减少。把糖液倒入铜锅内煮沸，捞去杂质，再将染好的姜也放入锅里，煮沸3min，用笊篱翻1次锅，煮到姜片膨胀饱满时即成。用笊篱将姜片捞在竹箩里摊平，散热。糖水可再舀到缸内，待冷却后，把姜片装入缸中，即为成品。制成的糖醋酥姜，可以一直装在原来的缸里，盖上竹篾盖，用几根宽3～4cm的竹片，交叉成双十字形，卡住缸口，防止姜片膨胀。糖液必须浸过姜面3cm，然后盖上缸罩或木桶盖。放在室内空气流通的地方，可储藏1个月，温度愈低，保存时间愈长。

（3）产品特点　色泽鲜红，丰满柔软，口味清脆凉爽，甜中带辣。

四、姜的泡酸菜技术与应用

1. 姜的泡酸菜技术

（1）原料配比　子姜5kg，食盐0.5kg，一等老盐水5kg，红糖50g，鲜小红辣椒250g，白酒100g，香料包1个。

（2）制作方法

① 原料选择。选用质地细嫩、芽瓣多、无病虫害的新鲜子姜为泡制原料。

② 去皮、清洗。刮掉子姜的粗皮，削除姜嘴和老茎，用清水漂洗干净。

③ 盐腌。将整理好的子姜，加食盐进行腌制，出坯2～5天，然后取出，晾干表面的水分。

④ 装坛。把老盐水倒入洗净、控干水分的泡菜坛中，加入白酒和配料中红糖的一半用量，搅拌均匀，再放入红辣椒。然后装入处理好的子姜，装至半坛时，放入余下的红糖和香料包，继续装入子姜到九成满，用竹片卡紧，使子姜不致漂浮起来。盖上坛盖，注满坛沿水，密封坛口。

⑤ 发酵。装好坛后，将菜坛放在通风、干燥、清洁的地方，进行发酵。一

般泡制 7 天左右即可成熟。

（3）产品特点　色泽呈淡黄色，质地鲜嫩，味咸微辣带甜，清香爽口。

2. 姜的泡酸菜实例

【泡子姜】

（1）原料配比　新鲜子姜 10kg，食盐 500g，咸卤水 10kg，鲜小红辣椒 500g，白酒 200g，红糖 100g，花椒 10g，八角 10g。

（2）制作方法

① 原料选择。选用质地细嫩、芽瓣多、无病虫害的新鲜子姜为泡制原料。

② 去皮、清洗。刮掉子姜的粗皮，削除姜嘴和老茎，用清水漂洗干净。

③ 盐腌。将整理好的子姜，加食盐进行腌制，出坯 2～5 天，然后取出，晾干表面的水分。

④ 装坛。将卤水倒入坛中，加入白酒和一半的红糖、食盐搅匀，放入辣椒垫底，再加入子姜，装至一半时放进余下的红糖和花椒、八角，再继续把子姜装完。装坛应当装满，生姜必须用盐水漫头浸泡。

⑤ 发酵。盖上坛盖，注满坛沿水，放在通风、干燥、清洁的地方，发酵 7 天后即为成品。

（3）产品特点　本品色泽微黄，鲜嫩清香，微辣带甜。

第二节　洋姜（鬼子姜）的腌制技术与应用

一、洋姜的盐渍技术与应用

以五香洋姜片为例。

（1）原料配比　鲜洋姜 500g，食盐 75g，花椒、大料、小茴香、桂皮和生姜各 2g。

（2）制作方法

① 原料选择。清除挖烂料、霉烂料和杂质，并按形体大小进行分级。

② 清洗。先用清水浸泡 30min，然后清除洋姜表皮上的泥土杂质，再用清水冲洗干净并沥干。

③ 切片、晾晒。将洋姜切成 2～3mm 厚的洋姜片，放竹帘上，在阳光下晒至五成干，收起放缸内。

④ 盐腌。把食盐、用纱布包好的五香料放入锅内，煮沸 5min 后晾凉，倒入缸内，以浸过洋姜为宜，3 天内，每天翻动 1 次，15 天后即为成品。

（3）产品特点　颜色浅黄，质脆，五香味浓。

二、洋姜的酱渍技术与应用

1.洋姜的酱渍技术

（1）原料配比　洋姜5kg，食盐1kg，酱油2.5kg，白糖50g，味精、山梨酸钾少许。

（2）制作方法

① 原料选择。选用无腐、无伤、无烂、无霉变的块茎。

② 清洗。去除杂质，用清水洗净，再置于竹筐中沥干。

③ 晾晒。将漂洗干净的原料摊于竹架或干净的水泥板上，摊匀摊薄，让日光直晒。上、下午各翻动1次直到手捏柔软，一般晒2~3天。

④ 初腌。取一个干净的坛子，用750g食盐，码一层洋姜撒一层食盐，层层压实，腌30天。产生香气时即可捞出，除去卤水。

⑤ 复腌。再将剩下的250g盐用开水化开，晾凉后拌匀洋姜，连同盐水倒入坛内，再浸泡2个月捞出。

⑥ 切片、脱盐。复腌后的洋姜横切成片状，厚0.3cm左右。切后置于流水中漂洗6~8h，再捞出沥干。

⑦ 酱油渍。加入白糖、味精、山梨酸钾，放入酱油拌匀入坛，以淹没原料为度，再腌制15天即成。

（3）产品特点　质地脆嫩，清鲜爽口，为江浙风味。

2.洋姜的酱渍实例

【甜酱洋姜】

（1）原料配比　洋姜5kg，盐1kg，甜面酱2kg，白糖250g，花椒少许。

（2）制作方法

① 整理。将洋姜去芽尖，用清水洗净，沥干水分。

② 晾晒。将洋姜摊放在器物上，晒成半干，待洋姜发蔫时，即可进行盐渍。

③ 盐腌。一层洋姜撒一层食盐，装入缸内盐渍，加入清水以利于食盐的溶化。腌制40~50天即成洋姜坯。

④ 晾晒。把咸洋姜坯从盐卤中捞出，再放在器物上晒成半干，放入一个干净的缸内备用。

⑤ 酱渍。在缸内加入稀甜面酱、白糖、花椒等拌匀，酱渍15天后即成。

（3）产品特点　甜酱味浓郁，香脆，爽口，为佐餐美味小菜，如彩图15所示。

【浙江酱洋姜】

（1）原料配比　鲜洋姜100kg，一号酱油30kg，食盐20kg，糖精15g，味精

40g，甘草粉 100g。

（2）制作方法

① 整理、清洗。将洋姜（即菊芋）采收后，剥去外皮，洗净沥干。

② 盐腌。每 100kg 加盐 8kg，上压石块腌制 3～4 天，换缸加盐 12kg，逐层腌制，上置石块，腌制一个月即为咸坯。

③ 切片、脱盐。取出切片，加入等量水漂洗脱盐 3h。漂洗脱盐的时间视脱盐后的咸度而定，脱盐至微咸即可。捞出沥干，入缸。

④ 酱油渍。将一号酱油、味精、糖精、甘草粉搅匀溶化，倒入缸内，漫头浸泡酱制 1 周后即可食用。

（3）产品特点 本品酱香突出，质地脆嫩。

三、洋姜的糖醋渍技术与应用

以糖醋洋姜为例。

（1）原料配比 鲜洋姜 5kg，清水 500g，红糖 1kg，食醋 1.5kg，食盐 350g。

（2）制作方法

① 整理、清洗。取洋姜洗净沥干，切成块，放入盆内，加盐 250g 拌匀。

② 腌制。取坛刷净晾干，放入拌盐的洋姜，上面压上重物腌制 3 天后捞出，旧盐水倒掉，再用剩余的 100g 盐拌匀，装入坛内腌制 4～5 天，捞出后放阳光下晒至五成干，收起。

③ 糖醋渍。取锅放火上，添入清水，放入食醋、红糖烧沸，晾凉后倒入坛内，放入洋姜，再泡制半个月即成。

（3）产品特点 质地脆嫩，味酸甜。

四、洋姜的泡酸菜技术与应用

以泡洋姜为例。

（1）原料配比 洋姜 5kg，精盐 1kg，辣椒 0.5kg，五香粉 0.1kg，陈皮 80g，花椒 8g，生姜 5 片。

（2）制作方法

① 整理、切片。将选好的洋姜剥去外皮，洗净沥干水分，然后切成片。

② 晾晒。将洋姜放在向阳通风处进行晾晒，晒至五成干。

③ 盐水的配制。将精盐、辣椒、五香粉、陈皮、花椒、生姜片放入锅中，再加适量的凉开水搅拌均匀，加热煮沸，晾凉后即为泡菜盐水。

④ 发酵。将泡菜坛子里外洗净，内壁擦干，将洋姜放入泡菜坛内，倒入盐水淹没洋姜并拌匀，盖好坛盖，注满坛沿水，30天后即可食用。

（3）产品特点　味道麻辣，鲜香适口。

第三节　甘露子（草石蚕）的腌制技术与应用

一、甘露子的盐渍技术与应用

以腌甘露子为例。

（1）原料配比　鲜甘露子100kg，食盐25kg，清水20～25kg。

（2）制作方法

① 原料选择。选用个体肥大、整齐、质地脆嫩、无损伤的甘露子为原料。

② 清洗。用清水洗净甘露子表面的泥沙和污物，并控干水分。

③ 烫漂。将洗净的甘露子在沸水中烫漂1min左右，捞出后用冷水迅速冷却。冷透后捞出控干水分。

④ 盐腌。将经烫漂的甘露子与食盐按100∶20的比例装入缸内。装缸时先在缸底放一层食盐，然后均匀地放一层甘露子，再撒一层食盐、放一层甘露子，直至满缸，上面压上石块，再浇入用配料中余下的食盐与清水配制的18°Bé的盐水进行盐腌。应注意每层都要压实，其加盐量应自下而上逐渐增多。腌制甘露子一般不进行倒缸，以防止变黑。盐腌20天左右即可封缸保存。

（3）产品特点　色泽黄白，质地脆嫩，味道鲜咸。

二、甘露子的酱渍技术与应用

1. 甘露子的酱渍技术

（1）原料配比　新鲜甘露子50kg，甜面酱40kg。

（2）制作方法

① 原料选择。选用质地鲜嫩、大小均匀的鲜甘露子或腌制为成品的优质咸甘露子为原料。以甜度较高的甜面酱为辅料。

② 烫漂。把新鲜甘露子用水洗净泥沙和污物，然后在沸水中烫漂1min左右，用冷水迅速冷却，冷透后捞出沥干水分。

③ 酱渍。把经过烫漂并沥干水分的鲜甘露子装入酱袋中，放入甜面酱内进行酱渍。为了促进甘露子吸汁，并防止酸败，在酱制过程中，每天翻动、捺袋2～3次。4～5天取出酱袋放风1次。即倒出甘露子，淋去咸卤，再重新装袋，

放入酱内继续酱渍。10~15 天即为成品。

如果以咸甘露子为原料，应先将咸甘露子放入清水中浸泡 20h 左右进行脱盐，中间换水 1~2 次。脱盐结束，捞出甘露子，沥干水分，装入酱袋，放入甜面酱内进行酱渍。

（3）产品特点 色泽呈红褐色、有光泽，质地脆嫩，酱香浓郁，甜咸适口。

2. 甘露子的酱渍实例

【甜酱甘露子】

（1）原料配比 腌甘露子 50kg，甜面酱、黄酱各 19kg。

（2）制作方法

① 原料选择。原料以北京郊区产的皮薄肉嫩的甘露子为好，内蒙古产的皮厚肉稍老的次之。选料以肥嫩整齐的为上品，每年霜降过后立冬以前进行收购加工。

② 清洗。甘露子加工前要筛净沙土，拣去杂质，除去须根，入缸用清水浸泡，使之附着物软化。捞出后再用清水冲洗干净，控去浮水。

③ 盐腌。有两种方法，分别如下。

a. 先将甘露子用开水焯一下，然后一层甘露一层盐，以保持成品色泽洁白。

b. 将清洗后的鲜甘露子直接入缸，一层甘露一层盐，用盐数量为原料的 25%。

经 3~5 天以后，待腌菜浮起之前将缸封起储存。腌制时不需倒缸，否则甘露子会变色发黑，而影响制品美观。封缸时，不要装得过满，而且还要等甘露子吸足盐水，恢复原状后封存。

④ 脱盐。酱渍前需将咸坯放入清水中浸泡，撤去部分盐分，冬季浸泡时间长些，夏季时间短些，然后控干水分。

⑤ 酱渍。将咸坯装入酱袋，放入缸内酱制。

⑥ 打耙。每天打耙 3~4 次，打耙要彻底，使缸内菜袋上下翻动，使之浸酱均匀。一般冬季需酱 2 周左右，夏季只需 1 周左右即可，然后封缸储存。

⑦ 封缸储存。封缸要严密，酱菜口袋不要露在外面，以免甘露子变黑。

（3）产品特点 色呈金黄而有光泽，酱味浓厚，甜咸适口，质地嫩脆，规格整齐，无须根，无杂质。

【扬州宝塔菜】

（1）原料配比 鲜宝塔菜（即甘露子）100kg，食盐 18~20kg，甜面酱80kg，二酱 60kg。

（2）制作方法

① 原料选择。鲜宝塔菜在每年农历小雪前后进货，其形状要求在 3 个环以上，形同宝塔状，并且大小要均匀一致。

② 清洗。鲜宝塔菜在腌制前要先洗净泥土，拣去杂草，除去根须，并剔除伤残及过小的果实。

③ 盐腌。腌制菜用卤泡法，先将食盐配成 20°Bé 的盐卤，按 1：1 的比例将宝塔菜浸泡在盐卤中，经 4～6 天用手撖 1 次，然后捞起放在 22°Bé 的盐卤中浸泡，用竹片紧封缸口，加 2％的封缸盐储存。用盐量在 18％～20％，出品率在 80％左右。宝塔菜性娇嫩，储存期间应严格避免阳光照射及生水浸入，以防变质或失去脆性。

④ 脱盐。酱制前需将宝塔菜咸坯入清水浸泡脱盐。

⑤ 初酱。将宝塔菜装于酱袋中，在二类酱中初酱，初酱时每天需倒缸 1 次，4～5 天后起缸，控去酱汁。

⑥ 复酱。换新鲜的稀甜面酱继续酱制。用酱量与咸坯的比例为 1：1，每日翻缸 1 次，夏季需酱渍 10 天，春、秋季 15 天，冬季 20 天左右即为成品。

（3）产品特点　形似宝塔，色深有光泽，味鲜有清香，脆嫩爽口，如彩图 16 所示。

【酱汁甘露子】

（1）原料配比　甘露子 500g，酱油 50g，食糖 20g，精盐、味精各适量，香油少许。

（2）制作方法

① 原料选择。选择色白嫩脆、个头匀称的甘露子。

② 整理、清洗。甘露子除去须根，拣去杂质，用清水浸泡，再用清水冲洗干净，控去浮水。

③ 盐腌。将甘露子洗净，撒入精盐拌匀腌制半日，挤干水分。

④ 调味酱油的配制。将酱油、食糖放入锅内煮沸，待冷却后加入味精调好口味，即成酱汁，备用。

⑤ 酱油渍。将甘露子放入碗内，倒入酱汁拌匀再浸泡 2～3 天，食用时，淋上香油即可。

（3）产品特点　香脆味美。

三、甘露子的糖醋渍技术与应用

以糖醋宝塔菜为例。

（1）原料配比　宝塔菜 2kg，胡萝卜 1kg，莴笋 1kg，盐 800g，醋、糖各 1kg，大蒜 400g。

（2）制作方法

① 整理。将宝塔菜洗净，莴笋去皮洗净，胡萝卜去顶洗净。

② 切分。将莴笋和胡萝卜切块，然后晾干表面水分。

③ 糖醋液的配制。将大蒜剥皮，捣成泥，与糖、醋、盐拌和，调成糖醋汁，如汁少则加适量凉开水调和均匀。

④ 糖醋渍。将加工好的宝塔菜、莴笋、胡萝卜装入干净的坛中，倒入糖醋汁，密封存放。1个月后即可食用。

（3）产品特点　甜、酸、脆、嫩，生津开胃，可口。

四、甘露子的泡酸菜技术与应用

以泡甘露子为例。

（1）原料配比　甘露子1kg，红糖10g，白酒10g，干红辣椒80g，醪糟汁10g，盐50g，老盐水1kg（可用浓度为25％的盐水替代），香料包1个（花椒、大料、小茴香、桂皮各10g）。

（2）制作方法

① 整理。选新鲜、较嫩的甘露子，洗净，用淡盐水泡1天，捞出沥干水分。

② 泡制。将各调料放盆中调匀，溶化后装入坛内，放入甘露子及香料包，用竹片卡紧，盖上坛盖，加足坛沿水，泡3天即成。

（3）产品特点　质脆嫩，味鲜香。

第四节　其他薯芋类蔬菜的腌制技术与应用

一、土豆（马铃薯）的腌制技术与应用

1. 土豆的盐渍技术应用

以咸土豆为例。

（1）原料配比　土豆100kg，食盐18kg，清水适量。

（2）制作方法

① 原料选择。选用个头均匀，表面光滑的新鲜白肉土豆为原料。剔除过大、过小和有病、虫害等不合格薯块。

② 清洗。用清水冲净土豆表面的泥沙和污物，并控干水分。

③ 盐腌。将洗净的土豆与食盐，按配料比例一层土豆撒一层食盐进行装缸。加盐量缸上部应比下部多。装满缸后，土豆表面再撒满一层食盐，然后浇入适量清水，进行盐腌。

④ 倒缸。盐腌第二天开始每天倒缸1次，以促使食盐溶化，并散发热量。

连续倒缸 4～5 天，15 天后即可封缸保存。封缸时在土豆表面压上石块，使盐水淹没薯块，盐水浓度应达 18°Bé 以上。如果盐液浓度不足 18°Bé 时，应添加食盐予以调整。

（3）产品特点　色泽肉质黄白色，质地清脆，味咸无异味。食用前应蒸熟。

2. 土豆的酱渍技术应用

以酱土豆为例。

（1）原料配比　土豆 100kg，食盐 10kg，酱油 30kg，甜面酱 30kg。

（2）制作方法

① 原料选择。选用个体小、白皮、肉质致密的新鲜土豆为原料。剔除个体过大、病虫危害的薯块。

② 烫漂。用清水将土豆洗净泥沙和污物，放入沸水中烫漂 1～2min，然后捞出，迅速用冷水冷却，冷透后捞出控干水分。

③ 盐渍。将经烫漂的土豆与食盐，按 10∶1 的比例装入缸内进行盐渍。装缸时每码一层土豆撒一层食盐，每层可洒少许清水，以促使食盐溶化。

④ 倒缸。每天倒缸 1 次，连续倒缸 2～3 天，制得咸土豆坯。

⑤ 酱渍。将酱油煮沸后，倒入甜面酱中搅拌均匀，晾凉，制得调和面酱；将盐渍的咸土豆坯装入酱袋内，扎好袋口，放在经调和的甜面酱中进行酱渍。每天将酱袋翻动 1 次，4 天后取出酱袋，倒出土豆，淋去咸卤放风 1 次。一般酱渍 20 天左右即可为成品。

（3）产品特点　色泽呈浅红褐色，质地柔韧，酱香浓郁。

3. 土豆的糖醋渍技术应用

以糖醋土豆为例。

（1）原料配比　土豆 1kg，食盐 50g，食醋 100g，白糖 250g，干青辣椒 1～2 个（切丝），海带丝少许。

（2）制作方法

① 清洗腌制。将土豆洗净，切成轮片状，放在平板上摊开撒盐，然后装入腌器里。

② 糖醋渍。用清水把海带丝煮熟，捞出海带丝，把白糖、醋、辣椒丝放入煮海带丝的汤里搅拌均匀。海带汤冷却后，浇入装土豆片的腌器里，约 30min 可食。

（3）产品特点　酸甜咸香，味美适口。

4. 土豆的泡酸菜技术应用

以泡土豆为例。

（1）原料配比　土豆 2kg，一等老盐水 2kg，红糖 30g，干红辣椒 40g，白酒 40g，醪糟汁 40g，食盐 50g，香料包 1 个。

（2）制作方法

① 原料选择。选用新鲜、优质、无虫伤的土豆。

② 清洗、切分。用清水洗去表面的泥沙，然后对剖成两半。

③ 浸泡。将切分后的土豆放入清水中浸泡 6h，捞起控干水分，装入干净的坛中。

④ 盐水的配制。将红糖、干红辣椒、白酒、醪糟汁、精盐和五香粉放入盐水中，搅拌至红糖和精盐溶化。

⑤ 发酵。将加入各种调料的盐水倒入坛中，盖上坛盖，加足坛沿水，10 天左右即为成品。

（3）产品特点　色白微黄，嫩脆咸香，略带辣味。

二、甘薯的腌制技术与应用

1. 甘薯的盐渍技术应用

以腌制甘薯叶为例。

（1）原料配比　甘薯叶 100kg，食盐 15～18kg，五香粉 100g，胡椒粉 60g，蒜粉 45g，红辣椒末 600g，白糖 1.5kg，味精 150g，酱油 80mL，山梨酸钾 25g。

（2）制作方法

① 原料选择。选择脆嫩、碧绿、无污染、无腐烂、无农业病虫害影响的甘薯叶为原料，去除黄叶、杂草和泥土。

② 清洗。用流动水将甘薯叶洗净并沥干。

③ 护色。将洁净的甘薯叶放入 0.05％的碳酸钠和 0.3％的氢氧化钙溶液中浸泡进行护色，直至发生泡沫时取出，再用流动水将甘薯叶上的残留液冲洗干净，晾干。

④ 盐腌。按 100kg 甘薯叶加食盐 15～18kg，放一层甘薯叶撒一层食盐，用塑料布封口。第一周每天翻缸一次，其目的是盐渍均匀，不起热，一周后用青石压浆盐渍，30 天后即为半成品。

⑤ 脱盐。将咸甘薯叶放入清水中浸泡，使食盐含量保持在 5％～6％即可。

⑥ 脱水。压榨除去甘薯叶的部分水分，以利于调味料液的渗入。脱水后要求甘薯叶含水量在 80％以下。

⑦ 拌料调味。将甘薯叶与各种辅料充分混合，反复拌匀，使每片甘薯叶上都粘有调味料。

（3）产品特点　脆嫩色绿，咸淡适口，无杂质，具有甘薯叶特有的清香与风味。

2. 甘薯的酱渍技术应用

以酱甘薯为例。

(1) 原料配比　甘薯 5kg，食盐 900g，黄酱 3.5kg。

(2) 制作方法

① 原料选择。选七八成熟的甘薯，洗净后平切两半，沥干水分。

② 盐腌。将甘薯放在干净的缸内，一层甘薯一层盐，要使每一块甘薯都沾上盐，腌制 24h 翻缸 1 次，4h 后出缸。

③ 酱制。把腌制的甘薯放入干净的缸内，一层甘薯一层黄酱，布放均匀，加入用凉开水配的盐水，要使水淹没甘薯。白天可将缸放在日光下暴晒，半个月翻缸 1 次。

④ 成品。酱制 2 个月后，甘薯基本成熟，将甘薯捞出装入布袋内，埋到酱缸里，15 天后酱汁充分渗进甘薯内，即为成品。

(3) 产品特点　色泽透明油润，味清香鲜美，质鲜嫩脆爽。

三、芋头的腌制技术与应用

1. 芋头的糖醋渍技术应用

以糖醋芋头为例。

(1) 原料配比　芋头 5kg，精盐 200g，白醋 500g，白糖 150g，辣椒面 50g，白酒 25g，花椒面 15g，八角 2 枚，味精适量。

(2) 制作方法

① 整理、清洗。芋头削去根须，洗净，切成 5cm 长、1cm 宽的条，晾晒至八成干。

② 糖醋渍。加入精盐、白糖、白醋、味精、辣椒面、八角和花椒面揉匀，随后淋上白酒并放入倒扑坛内，用水密封坛口，两周后即可食用。

(3) 产品特点　口感脆爽，辛辣回甜。

2. 芋头的泡酸菜技术应用

以泡咸芋头为例。

(1) 原料配比　芋头 6kg，优质老盐水 4kg，干红辣椒 0.2kg，红糖、精盐各 60g，香料包 1 只（花椒、八角、桂皮和小茴香各 10g）。

(2) 制作方法

① 整理、清洗。将优质芋头去粗皮，用清水洗去杂质和污物。

② 盐腌。将芋头放置于浓度为 25％的盐水中，盐渍 5 天，捞起沥干表面的水分。

③ 盐水的配制。在优质老盐水中，加入干红辣椒、红糖和精盐，调匀使红

糖和精盐溶解。

④ 装坛。将芋头及香料包装入坛中，用竹片卡紧，上面压重石，盖上盖，添足坛沿水。

⑤ 发酵。将坛子放置阴凉通风处泡制 1 个月左右即成。

（3）产品特点　色泽灰褐，咸酸香脆，回味稍甜，为四川风味。

四、山药的腌制技术与应用

以酱油渍山药块为例。

（1）原料配比　山药 6kg，精盐 0.5kg，酱油 1kg，八角、花椒粉各适量。

（2）制作方法

① 清洗、切分。用清水将山药冲洗干净，去皮后切成块。

② 盐腌。将山药与精盐、八角和花椒粉拌匀，装入干净的坛内腌制 30 天左右。

③ 酱油渍。取出山药块，与酱油及 500g 凉开水一起倒入坛内，2 天后即可食用。

（3）产品特点　咸香脆嫩，味美适口。

第八章 其他类蔬菜的腌制加工技术与应用

08 Chapter

第一节 豆类蔬菜的腌制技术与应用

一、菜豆的腌制技术与应用

1. 菜豆的盐渍技术应用

以腌四季豆为例。

（1）原料配比 四季豆（豆角）100kg，食盐 25kg。

（2）制作方法

① 原料选择。选用色泽嫩绿、质地幼嫩、无老筋、七八成熟不显豆粒、春秋季收获的新鲜架芸豆角为原料。剔除成熟度过老和病虫危害的豆荚及杂物。

② 掐柄、去筋。将豆荚逐个掐去蒂柄和老筋。用清水漂洗干净，并沥干水分。

③ 盐腌。按配料比例将芸豆荚与食盐一层豆荚撒一层食盐装入缸内。装满缸后，最上层豆荚表面撒满食盐进行盐腌。

④ 倒缸。盐腌第二天开始倒缸，每天倒缸 1 次，连续倒缸 7～8 天，待食盐全部溶化后，可隔一天倒缸 1 次。盐腌 20 天左右即为成品，可封缸保存。封缸时应用重物压实，盐卤应漫过豆荚 10cm 左右。在倒缸或封缸期间，应严防日晒，以免造成豆荚失去绿色变白。

（3）产品特点 色泽暗绿，质脆不良，味咸无异味，如彩图 17 所示。

2. 菜豆的酱渍技术应用

以酱四季豆为例。

（1）原料配比 四季豆、植物油各 5kg（植物油约消耗 1kg），豆瓣酱 1kg，酱油 200g，糖 100g。

（2）制作方法

① 清洗、去筋。将四季豆洗净，撕去两头两边老筋，择成 3cm 左右的段。

② 油炸。锅内放入植物油，烧至七成熟，下入四季豆炸熟，捞出控净油。

③ 酱渍。将炸熟的四季豆放入盆中，加以调好的豆瓣酱、酱油、白糖汁，腌渍两三天即可食用。如喜欢吃辣的，还可以加些辣椒油。

（3）产品特点 脆嫩爽口，酱味浓厚。

3. 菜豆的糖醋渍技术应用

以糖醋芸豆为例。

（1）原料配比 鲜芸豆 100kg，食盐 10kg，白糖 30kg，食醋 50kg，生姜 1kg。

（2）制作方法

① 原料选择。选用肉质肥厚、质地鲜嫩、籽粒尚未成熟的新鲜芸豆为原料。剔除有虫眼、腐烂和过度成熟的豆角。

② 整理。将芸豆逐个摘除豆柄和青筋，而后用清水洗净泥土和污物，并控干水分。

③ 盐腌。将经整理的豆角与食盐按 10∶1 的比例，一层豆角一层食盐装入缸内盐腌 24h，中间翻动 2～3 次。

④ 脱盐。将盐腌后的豆角，放入清水中浸泡脱盐 1～2h，取出后放在通风处晾干水分。

⑤ 糖醋液的配制。将鲜姜切分成粗为 0.1～0.15cm 的细丝；白糖与食醋按配比放入锅内煮沸，晾凉后拌入姜丝，制成糖醋液。

⑥ 糖醋渍。将沥水后的芸豆装入缸内，倒入配好的糖醋液，翻拌均匀，进行糖醋渍。每天翻动 1 次，7 天后即为成品。

（3）产品特点 色泽呈浅褐绿色，质地柔脆，酸甜适口。

4. 菜豆的泡酸菜技术应用

以泡四季豆为例。

（1）原料配比 四季豆 5kg，新老混合盐水 5kg，食盐 0.4kg，干红辣椒 100g，大蒜 100g，生姜 100g，白酒 50g。

（2）制作方法

① 原料选择。选用肉厚、质嫩、籽小、不老化、无病虫害的新鲜四季豆角为原料。

② 整理、清洗。去掉豆角两端的蒂柄，摘除老筋，用清水漂洗干净，并晾干表面的水分。大蒜分瓣剥除外皮；生姜切片；干辣椒切成段备用。

③ 盐腌。按配料比例用盐把四季豆腌制 2～3 天出坯。取出，晾干附着的水分。

④ 装坛。将盐水倒入选好洗净的泡菜坛内，加入经过处理的大蒜瓣、姜片和干辣椒段，搅拌均匀，再装入已出坯的四季豆角。装满后，用竹片把豆角卡紧，盖好坛盖，注满坛沿水，密封坛口。

⑤ 发酵。装好坛后，置于通风干燥、洁净处进行发酵。泡制 10 天左右即可食用。

（3）产品特点　色泽呈黄绿色，质地脆嫩，咸辣微酸，鲜香可口。

二、豇豆的腌制技术与应用

1. 豇豆的盐渍技术应用

以腌五香豇豆角为例。

（1）原料配比　豇豆角 100kg，食盐 12kg，五香粉 0.2kg。

（2）制作方法

① 原料选择。选用豆荚顺直、整齐、鲜嫩、无病虫害、八成熟的新鲜豇豆角为原料。剔除成熟过度、豆粒过大、畸形和病、虫危害的豆荚。

② 去蒂把、清洗。摘去豆角两端的蒂柄，剔除杂物。用清水漂洗干净，并沥干水分。

③ 烫漂。将洗净的豇豆角放在沸水中进行烫漂。其烫漂时间长短，依水量和豆荚量多少而异。一般以豆荚由深绿色变为碧绿色时即可捞出，迅速用冷水进行冷却。烫漂不要过度，以免豆荚质地变软而失去脆性。

④ 盐腌。将经烫漂处理的豇豆角，从冷却水中捞出，控干水分。捋成直径为 5～6cm 的小把。然后，按配料比例摆放一层豆荚撒一层食盐和适量五香粉，进行装缸。装满缸后，在豆荚表面撒满一层食盐，并用重物压紧进行盐腌。

⑤ 倒缸。盐腌后每天倒缸 1 次，连续倒缸 4～5 天，约经 15 天即为成品，可封缸保存。

（3）产品特点　色泽碧绿，质地脆嫩，味道鲜咸。

2. 豇豆的酱渍技术应用

以酱豇豆为例。

（1）原料配比　咸豇豆角 100kg，甜面酱 60kg，鲜姜 0.35kg。

（2）制作方法

① 原料选择。以腌制为成品的咸豇豆角为原料。

② 切分。将咸豇豆角切分成长为 2～3cm 的小段。

③ 脱盐。切分后的豇豆放入清水中浸泡脱盐。浸泡时间为 3～4h，中间换

水 1～2 次。待盐度降低后，捞出控干水分。

④ 酱渍。将鲜姜切成细丝与脱盐后的豇豆混合拌匀，装入酱袋，放在甜面酱中进行酱渍。在酱渍过程中，每天翻动、捺袋 1～2 次，4～5 天放风 1 次。一般酱渍 10 天左右即可为成品。

（3）产品特点　豇豆角外皮为暗绿色、内呈棕红色，酱香浓郁，如彩图 18 所示。

3. 豇豆的泡酸菜技术应用

以泡豇豆为例。

（1）原料配比　豇豆 5kg，新老混合盐水 5kg，食盐 0.75kg，红糖 100kg，干红辣椒 100g，白酒 50g，香料包 1 个。

（2）制作方法

①原料选择。选用质地细嫩、不老化、无病虫害的新鲜豇豆角为原料。

②清洗。摘除豇豆角两端的蒂柄，用清水漂洗干净，控干水分。

③ 出坯。将清洗过的豇豆与食盐按配比，一层豇豆角一层食盐地码放，进行腌制，中间翻倒一次。约 12h 出坯，捞出，晒干表面附着的水分。

④ 调配盐水。在新老混合盐水中加入红糖，搅拌使之溶化后，加入白酒和干红辣椒，混合均匀，配成泡菜盐水。

⑤ 装坛。把选好的泡菜坛洗刷干净，控干水分，倒入调好的泡菜盐水。将已经出坯的豇豆装入泡菜坛，装至半坛时，放入香料包，继续装至八成满，用竹片卡紧，使盐水淹没豆角。盖好坛盖，注满坛沿水，密封坛口。

⑥ 发酵。装好坛后，放在通风、干燥、清洁、凉爽的地方发酵。泡制 3～5 天即为成品。

（3）产品特点　色泽呈青黄色，质地脆嫩，咸鲜可口。

三、黄豆的腌制技术与应用

1. 黄豆的盐渍技术应用

以咸嫩黄豆（青豆）为例。

（1）原料配比　嫩黄豆（青豆）10kg，杏仁 400g，花生仁 700g，食盐 1.5kg。

（2）制作方法

① 原料整理。嫩黄豆或青豆洗净泡透，放入沸水中，待完全变绿时捞出。

② 腌制。将花生仁、杏仁分别炒熟后，与嫩黄豆、食盐混合在一起，拌匀后加清水淹没青豆，泡制 5 天后即成。

（3）产品特点　色鲜绿，味清香，质脆嫩，如彩图 19 所示。

2. 黄豆的酱渍技术应用

以酱五香黄豆豉为例。

（1）原料配比　黄豆 50kg，面粉 5kg，食盐 5kg，酱油 25kg，花椒、桂皮、丁香、大料、小茴香各 100g，优质白酒 2kg。

（2）制作方法

① 整理、腌制。将黄豆洗净，泡涨，捞出放锅内煮或蒸熟，出锅拌入面粉 5kg，摊在苇席上，盖上苇席发酵，室内温度 28～36℃，发酵 3 天后，放置阳光下晒干。

② 酱油渍。将豆块砸碎放到案板上，将调料、盐研成细末与酱油、白酒一并拌入黄豆内，然后装缸密封，3 个月后即可食用。

（3）产品特点　味香，菜肴佐料，经久不坏。

3. 黄豆的泡酸菜技术应用

以泡嫩黄豆（青豆）为例。

（1）原料配比　嫩黄豆 1kg，25% 盐水 1kg，红糖 2g，干红辣椒 20g，白酒 5g，醪糟汁 10g，食盐 60g，食用碱面 15g，香料包 1 个（花椒、桂皮、大料、小茴香各 10g）。

（2）制作方法

① 整理、清洗。选鲜嫩的嫩黄豆淘净，放入有食用碱的开水锅内烫至不能再生发芽，捞出用沸水漂洗后晾凉，用清水泡 4 天取出，沥干水分。

② 装坛。将盐水、红糖、干红辣椒、白酒、醪糟汁、食盐一并放入坛内，搅拌使红糖、食盐溶化后，放入嫩黄豆及香料包。盖上坛盖，加足坛沿水。泡 1 个月即成。

（3）产品特点。色青绿，质脆嫩，味咸，香中微带酸甜。

四、蚕豆的腌制技术与应用

以酱蚕豆为例。

（1）原料配比　蚕豆 2.5kg，精盐 250g，甜面酱 500g。

（2）制作方法

① 原料选择。每年蚕豆上市后，选取粒形扁圆、皮薄、粒饱满、没变质的豆粒。

② 整理、清洗。把蚕豆中的焦粒及其他杂质挑出，用清水洗净，沥干水分。

③ 盐腌。将蚕豆放入缸内，加入精盐，拌匀、压实，上压石块，腌制 3～4 天。

④ 蒸煮。将蚕豆捞出，沥干盐水，放入锅中，加适量清水煮熟，捞出沥

干水。

⑤ 酱渍。倒掉缸内盐水，将缸洗净擦干，倒入煮熟沥干的蚕豆，再加入甜面酱搅拌均匀，盖好缸盖，酱制半个月后即可食用。

（3）产品特点　鲜香味美，可长时间储存，随吃随取。

五、扁豆的腌制技术与应用

以腌扁豆为例。

（1）原料配比　扁豆 100kg，食盐 25kg，清水 15kg。

（2）制作方法

① 原料选择。选用色泽青绿或紫绿色、豆荚扁长、质地幼嫩、无老筋、七八成熟的新鲜扁豆角为原料。剔除过度成熟、豆粒过大和有病、虫危害的豆荚。

② 整理、清洗。将扁豆角掐去蒂柄、摘除筋，然后用清水漂洗干净，并控干水分。

③ 盐腌。按配料比例将经处理的扁豆与食盐装入缸内，进行盐腌。装缸时，铺一层扁豆角撒一层食盐，装满缸后表面再撒一层食盐，并将清水从上面浇入缸内。

④ 倒缸。装缸盐腌 4h 倒缸 1 次，第二天开始每天倒缸两次。待食盐全部溶化后，每隔两天倒缸 1 次。20 天后即可为成品，封缸保存。此种腌制方法，也适用于腌豇豆角。

（3）产品特点　色泽翠绿，质地脆嫩，味道鲜咸，可保存较长时间。

六、刀豆的腌制技术与应用

以酱刀豆为例。

（1）原料配比　刀豆 1kg，茭白肉 100g，酱油 200g，甜面酱 100g，食用植物油 1kg，生姜末少许。

（2）制作方法

① 整理、清洗、切分。将刀豆撕去边筋，洗净，控干，掰成 5cm 长的段。茭白肉洗干净，切成 3cm 长、1cm 宽、0.5cm 厚的长条。

② 油炸。将油放锅内烧到七成熟，把刀豆投入油锅用旺火炸约 0.5min，见刀豆外壳起泡发软浮在油面，立即捞出沥去油。

③ 酱渍。将炸好的刀豆和茭白放入盆中，并加酱油、甜面酱、姜末拌匀，腌制两天后即可食用。

（3）产品特点　色鲜味浓，甜酱可口。

第二节　多年生蔬菜的腌制技术与应用

一、竹笋的腌制技术与应用

1. 竹笋的盐渍技术应用

【盐渍咸笋】

（1）原料配比　鲜笋 100kg，食盐 40～50kg。

（2）制作方法

① 原料选择。选用新鲜质嫩、肉质厚、无霉烂、无病虫害和严重机械伤的竹笋。

② 煮笋。将笋连壳放入沸水锅内煮，煮至生笋六七成熟，竹笋心温达到 100℃时，即可捞出。竹笋下锅前，切不可用冷水或温水，煮的时间也不宜太长。凡煮焦的竹笋，需另行处理。

③ 冷却。从锅内取出合格的竹笋，立即浸入含 0.1% 漂白粉的清洁冷水中，使其冷却杀菌 15～30min。

④ 剥壳。剥除笋外壳，留下嫩尖及嫩衣，再在清水中淘洗干净，并切除不能食用的根部。

⑤ 盐腌。入池时，先铺一层厚 7cm 的笋，再撒一层盐。撒盐时，下层少，上层多，逐层增加比例。一层一层地铺放，接近装满池面，立即盖上竹帘，均匀地压上石头，让其盐渍。

⑥ 管理。若石头压 5h 后，池内的自生水未淹没竹帘，应立即渗入饱和盐水，直至淹没竹帘。如池内的盐水溢出池面，应及时取出多余的盐水。为使池内鲜笋吸收盐分和酸碱度一致，应设法使池内盐水循环，每天 1～2 次，经 12～15 天就可完成盐渍。

（3）产品特点　笋尖保持完整为合格笋，笋壳必须脱净。成品应色泽新鲜，无虫眼，无油味，无异色，无腐烂及老根。

【辣味笋条】

（1）原料配比　鲜冬笋 5kg，食盐 300g，辣椒末 50g，白糖 10g，味精 5g，蒜末 100g。

（2）制作方法

① 原料选择。选用新鲜质嫩、肉质厚、无霉烂、无病虫害和严重机械伤的冬笋。

② 剥壳、清洗。将鲜冬笋的皮除去，切除不可食用的根部，然后清洗干净。

③ 煮笋、晾晒。用沸水将冬笋焯透捞出，晾至八成干。

④ 盐腌。将笋、盐分层装进消毒的缸内压紧，2周后即成。

⑤ 成品。食用时，把冬笋用刀切成条，将辣椒末、味精、白糖、蒜末投入拌匀即成。

（3）产品特点　脆中带辣，可开胃、增加食欲。

2. 竹笋的酱渍技术应用

【酱冬笋】

（1）原料配比　冬笋100kg，食盐30kg，甜面酱30kg，黄酱30kg。

（2）制作方法

① 整理、清洗。将新鲜冬笋削去外壳和质地老化等不可食部分，用清水洗净。

② 浸泡、晾晒。再在清水中浸泡4h，中间换水1～2次。然后捞出，摊放于通风处，晾干表面的水分。

③ 盐腌。按配料比例将冬笋与食盐装入缸内进行盐渍。装缸时，摆放一层冬笋撒一层食盐，每层浇洒少量清水，以促使食盐溶化。盐腌后每天倒缸两次，连续倒缸3天。食盐溶化后每隔一天倒缸1次，盐渍10天左右即可制得咸冬笋坯。

④ 脱盐。将腌制成的咸冬笋坯，放入清水中浸泡8～12h进行脱盐，中间换水一次。脱盐后捞出，沥干水分。

⑤ 酱渍。放入事先混合均匀的甜面酱与黄酱中进行酱渍。在酱渍过程中，每天打耙2～3次。打耙时应将冬笋在酱中上下翻动，以使渗酱均匀。一般夏季酱渍7天，冬季酱渍15天即可为成品。

（3）产品特点　色泽呈酱红色，质脆，味道清香鲜咸。

【酱青笋】

（1）原料配比　鲜青笋100kg，食盐16kg，酱油70kg，白糖8kg。

（2）制作方法

① 原料选择。选用质地脆嫩的新鲜竹笋为原料。

② 清洗、切分。将鲜笋削去老皮，用清水洗净，然后切分成2cm厚的花片。

③ 盐腌。将笋片与食盐按100∶12的比例，一层笋片撒一层食盐装入缸内进行盐渍。每天倒缸1次。盐渍2～3天后捞出，用清水淘洗两遍，然后控干水分。

④ 酱油渍。将酱油在锅内熬开，加入白糖和盐渍后剩余的食盐，搅拌溶解，晾凉，制成调味酱油；将调味酱油倒入缸内，再放入经盐腌的笋片，翻拌均匀，进行浸渍。每天翻倒一次，一般浸渍7～8天即可为成品。

（3）产品特点　色泽呈红褐色，质地脆嫩，味道清香，甜咸爽口。

3. 竹笋的泡酸菜技术应用

以泡冬笋为例。

（1）原料配比　冬笋 5kg，一等老盐水 5kg，食盐 0.5kg，红糖 100g，白酒 50g，干红辣椒 100g。

（2）制作方法

① 原料选择。选颜色白净、质地细嫩、清脆新鲜的嫩竹笋为原料。

② 整理。削去冬笋的笋尖、外壳和质地老化部分，注意不要伤及笋肉。用清水漂洗干净。

③ 盐腌。将整理后的冬笋，加笋重 10％的食盐，进行腌制，4 天出坯。捞出后，晾干表面的水分。

④ 装坛。选用无砂眼、无裂纹、釉色好的泡菜坛，刷洗干净、控干水分。把盐水倒入坛内，加入白糖、白酒和干红辣椒，搅拌均匀。装入冬笋，直至八成满，使冬笋淹没于盐水中。用竹片卡紧，盖好坛盖，注满坛沿水，密封坛口。

⑤ 发酵。装好坛后，将泡菜坛置于通风、干燥、洁净、阴凉处进行发酵。泡制一个月左右即可成熟。

（3）产品特点　色泽呈橙黄色、鲜艳，质地嫩脆，味咸辣微酸，如彩图 20 所示。

二、芦笋的腌制技术与应用

以酱油龙须菜为例。

（1）原料配比　龙须菜（即芦笋）5kg，高级酱油 3.5kg。

（2）制作方法

① 原料选择。选用脱水后的干龙须菜作为原料。

② 浸泡。将干龙须菜用水浸泡 4h 左右，每 4g 干龙须菜能泡发为 2kg，择去杂质，清洗干净后沥干水分备用。

③酱油渍。把酱油放入锅内熬开，晾凉后，把准备好的龙须菜装入布袋中泡入酱油内，每天翻动 1 次，7～10 天即为成品。

（3）产品特点　呈红褐色，质地柔嫩，美味可口。

三、蘘荷的腌制技术与应用

1. 蘘荷的盐渍技术应用

以腌蘘荷为例。

（1）原料配比　鲜蘘荷 100kg，食盐 24kg。

（2）制作方法

① 原料选择。蘘荷一般于秋季收获，此时蘘荷中粗纤维少，为保证用来加工的原料新鲜，采后 8～10h 内应及时处理，选择无腐烂、虫蛀的原料。

② 整理、清洗。剔除腐烂、褐变的蘘荷，去除杂物，用小刀将生姜切分成嫩姜和老姜块，置于流动水中冲洗，洗去泥沙及杂物。

③ 初腌。原料清洗干净后，沥干表面水分，取 9kg 食盐，先在池底撒底盐，放一层蘘荷撒一层盐，食盐上几层多一些，下几层少一些，每层盐撒得尽量均匀，腌制 2 天。

④ 复腌。将初腌的蘘荷捞出，按一层咸坯撒一层食盐，层层摊平直至池满，盖上竹垫，再压上石块，注入食盐水。在半成品腌制期间，注意保持盐水浓度为 18～20°Bé。再腌制半个月即为成熟的蘘荷。

（3）产品特点 色泽微黄，脆嫩鲜香。

2. 蘘荷的酱制技术应用

以酱蘘荷为例。

（1）原料配比 咸蘘荷坯 10kg，酱油 6kg，八角 280g，山柰 30g，甘草 50g，丁香 20g，小茴香 45g，桂皮 60g，白胡椒 30g。

（2）制作方法

① 切分。将蘘荷坯切成块状，厚度 0.5～1cm，便于脱盐和酱汁渗入。

② 脱盐。将切好的蘘荷块置于等量的清水中，注意不断搅拌，3～4h 换一次水，脱盐 8h。

③ 脱水。将脱盐的蘘荷置于榨包或带孔网袋中，榨去部分水分，使水分脱除率控制在 30%～40%。

④ 调味酱油的制备。把酱油、八角、山柰、甘草、丁香、小茴香、桂皮、白胡椒一起放在锅中煮开，倒入盆内晾凉。

⑤ 酱油渍。将腌好的蘘荷和晾凉的调料一起倒入坛中，封好坛口，约 10 天即可食用。

（3）产品特点 色泽紫褐色，具有酱油腌制品固有的香气，咸淡适宜，鲜甜可口，质地柔嫩，块形整齐，无霉斑，无杂质。

四、黄花菜的腌制技术与应用

以酱黄花菜为例。

（1）原料配比 黄花菜 5kg，食盐 500g，甜面酱 2.5kg，酱油 600g。

（2）制作方法

① 清洗、盐腌。将鲜黄花菜择去老梗，用浓度为 20% 的盐水浸泡 24h 左右，

捞出沥干。

②酱渍。把甜面酱和酱油在酱缸内混合均匀后，将黄花菜装入酱袋，放到酱缸内酱制，每天打耙 1 次，5 天放风 1 次，30 天左右即为成品。

（3）产品特点　呈金黄色，有光泽，质地鲜嫩。

第三节　绿叶菜类蔬菜的腌制技术与应用

一、莴笋的腌制技术与应用

1. 莴笋的盐渍技术应用

【腌莴笋】

（1）原料配比　莴笋 100kg，食盐 25kg。

（2）制作方法

① 原料选择。选用大小均匀、茎部粗壮、皮薄肉厚、质地脆嫩、粗纤维少的新鲜莴笋为原料。剔除茎部直径过小、皮厚肉少、粗筋多和空心的莴笋。

② 整理、清洗。将莴笋削去叶丛、外皮和老筋，然后用清水漂洗干净，并沥干表面水分。

③ 盐腌。按配料比例将修整后的莴笋与食盐，一层莴笋撒一层食盐装入缸内，并逐层压实。加盐量缸下部应少于上部，表面再撒满一层食盐进行盐腌。

④ 倒缸。盐腌后每天倒缸 1 次，以散发热量和不良气味，并促进食盐溶化。待食盐全部溶解后，每隔一天倒缸 1 次，连续倒缸 5～6 次，20 天后即为成品。可压上石块，使盐水淹没莴笋，封缸保存。

（3）产品特点　色泽黄绿，质地脆嫩，味道咸鲜，如彩图 21 所示。

【玫瑰莴笋干】

（1）原料配比　鲜莴笋 100kg，精盐 2～3kg，食盐 16～20kg，干玫瑰花 0.3kg。

（2）制作方法

① 原料选择。选用条直粗壮、大小整齐、皮薄肉厚、质地细嫩、粗纤维少的新鲜莴笋为原料。剔除抽薹、老化、皮厚、粗糙、空心的莴笋。

② 整理。削除莴笋的外皮、硬筋、叶丛和根须。

③ 盐腌。先将整理好的莴笋，放在 12°Bé 的盐水中浸泡 3～4h。笋条变软后，捞出，装入筐内控干盐水。再按每 100kg 笋条加食盐 10kg 的比例，一层莴笋撒一层食盐，装入缸内。装满缸后，撒满一层面盐，压上石块，盐腌 1 天。

④ 晾晒。将盐腌的莴笋捞出，控干水分，摊放在竹帘或苇席上，置于通风向阳处，进行晾晒。中午翻动 1 次。傍晚热量散发，晾凉后，码放在缸内。装满缸后压上石块，次日可见卤汁，浸渍 2～3 天，再将莴笋捞出，沥干盐卤，而后摊放在竹帘或苇席上，进行日晒，傍晚收起莴笋。当见莴笋表面显干皮即可制成咸莴笋干坯。

⑤ 装缸。按每 100kg 咸莴笋干坯加干玫瑰花 0.3kg 的比例，将玫瑰花均匀地掺拌于咸莴笋干中，装入缸内，边装边压实。装满缸后表面撒布细盐 2～3kg，上面铺盖一层塑料薄膜进行封缸，经 10～15 天即可为成品。

（3）产品特点　色泽呈青白色，质地脆嫩，莴笋清香和玫瑰香浓郁，鲜咸可口。

【辣莴笋】

（1）原料配比　莴笋120kg，食盐3.6kg，辣椒粉1kg，花椒粉50g，甘草粉250g。

（2）制作方法

① 整理、清洗。选取鲜嫩莴笋，削去皮，洗净，切成小段。

② 盐腌。用 3% 食盐进行盐渍 4～5h。

③ 压汁。使茎内汁液析出，清水漂洗干净，控干水分。

④ 晾晒。将莴笋条放置于太阳下，晒至莴笋条萎蔫柔软时即可。

⑤ 拌料。将莴笋坯加入辣椒粉、花椒粉、甘草粉混合均匀，装入缸中，上面加盖封口，15 天左右，即可食用。

（3）产品特点　成品香辣可口，是开胃生津的佐膳小菜。

2. 莴笋的酱渍技术应用

【甜酱莴笋】

（1）原料配比　咸莴笋100kg，甜面酱80kg。

（2）制作方法

① 原料选择。以已腌制好、大小匀称、优质去皮的咸莴笋为原料。甜面酱以天然晒制的为好。

② 切分。把咸莴笋纵切成 4 条，再斜切成长约 1.5cm 的柳叶形笋条。

③ 脱盐。将切分后的笋条放入清水中浸泡脱盐。冬季浸泡时间可长些，口味可以淡些；而夏季浸泡时间则可短些，口味可重些。脱盐后捞出笋条，控干表面水分。

④ 酱渍。把脱盐的笋条装入酱袋，放进甜面酱中进行酱渍。在酱渍过程中，每天要翻动、捺袋 2～3 次，4～5 天放风 1 次，淋去咸卤，重新装入袋内，继续酱渍。酱渍时间，夏季 7～8 天，冬季 14 天左右，即可成熟为成品。

（3）产品特点　色泽呈红褐色，质地脆嫩，酱味浓郁，味甜稍咸。

【酱油渍莴笋】

(1) 原料配比　莴笋坯 5kg，酱油 2.5kg，糖精 1g，苯甲酸钠 4g，白糖 50g，味精 5g。

(2) 制作方法

① 原料选择。莴笋坯不需作特殊挑选，一般统货都可使用。

② 切分。先用机械或手工将莴笋加工成条或块。

③ 脱盐、脱水。用生水充分漂洗后，放在笋筐中。笋筐与笋筐重叠放置，上筐压下筐，起压榨作用。一般压 3～4h 即可。

④ 酱油渍。将酱油、糖精、苯甲酸钠和白糖放入缸中拌匀，再将压榨后的莴笋投入缸中浸泡，并随即用木棒上下翻动 1 次，以后每天翻 1 次缸，连续 3～4 天即成。

⑤ 食用、储藏。食用时可拌入味精。腌制好的酱油香莴笋，热天容易发酵、生虫，因此夜里要将窗口打开通风，操作后要用纱布盖严。

(3) 产品特点　呈浅红色，质地脆嫩，透明。

【甜辣酱莴笋】

(1) 原料配比　莴笋 100kg，食盐 18kg，甜面酱 50kg，辣椒油 5kg。

(2) 制作方法

① 原料选择。多选用绿叶莴笋为原料，腌制前需削去笋皮，去除尾梢及老根。

② 盐腌。采取三腌法腌制。加工后的鲜菜要及时下缸腌制。第一次盐渍按鲜菜质量的 10％加盐，一层莴笋一层盐，均匀码列，每隔 12h 翻倒 1 次。2～3 天后，捞起放入竹笋，压去苦卤，再下缸复腌。第二次盐渍可按鲜菜的 7％加盐，每天翻倒 1 次，腌制 4～5 天以后可并缸。并缸后进行第三次盐渍，按鲜菜的 5％比例加盐，缸面用棍棒压紧，然后加入 18～20°Bé 的食盐水浸泡，储存备用。

③ 切分。取腌制好的菜坯，选取中段，剔除老筋、黑疤及空心笋段，加工改制成长 8cm、宽与厚约为 4mm 的笋丝。

④ 脱盐。将切好的笋丝入清水浸泡，漂洗脱盐后，捞出压干水分，然后置于阳光下晾晒。晒时菜坯不能铺得太厚，并要及时翻料，晒至微脆发蔫时，即可入缸酱渍。

⑤ 酱渍。将处理好的笋丝放入稀甜面酱中浸泡，待笋丝吃透酱汁，外形饱满时即可捞出，沥净酱汁。

⑥ 成品。在 50kg 酱笋丝中加入 5kg 辣椒油，反复拌和均匀即为成品。

(3) 产品特点　色泽微黄，口味甜鲜微辣，脆嫩爽口。

【青岛酱虎皮菜】

(1) 原料配比　莴笋皮 5kg，食盐 1kg，甜面酱 4kg，姜丝 250g，陈皮丝 50g。

（2）制作方法

① 原料选择。选取条直、大小整齐的鲜嫩莴笋。

② 切分。将选好的鲜莴笋去掉根叶，用竹刀沿莴笋的纵轴划一垂直线，用斜刀旋切下外皮，使其整齐不碎，再用清水洗净，控干。

③ 盐腌。将莴笋皮按每 5kg 用盐 1kg 的比例，一层莴笋皮一层食盐装入缸内，最上层多撒些盐，压上石块，每天翻动 2 次，连续进行 5 天，15 天后即为半成品。

④ 脱盐。把盐渍好的莴笋皮放入清水中浸泡 4h 左右，换 2 次水，待稍有咸味时捞出，沥干。

⑤ 辅料切丝。将生姜去掉泥土后用竹扦削去外皮，用清水洗净、沥干，加工成细丝；陈皮用清水泡软、沥干后，加工成细丝备用。

⑥ 包馅。将脱盐后的莴笋皮平铺在菜板上，均匀地撒上姜丝、陈皮丝，然后把莴笋皮卷成筒状，用绳每隔 4cm 捆扎一道，使莴笋皮包好内馅。

⑦ 酱渍。把菜卷装入酱袋，放入酱缸内酱制，每天搅动 1 次，5～6 天放风 1 次，15 天后即为成品。

（3）产品特点　呈红褐色，外脆里嫩，酱香味浓，别有风味。

3. 莴笋的糖醋渍技术应用

【糖醋莴笋】

（1）原料配比　莴笋 5kg，精盐 25g，糖 75g，醋 70g，味精、香油各少许。

（2）制作方法

① 去皮、清洗。将莴笋去皮，用清水洗干净。

② 切分。先将莴笋切成片，然后再改刀切成丝放入盆内备用。

③ 盐腌。撒上少许精盐腌约 0.5h，取出挤去水分待用。

④ 糖醋液的配制。锅中加少许清水烧开，投入糖，待糖溶化后，离火晾凉，再加少许盐、醋、味精和香油一起拌匀，然后倒入清洁、干燥的泡菜坛。

⑤ 糖醋渍。加入莴笋丝，腌制约 1h 后，即可装盘食用。

（3）产品特点　色泽洁白，脆嫩可口。

【兰花糖醋辣莴笋】

（1）原料配比　鲜莴笋 5kg，精盐 250g，醋 250g，白糖 300g，辣椒丝、生姜丝各 250g，味精、香油各少许。

（2）制作方法

① 去皮、清洗。将莴笋去皮，用清水洗干净。

② 切分。整根切成兰花刀，改刀切成长 7～8cm 的段。

③ 盐腌。用盐腌制莴笋，待出水时取出备用。

④ 糖醋渍。锅中加香油，置火上，把干辣椒放在香油中炸一下，炸至油红时，放些生姜丝、葱花，浇在备好的莴笋上，然后再加上糖、醋腌 3～5h 即可食用。

（3）产品特点　色泽鲜艳，具有甜、酸、辣等特点。

4. 莴笋的泡酸菜技术应用

以泡莴笋为例。

（1）原料配比　莴笋 5kg，一等老盐水 4kg，食盐 150g，白糖 25g，干红辣椒 50g，料酒 100g，醪糟汁 25g，香料包 1 个。

（2）制作方法

① 原料选择。选用肉质肥厚、细嫩、粗纤维少、无空心的新鲜莴笋为原料。

② 整理、清洗。削去莴笋的叶丛、外皮和粗筋，用清水洗净。

③ 切片。用刀斜切成 1.5cm 厚的片，或将莴笋剖成两半，再切分成 3～4cm 长的段。

④ 盐腌。将切分后的莴笋按 100:3 的比例加食盐，预腌出坯 2h，然后捞出，晾干表面水分。

⑤ 装坛。将老盐水倒入事先洗刷干净的泡菜坛内，加入白糖、料酒和醪糟汁，搅拌均匀，放入干红辣椒，再装入莴笋。装至半坛时，放入香料包，继续装入莴笋，直装至九成满，用竹片卡紧。盖上坛盖，注满坛沿水，密封坛口。

⑥ 发酵。装好坛后，放在通风、干燥、洁净处，泡制 2～4h 即可食用。此菜宜"洗澡"泡食，随泡随食，勿久存。

（3）产品特点　色泽呈翠绿色，质地脆嫩，味道咸酸微辣，清香爽口。

二、芹菜的腌制技术与应用

1. 芹菜的盐渍技术应用

以腌芹菜或芹菜叶为例。

（1）原料配比　芹菜 100kg，食盐 18kg，清水 10kg。

（2）制作方法

① 原料选择。选用棵大、叶柄实心、色泽碧绿、新鲜嫩脆、清香浓郁的芹菜为原料。

② 整理、清洗。将芹菜摘除叶片，去掉老叶柄、黄叶柄，削净须根。用清水漂洗干净，控干表面水分。

③ 盐腌。

a. 大量腌制。将洗净的芹菜与食盐按 100:15 的比例，一层芹菜撒一层食盐装入缸内。装缸时，应将芹菜根部对齐，理顺成把，摆码整齐，上层用盐量要多于下层。装满缸后，芹菜表面撒满一层食盐，然后用石块压紧。再将配料中所余的食盐用清水溶化制成盐水，灌入缸内进行盐腌。

b. 小量腌制。可将洗净的芹菜切分成 3cm 长的小段，放在沸水中烫漂，并迅速用冷水冷却，捞出控干水分，然后与食盐按 100∶15 的比例混拌均匀装入缸内。装满缸后，压上石块进行盐腌。

④ 倒缸。盐腌后每天倒缸 1 次，连续倒缸 3～5 次，盐腌 15 天左右即为成品。

（3）产品特点　色泽呈碧绿色，质地脆嫩，清香爽口，如彩图 22 所示。

2. 芹菜的酱渍技术应用

以酱芹菜为例。

（1）原料配比　鲜芹菜 5kg，食盐 1kg，甜面酱 4kg，酱油 2.5kg。

（2）制作方法

① 原料整理。将选择好的鲜芹菜去掉老梗和菜叶，削去须根。

② 切分。用刀在根部切成 4 瓣，基部相连。用清水洗净备用。

③ 烫漂。将芹菜放入开水中焯一下，再放入凉水中冷却沥干水分。

④ 盐腌。按一层菜一层盐的顺序装入缸内腌制，每天倒缸 1 次，4～5 天即成菜坯。

⑤ 装袋。把每棵芹菜用绳扎成一把，装入酱袋内。

⑥ 酱渍。把甜面酱同酱油混合均匀，放入芹菜，每天翻动 1 次，5 天放风 1 次，30 天即为成品。

（3）产品特点　呈橙黄色，透亮有光泽，质地嫩脆无渣，甜而稍咸，有浓郁的芳香味。

3. 芹菜的糖醋渍技术应用

以糖醋芹菜为例。

（1）原料配比　芹菜 100kg，白糖 10kg，食醋 30kg，食盐 6kg，清水 10kg。

（2）制作方法

① 原料选择。选用质地鲜嫩、粗纤维少、实心的新鲜芹菜为原料。

② 整理。摘除老叶、黄叶和叶柄，削去根部等不可食用部分。

③ 清洗、切分。将芹菜用清水洗净、晾干水分，然后切分为 3cm 长的小段。

④ 糖醋液的配制。将白糖、食醋、食盐与水按配料比例，一起放在锅内煮沸后，晾凉制成糖醋液。

⑤ 糖醋渍。将芹菜切成小段放入缸内，倒入糖醋液搅拌均匀，进行浸泡。每天翻动 1 次，5～6 天后即可为成品。

（3）产品特点　色泽呈黄绿色，质地脆嫩，味道酸甜略带咸味。

4. 芹菜的泡酸菜技术应用

以泡芹菜为例。

（1）原料配比　芹菜 5kg，老盐水 5kg，食盐 100g，干辣椒 125g，红糖 25g，醪糟汁 25g。

（2）制作方法

① 原料选择。选择质地细嫩、纤维少、叶柄粗壮、新鲜实心的芹菜为原料。

② 整理、清洗。摘除芹菜的老叶、黄叶，去掉叶片和根须，用清水洗净并晾干表面的水分，切分为 8～10cm 长的段。

③ 装坛。挑釉色好、无砂眼、无裂纹的泡菜坛，刷洗干净、控干水分。把盐水倒入坛内，加入红糖、食盐，搅拌溶化后，加入醪糟汁，混合均匀，然后装入芹菜和干辣椒，装满后，用竹片卡紧，盖好坛盖，注满坛沿水，密封坛口。

④ 发酵。装好坛后，放在通风、干燥、洁净的地方进行发酵。泡制 1～2 天即可成熟，可随泡随食用。

（3）产品特点　色泽绿色，质地清脆，咸辣清香可口。

第四节　水生类蔬菜的腌制技术与应用

一、藕的腌制技术与应用

1. 藕的盐渍技术应用

以腌藕为例。

（1）原料配比　鲜藕 100kg，食盐 24kg，清水 25～30kg。

（2）制作方法

① 原料选择。选用肉质白嫩的白花藕为原料，剔除根须和藕节。

② 清洗。用清水洗净藕表面的淤泥和污物，并控干水分。

③ 盐腌。将鲜藕与配料中食盐的一半用量，一层藕撒一层食盐摆码于缸内，然后将另一半食盐用清水溶化制成盐水，从藕的表层浇入缸内，盐腌 3～5 天，待藕浮起后，封缸保存。腌藕时一般不进行倒缸，以防变色。

（3）产品特点　色泽黄白，质地脆嫩，味道鲜咸。

2. 藕的酱渍技术应用

【酱油藕片】

（1）原料配比　鲜藕 100kg，食盐 5kg，酱油 60kg，味精 0.3kg，糖精 0.1kg。

（2）制作方法

① 原料选择。选用肉质洁白、鲜嫩的白花鲜藕为原料，削除须根和藕节。

② 清洗、切片。将藕用清水洗净淤泥和污物，然后切分成厚度为 0.3cm 的薄片。

③ 烫漂。将藕片在沸水中烫漂 1～2min，然后捞出，迅速用冷水冷却，控干水分。

④ 酱油渍。将味精、糖精与酱油，按配料比例混合均匀，制成调味酱油；将烫漂后的藕片与食盐按配比装入缸内，翻拌均匀；然后倒入制成的调味酱油进行浸渍。当天倒缸 1 次，次日再倒缸 1 次，经 4～5 天后，即可为成品。

（3）产品特点　色泽呈棕红色，质地脆嫩，味道清香，甜鲜微咸爽口。

【北京甜酱藕片】

（1）原料配比　鲜白花藕 50kg，食盐 12.5kg，甜面酱 70kg，白糖 5.6kg。

（2）制作方法

① 原料选择。原料选用秋天采收的白花藕为宜。将藕分成两类，藕节粗长的作酱藕原料，次藕留作小料子。

② 清洗、去皮。将大藕用清水洗去泥污，加工削节，削节是为了便于腌制。然后用刀刮去外皮（刮刀最好用竹刀，钢刀易使藕变黑），然后切成 1cm 厚的圆片。

③ 烫漂。将切好的藕片放入开水中焯一下，不要焯软，然后捞出迅速入清水洗凉，使藕片回脆。

④ 盐腌。将藕片入缸，下盐腌制，放一层藕片撒一层盐，然后灌满卤汁，腌制 15 天左右，即为半成品，封缸储存备用。鲜藕每 50kg 得咸坯 35kg 左右。

⑤ 脱盐、脱水。将 50kg 去皮咸藕片入缸加水浸泡，撤去部分盐分，每隔 2～3h 换水 1 次，共换 3 次（冬、夏季相同）。换水时要轻捞轻放，避免碰碎，撤咸后将藕片装入布口袋控水 5～6h，控水时不要重压，以保证藕片块形完整。

⑥ 酱渍。将藕片入缸酱制，藕片与甜面酱的比例为 1∶3（冬、夏季相同），每天打耙 4 次，酱制 15 天左右即可出缸。

⑦ 成品。将白砂糖倒入酱藕片的原汁中，上火加热熬制成黏汁状，均匀地浇在酱藕片上。腌藕片每 100kg 出品率为 95％。

（3）产品特点　颜色紫红，有光泽，酱味浓厚，甜咸适宜，质地脆嫩是一种很有特色的酱菜产品。

3. 藕的糖醋渍技术应用

【糖醋藕片】

（1）原料配比　鲜藕 100kg，红（白）糖 30kg，食醋 60kg。

（2）制作方法

① 原料选择。选用肉质细嫩的鲜藕为原料，剔除须根和藕节。

② 切分。用清水洗净藕外表的淤泥和污物，而后将藕切分为 0.3cm 厚的

薄片。

③ 烫漂。将切分后的藕片在沸水中烫漂 1～2min，捞出，迅速用冷水冷却，而后捞出控干水分。

④ 糖醋渍。按配比将糖和食醋在锅中煮沸，晾凉制成糖醋液；将经处理的藕片和配制的糖醋液一起倒入缸内，搅拌均匀，进行糖醋渍。每天翻动 1～2 次，3～4 天即可为成品。

（3）产品特点　色泽呈浅黄褐色，质地脆嫩，味道酸甜，清香可口，如彩图 23 所示。

【酸辣藕片】

（1）原料配比　鲜藕 300g，红辣椒 3 个，白醋、白糖各 30g，精盐适量。

（2）制作方法

① 整理、切分。将鲜藕洗净，削去皮，切成厚 3mm 的大片，再改刀成小片。

② 浸泡。取 1 个小盘，加适量清水，加入少许醋，搅匀。将藕片放入醋水中浸泡 20min。

③ 热烫。捞出藕片，放入沸水中热烫 1～2min，捞出放凉水中漂凉，捞出，沥去多余水分，放大碗内。

④ 糖醋渍。将干红辣椒先放水中泡软，去蒂去籽，清洗干净，切成小片，撒在藕片上，再加精盐、白糖、白醋，拌匀，腌 1 天，中间要翻拌数次，使入味均匀。

⑤ 成品。将腌好的藕片放入盘中，上面放一些腌过的红辣椒片即可上桌供食。

（3）产品特点　色泽美观，味道甜酸，略带辣味，清脆适口。

4.藕的泡酸菜技术应用

以泡藕片为例。

（1）原料配比　鲜藕 1kg，红糖 10g，白菌 5g，老盐水（或 25％盐水）1kg。

（2）制作方法

① 整理、切分。选新鲜、肥厚、质嫩的藕洗干净，从节缝处切断放入坛内。

② 盐腌。向坛内倒入盐水，腌制 2 天后捞出，晾干盐水切成片。

③ 装坛。将红糖、白菌放入坛内调匀，再放入藕片，用竹片夹紧，盖好坛盖，加足坛沿水。泡 7 天即成。

（3）产品特点　鲜香，甜脆。

二、茭白的腌制技术与应用

以酱茭白为例。

（1）原料配比　咸茭白 6kg，面酱 4.5kg。

（2）制作方法

① 浸泡。将腌好的咸茭白切成椭圆形片，放入清水中浸泡半天，中间换水 2～3 次，捞出沥水阴干 1 天。

② 酱制。将茭白装入布袋内，置面酱缸中浸泡，每天早晚各打耙 1 次，1 周后即可食用。

（3）产品特点　浅酱红色，质地脆嫩。

第五节　菌藻类蔬菜的腌制技术与应用

一、蘑菇的腌制技术与应用

1. 蘑菇的盐渍技术应用

以咸蘑菇为例。

（1）原料配比　鲜蘑菇 10kg，食盐水适量。

（2）制作方法

① 清洗。将新鲜蘑菇用水洗净泥沙和杂质。

② 杀青。将洗净的蘑菇放入装有 100℃沸水的不锈钢锅内，锅内水量不超过 50％。放蘑菇时，水要沸腾，到出锅前水温保持 95℃左右。煮制时，还要随时搅动，杀青 15～20min，捞出蘑菇浸入冷水中，要冷透到蘑菇心。

③ 漂烫。将冷透的蘑菇沥干，用 0.1％的柠檬酸漂烫 15min，捞出，放入冷水中冷却，要冷透到蘑菇心，再沥干。

④ 腌制。配制 15％的盐水，煮沸过滤，去掉杂质，冷却。将蘑菇放入盐水中，腌制 4～5 天后，捞出放在筛上沥干水。再入缸，换用 23％～25％的盐水腌渍 1 周。期间，盐水浓度不得低于 18％。捞出放在另一个容器中，加入 18％～20％的新配制的盐水，淹没蘑菇，盖好盖储存即可。

（3）产品特点　色泽浅黄，清香味浓，营养丰富。

2. 蘑菇的酱渍技术应用

以酱蘑菇为例。

（1）原料配比　鲜蘑菇 5kg，食盐 400g，甜面酱 4kg，苯甲酸钠 2g。

（2）制作方法

① 清洗、盐腌。将鲜蘑菇的蒂盘用刀削去，洗净泥沙。放入 9％的食盐水中腌制 20h 后捞出，榨出水分至五成干。

② 酱渍。将蘑菇放入甜面酱中直接酱制，每天打耙 2～3 次，3 个月左右即

可酱好。再用酱汁洗去浮酱，加入苯甲酸钠即为成品。

（3）产品特点　色呈棕红，有光泽，质地鲜嫩，味道清香。

3. 蘑菇的泡酸菜技术应用

以泡蘑菇为例。

（1）原料配比　鲜蘑菇 5kg，食盐 4kg，胡萝卜、白菜、青椒、甘蓝、扁豆、芹菜、莴笋各 2.5kg，姜、花椒各 250g，白酒 250mL。

（2）制作方法

① 原料处理。选用新鲜蘑菇。将其他蔬菜摘去枯黄老叶，用清水洗净，沥干，切成 5cm 左右的长条或薄片。将芹菜去叶，切成 2cm 长的小段。

② 配盐水。将食盐溶化在煮沸的 15 L 清水中，冷却备用。

③ 腌制。将所有配料混合拌匀，放入腌制缸内，倒入冷却的食盐水，加盖密封。在室内放置，自然发酵 10 天即可。

（3）产品特点　味美鲜香，酸咸适度，清爽可口。

二、海带的腌制技术与应用

1. 海带的盐渍技术应用

以咸辣海带为例。

（1）原料配比　干海带 1kg，食盐 250g，辣椒面 10g，鲜姜末 50g。

（2）制作方法

① 原料处理。将干海带放蒸笼上蒸 30min，然后在水里浸泡涨发至软，取出用清水洗净。

② 腌制。用一干净小缸，将海带放入缸内，加上食盐、姜末、辣椒面和凉开水（淹过海带），腌制 3 天后就可食用。

（3）产品特点　鲜辣爽口，食用方便，如彩图 24 所示。

2. 海带的酱渍技术应用

以酱海带丝为例。

（1）原料配比　海带丝 100g，酱油 120g，白糖 5g，大蒜 5g，芝麻 4g，鲜姜 4g。

（2）制作方法

① 原料处理。将海带卷成卷，切成宽 0.5～1.5mm 的细丝，用三倍清水浸泡 24h，期间换水 2～3 次。用 100℃的水烫漂 3～5min 去除腥味，捞出后置于凉水中冷却，沥去余水即成复水海带。

② 辅料制作。将鲜姜洗净去皮切成 1mm 的细粒，大蒜捣成泥，芝麻炒熟，三者拌匀后浇上溶有白糖的酱油。

③ 酱油渍。将海带丝与酱油等混合辅料一起装入坛内，按一层菜一层辅料腌制。每天翻动 1 次，4～5 天即成，出厂前加入熟芝麻即为成品。

（3）产品特点　青褐色，味香。

三、石花菜的腌制技术与应用

以酱石花菜为例。

（1）原料配比　干石花菜 100kg，酱姜丝 20kg，甜酱 100kg。

（2）制作方法

① 原料处理。干石花菜置于 30℃水中浸泡，24h 后菜体膨大，捞出拣出杂物，同时将棵大的枝撕成小块，然后用清水冲洗干净。洗净的石花菜，用 70～80℃的水稍加热烫，立即投入清水中浸泡冷却。酱姜切成 2mm 的细丝备用。

② 酱渍。将浸泡的石花菜沥干水分与姜丝拌匀，装入酱袋内，扎紧袋口，置于甜酱中酱渍，每天翻袋 1 次，连续 3 天。以后隔 5～7 天翻袋 1 次，约 10～15 天即为成品。

（3）产品特点　色泽金黄，酸甜适口，质地清脆。

第六节　其他类蔬菜的腌制技术与应用

一、蕨菜的腌制技术与应用

以盐渍蕨菜为例。

（1）原料配比　鲜蕨菜 100kg，食盐 30～40kg。

（2）制作方法

① 原料选择。选用羽状小叶尚未展开、呈拳状卷曲、粗壮幼嫩、长度 20cm 左右、无病虫害的新鲜蕨菜为原料。

② 整理。剔除老化、变质的茎叶和杂物。按不同长度分别用无毒橡胶圈，在靠近基部将蕨菜扎成直径为 5～6cm 的小把。

③ 初腌。将经整理的蕨菜与食盐按 100：25 的比例，先在缸底撒一层食盐，然后摆放一层蕨菜撒一层食盐装入缸内。加盐量应逐层增多。装满缸后在蕨菜表面再撒一层 2cm 厚的食盐，然后压上石块进行腌制 7～10 天。

④ 复腌。将经初腌的蕨菜捞出，与食盐按 100：15 的比例，一层蕨菜撒一层食盐装入另一个缸内。重新装缸时，蕨菜的位置应与第一次盐渍的位置，上下进行调换，每装一层都要压实。装满缸后在蕨菜表面盖上木盖或压上石块，再灌

注事先配制好的 23°Bé 的盐水。在阴凉处腌制 10～15 天，即可制得盐渍蕨菜。

⑤ 包装。将腌制好的蕨菜装入衬有两层塑料薄膜袋的木桶或塑料桶内，包装后进行运输和销售。装袋时应先在袋底放 2cm 厚的食盐，然后层层摆码腌好的蕨菜，最上层再撒一层 2cm 厚的食盐，并灌满 23°Bé 的盐水，将空气排除，扎好袋口，盖好桶盖即可。

（3）产品特点　色泽呈绿色或褐绿色，质地柔韧，鲜嫩，捆把整齐，具有蕨菜腌制后应有的香气，无异味，无杂质。

二、马齿苋的腌制技术与应用

1. 马齿苋的盐渍技术应用

以腌马齿苋为例。

（1）原料配比　马齿苋 100kg，食盐 33kg。

（2）制作方法

① 原料选择。当马齿苋嫩茎长至 9cm 左右高时，即可选择粗壮、鲜嫩、无病虫害的植株。

② 整理。用手贴根掠，去净叶，用菜刀将老化根切掉，扎成 5～6cm 粗的把，采集当日进行加工。

③ 清洗、晾晒。将所采集的鲜嫩的马齿苋原料去除杂质，漂洗干净后沥干水分。露天晾晒 6～8h。

④ 初腌。将马齿苋入缸，下盐腌制，放一层菜撒一层盐，用盐量为 20kg。盖上比缸口小的缸盖，压好镇石。盐渍 2～3 天后镇石开始下降，再经过 10～15 天镇石不再下降，说明菜已腌好，倒掉盐卤，倒缸进行第二次盐渍。

⑤ 复腌。第二次盐渍时，首先备好适量的饱和盐水，盐渍时，先在缸底撒 2cm 厚的盐，然后摆一层菜加一层盐，直至摆满缸，上面再撒 2cm 的盐，盖好缸盖，压好镇石，最后灌满饱和盐水，经过 10～15 天即可腌好。

⑥ 成品。此时马齿苋菜坯可包装出售。一般要进行脱盐处理后再加工成各种产品。

（3）产品特点　马齿苋原料也可以腌制成糖醋菜等。

2. 马齿苋的糖醋渍技术应用

以酸辣马齿苋为例。

（1）原料配比　马齿苋丝 1kg，盐 12g，白糖 100g，醋 150g，辣椒 5g，料酒 20g，凉开水 400g。

（2）制作方法

① 原料选择。宜选用鲜嫩马齿苋为原料，否则产品口感粗糙不烂。

② 整理、清洗。去除菜根及菜根以上 3cm 的部分，同时摘除较老枝叶，用水洗净、沥干。

③ 切分、烫漂。将菜体切成 3cm 小段，放入热水中烫漂软化。理想工艺条件是 90℃下/min。

④ 晾晒。烫漂后的料丝冷却后，经晾晒，使菜体明显变软，含水量在 50% 以下。

⑤ 糖醋渍。先将辣椒切碎后水煮 10min，再加入糖、盐，溶解后加入醋、料酒，搅匀即可。把脱水料丝放入调味液中浸泡 10 天即可食用。

（3）产品特点　鲜嫩爽滑，酸辣适口，并有清热解毒、止痢的功效。如不喜食辣椒，可不放辣椒而改放蒜泥。

三、黄瓜香的腌制技术与应用

以盐渍黄瓜香为例。

（1）原料配比　鲜黄瓜香 100kg，食盐 25kg，饱和食盐水 20kg。

（2）制作方法

① 原料选择。黄瓜香属山野菜的一种。应选用出土 4cm 以上的嫩芽为原料，要求卷头紧密卷曲，卷头以下的嫩茎部分不得长于 5cm。摘除根须和杂物。

② 烫漂。将浓度为 15% 的盐水，在锅中加热煮沸后放入黄瓜香，烫漂 1min 左右，烫漂时用木棍轻轻翻动，当菜形固定，颜色鲜嫩时捞出，迅速用冷水冷却，待冷透后捞出，并控干水分。

③ 盐腌。将经烫漂的黄瓜香与食盐按 100：25 的比例，装入缸内。装缸时，先在缸底铺一层 2cm 厚的食盐，然后码一层菜撒一层食盐，直摆码至满缸，黄瓜香表面撒满一层 2cm 厚的食盐，压上石块。最后灌注饱和食盐水漫过菜体。腌制 20 天左右即可为成品。保存期间盐水浓度不应小于 22°Bé。

（3）产品特点　色泽深绿色，质地脆嫩，味道鲜咸。

第九章 果品与花卉的腌制加工技术与应用

09 Chapter

第一节 果品的腌制技术与应用

一、苹果的腌制技术与应用

1. 苹果的酱渍技术应用

以酱苹果为例。

（1）原料配比 苹果5kg，一等老盐水2.5kg，食盐125g，红糖50g，白酒25g，白菌50g，甜面酱1kg。

（2）制作方法

① 原料整理。选新鲜苹果，去皮、挖核，用刀剖成两半，放入凉开水中，防止苹果变色。

② 盐腌。先将老盐水注入坛内或罐内，放入食盐、白酒、红糖、白菌拌匀，泡入苹果。盖上坛盖，腌制2天。

③ 酱制。倒掉坛内的盐卤，将坛洗净擦干，倒入沥干的苹果，加入甜面酱拌匀，盖好坛盖，腌制1~2周即可食用。

（3）产品特点 色白微黄，质地嫩脆，果香微酸。

2. 苹果的泡酸菜技术应用

以泡苹果为例。

（1）原料配比 苹果10kg，盐渍液（含1%~2%的食盐、5%的糖或用蜂蜜代替、1%的麦芽、0.1%~0.2%的桂皮粉）适量。

（2）制作方法

① 原料选择。原料以甜酸风味的晚熟品种最好，糖酸含量高的中熟品种也是加工的好原料。果实充分成熟时即可采收加工，过生过熟的果实都不能生产出优质的产品。如采收偏早，果实生硬，可后熟几日再行加工；过熟的苹果因肉质疏松，不宜腌制。

② 分级、清洗。分级主要按品种、大小和成熟度进行。同时去掉有机械伤害和病虫伤害的果实；有食心虫类的果实，一定要严格剔除。挑出的不熟果实，放置几日后再用。苹果要用流动清水洗涤干净，喷淋、冲洗、浸洗等各种洗涤方式均可，原则是把苹果洗涤干净，并除掉枝叶等杂物。

③ 装桶。准备工作就绪后，将苹果与麦秸分层放置在木桶里，一层苹果（20～30cm），一层麦秸（5～10cm），放置至离容器边缘约 30cm 处。最上层放置麦秸，并加放镇压物，防止果实上浮。随后向容器中灌注事先配制好的填充液至满，并将容器封闭。为了达到消毒和洗涤的目的，麦秸事先要用开水浸烫数分钟。

④ 盐渍液的配制。按 5％ 的糖（也可用蜂蜜代替）、1％～2％ 的食盐和 1％ 的麦芽混合配制而成。先把麦芽用少量开水煮一煮，然后加入填充液中，也可以用 1.5 倍的粗黑麦粉代替麦芽。有的还加放一些植物香料，如 0.1％～0.2％ 的桂皮粉，或黑穗状醋栗叶、樱桃叶、蛇蒿叶等，以增进制品的风味。

⑤ 发酵。时间因温度而异，10～15℃ 环境下，持续时间为 1～2 周。发酵结束后，将容器严密封闭，转移至冷藏室或者温度低的地下室放置，大约经过 1 个月，腌制的苹果就能食用。发酵期间的自然损耗率约为 6.3％。

（3）产品特点　含酸量（以乳酸计）为 0.6％～1.5％，酒精含量（按体积计）为 0.8％～1.8％，挥发酸含量以醋酸计不超过 0.1％，食盐含量不超过 1％；果实外观完整、丰满，无皱皮现象；果肉清脆多汁，有清爽宜人的酸葡萄酒风味；有独特的芳香气味。

二、葡萄的腌制技术与应用

【腌葡萄】

（1）原料配比　未熟葡萄 10kg，食盐 2kg，酱油 500g，35％ 烧酒 200g，水 6kg。

（2）制作方法

① 整理。选用未熟葡萄，剔除病、虫、伤果及过小的果粒。

② 清洗。用浓度为 10％ 的食盐水把未熟葡萄洗净，并将水分充分沥干。

③ 盐卤的配制。锅里放水置火上，加入食盐、酱油、烧酒，温度达到 90℃ 以上时，熄火，至室温。

④ 盐腌。在盐卤中投入未熟葡萄，并加上适当质量的盖子。然后在常温下放置，每隔 3 天左右充分地搅拌一次。30 天后即为成品。

（3）产品特点　这种未熟葡萄腌渍物，吃起来味道十分鲜美。

【香葡萄】

（1）原料配比　葡萄 100kg，盐 7kg，甘草 5kg，白糖 15kg，糖精 40g，香兰素适量，植物油适量。

（2）制作方法

① 原料选择。选用肉厚、粒大、籽少的葡萄作原料，于七八成熟时采收。

② 整理、清洗。剔除病、虫、伤果及过小的果粒，逐粒摘开，用清水冲净。

③ 盐腌。用 10％食盐水腌制 2 天，待果皮转黄时，捞出沥干。然后用盐腌制，一层葡萄一层盐，腌制 5 天，捞出晒干成果坯。葡萄坯呈琥珀色，表面有盐霜，可长期保存。

④ 脱盐、脱水。加工前将葡萄坯放入冷水浸泡 1 天，再以流动水漂洗，至口尝稍有咸味和酸味，晾晒至五成干。

⑤ 调味液的配制。将甘草切碎，加水煮沸 15～20min，煮出香味，然后加入白糖、糖精、香兰素，配成 100kg 香料水备用。

⑥ 浸料、晾晒。取 2/3 的香料水，将半干的葡萄坯浸入其中，充分吸收至饱和，取出暴晒。将余下的 1/2 香料水倒入浸泡过葡萄的料水中，加少许糖，以提高其风味。将晒至半干的葡萄再次浸入香料水中，使香味、甜味均进入葡萄中，然后再进行晾晒。如此反复几次，晒至葡萄不粘手时，拌入一些精制植物油，保持一定湿润度，用塑料袋包装即可。

（3）产品特点　产品应呈深琥珀色或棕褐色，有光泽，颗粒完整，大小均匀，质地较柔软，微感湿润，具有特殊的甜、酸、咸味，香气浓。成品含水量要求在 18％以下。

三、山楂的腌制技术与应用

【盐渍山楂】

（1）原料配比　山楂 10kg，10％食盐水适量，2％食盐水适量。

（2）制作方法

① 原料选择。选用充分成熟、色泽鲜红的山楂果实，并剔除病虫、伤烂果。

② 去核。可自制取核器，用不锈钢管一端磨锋利，手工连续插入山楂果实中，山楂籽粒即由管状取核器另一端连续取出。

③ 护色。将去核后的山楂立即放入 2％的食盐水中浸泡 30min，以防止山楂果变黑，然后捞出沥干。

④ 盐腌。用10％的食盐水淹没山楂，上压重物，防止山楂上浮。腌制 3 天即为成品。

（3）产品特点　咸甜适口，有光泽，饱满，软硬适宜。

【九制山楂】

（1）原料配比　咸山楂坯 5kg，白糖 1kg，甘草 100g，桂皮 10g，丁香粉 1g，胡椒 10g，精盐 100g，糖精 2.5g。

（2）制作方法

① 脱盐、干燥。将咸山楂果坯浸泡在清水中 3～4h，使原料略带咸味。沥干水分，放入干燥箱中干燥，烘干温度不应大于 60℃，含水量不大于 16％。

② 香料液的配制。把各种香料加水 1.75kg 入锅慢火煮 10～15min，沥去香料渣，再趁热加入白糖、糖精、盐使其充分溶解即得香料液。

③ 浸香料液。把干燥的山楂坯浸入香料液中，使其充分吸取香料液，然后取出晒干或烘干，再浸料液，再干燥，以此重复直至把料液吸干，果坯又干燥即为成品。

（3）产品特点　甘、甜、酸、香、咸、微辣可口。

四、青梅的腌制技术与应用

以腌话梅干为例。

（1）原料配比　梅子 2kg，食盐 400g，烧酒 1/2 杯。

（2）制作方法

① 原料选择。选用梅子时应注意尽量选择大小均一、表面没有斑痕和破伤的梅子。

② 整理、浸泡。去掉蒂，并将凹坑里的脏东西除掉，清洗干净。放入水里浸泡一夜，除掉其黏汁和灰尘，以利于离核。

③ 消毒。腌制容器（耐酸搪瓷或陶的）、压盖和压块等都是产生霉菌的根源，应用沸水彻底消毒然后晒干。容器的内侧，应用烧酒擦一下。

④ 装坛。将浸泡后的梅子控干水分，装入烧酒擦拭过的腌制容器。梅子应控干水分，否则易发霉。

⑤ 盐腌。保留适量的封盖盐，其余食盐全部溶于水，再倒入烧酒，然后淋在梅子上。撒入顶盐，盖上盖子，压上 2 倍于梅子重的压块。为防灰尘落入，上面盖上报纸或塑料布，放在阴凉处直到立秋前。

⑥ 翻缸。盐渍 2 天后盐水会溢上来（成为白梅醋），若没有溢上来，可能是盐不足或压块质量不足。每周翻缸 2～3 次，并在翻缸时测试盐水浓度，达不到 22°Bé 应补加食盐。

⑦ 晾晒。到了立秋前将梅子取出排放在竹篮子里，暴晒至含水量在 60％以内，移入容器里放在阴凉处存放。

（3）产品特点　可以脱盐后食用，也可直接食用。

五、芒果的腌制技术与应用

【话芒】

（1）原料配比　半干芒果坯 100kg，精盐 0.75～1kg，甜蜜素 750g，食用柠檬酸 250g，香兰素 50g，山梨酸钾 12.5g，水 25kg。

（2）制作方法

① 脱盐、脱水。芒果盐坯以大量清水浸泡脱盐，脱盐到稍带咸味，含盐量约 1％～2％，沥去水分。

② 干燥。放入烘干机以 60～70℃烘到半干，移出，备用。

③ 浸料液的配制。在 25kg 水中加入精盐、甜蜜素、食用柠檬酸、香兰素、山梨酸钾，混合加热煮沸。

④ 果坯浸料。把半干果坯加入料液中，反复翻拌，到吸收完浸料液为止，即可进行烘干。

⑤ 烘干。入烤房或烘干机以 60℃烘到果坯含水量不超过 15％。

⑥ 成品。如果稍增加甜味，使甜蜜素用量达 3％，则是甜型或称和味型，配方用量不同，口感风味也不同。而且此制品成本很低，是大众化又具经济价值的休闲副食品。

（3）产品特点　具有甜、咸、酸、香风味。此制品因是落果盐坯加工，又是干制食品，往往只得其果核部，人们尝到的是硬果核风味。

【陈皮芒果】

（1）原料配比　芒果盐坯 50kg，陈皮浆 25kg，食盐 500g，白糖 5kg，甜蜜素 250g，柠檬酸 125g，防腐剂 25g。

（2）制作方法

① 脱盐、晾晒。以大量清水浸渍或用流动水处理，除去大部分咸味，保留 1％～2％的含盐量，便可进行晾晒或烘干，自然干燥法应注意环境卫生，以免受污染。要求达到半干程度便可备用。

② 陈皮浆的制备。新鲜柑皮经晒干后而成陈皮，将陈皮以大量水浸泡，并且加热来达到脱苦目的。将陈皮放入打浆机，打成浆状，把白糖、甜蜜素、食盐、柠檬酸、防腐剂一起加入到陈皮浆中混匀。

③ 切分。把芒果坯切分成 2cm×2cm 或 0.5cm×2cm 大小的块状，准备浸料。

④ 果坯浸料。加入到陈皮浆中一起加热并煮沸，有些芒果坯成熟度较高，果核已硬化，其坚硬度大可耐煮，为了使陈皮以及其他风味物质充分透入原料内，需要在加热后放置 1～2 天再加热，这样反复进行目的就是为了使调味料透入芒果坯中。

⑤ 干燥。要求含水量在 15％左右。

（3）产品特点　陈皮赋予产品较好的风味，果味香浓，甜酸适口。

【甘草芒果】

（1）原料配比　芒果盐坯 50kg，食盐 1.5kg，甘草 1.5～2.5kg，甜蜜素 1～1.25kg，食用柠檬酸 0.5kg，肉桂粉 100g，丁香粉 50g，山梨酸钾 25g。

（2）制作方法

① 脱盐、脱水。芒果盐坯以大量清水浸泡脱盐，使果坯含盐量为 1％～2％，即稍带咸味便可。脱盐后，沥去水分，入烤房以 60～70℃烘到半干，移出，准备浸料。

②浸料液制备。以芒果盐坯 50kg 计，用干的甘草 1.5～2.5kg，洗净后加水 20～25kg 加热浓缩成 10～12.5kg，过滤取汁。在甘草汁中加入甜蜜素、食盐、食用柠檬酸、肉桂粉、丁香粉、山梨酸钾，混合均匀便成浸料液。

③ 果坯浸料。把浸料液加热煮沸后加入果坯中，反复翻拌到果坯吸收完浸料为止，最好放置过夜，让果坯充分吸收浸料。

④ 烘干。放入烤房或烘干机以 60～70℃烘到果坯含水量不超过 10％。

（3）产品特点　制品具有甜、咸、酸、甘、香，色浅褐色，表面干爽，耐咀嚼，是较受欢迎的休闲食品。

六、梨子的腌制技术与应用

以酱梨子为例。

（1）原料配比　梨子 10kg，食盐 0.6～1.8kg，甜面酱 6kg。

（2）制作方法

① 原料选择。一般选用果肉脆嫩、无虫蛀、无烂斑、无鸟口、光滑、尚未完全成熟的新鲜梨子。

②整理清洗。剔除烂梨、有虫蛀和有鸟口的梨子，放入清水中洗干净。

③ 入缸初腌。将洗净的梨放入缸内初腌。每 10kg 加入 600g 细盐。撒盐时要撒均匀，做到下面少，上面多。由于食盐有高渗透压力，能使梨子上下吸咸均匀。腌完后，加封面盐，缸上铺竹席加石重压，使梨没在卤水中。

④ 起缸压卤。初腌 36h 后，将梨从缸中捞起装入箩筐内或袋内互相重叠压卤或加压压卤。互相重叠压卤 6～8h，中间上下箩筐或袋互相调压 1 次。压去初

腌后 40% 左右的卤水。压卤的目的是在酱渍时，能使梨更好地吸收酱液。在复腌时可节约用盐量。压卤后直接下酱缸酱渍或复腌储存。

⑤ 复腌。将压过卤水的梨加入 12% 的食盐入缸复腌。复腌时盐也要撒均匀，做到下少上多。腌完后加封面盐，上铺竹席加石重压，使梨淹没在卤水中，以防空气侵入，使梨氧化变质。

⑥ 脱咸。梨复腌 15 天后，起缸沥干卤水，放入清水内浸泡拔咸。用流动水脱咸效果快。口尝略有咸味即可。

⑦ 压卤、酱渍。将脱咸梨捞入笋筐，相互重叠压卤 4～6h，中间上下笋筐进行调压 1 次，以利于脱水均匀。将压过卤水的梨直接倒入酱缸内酱渍，使梨淹没在酱液中。

⑧ 翻缸。第二天进行翻缸。将缸上面的梨翻到酱缸下面，将缸下面的梨翻到酱缸上面，以防发酵酸败。梨吸收甜面酱中色素、糖分和氨基酸等营养物质。连翻 7 天，15 天后用笊篱将酱梨从酱缸中捞起，放入酱菜卤中洗去酱醪，即可食用。

（3）产品特点　色泽酱红，鲜脆嫩甜，酱香浓郁。

七、佛手的腌制技术与应用

以酱佛手为例。

（1）原料配比　鲜佛手 10kg，食盐 1.8kg，生石灰 0.5kg，甜面酱 6kg。

（2）制作方法

① 原料选择。选用未成熟的佛手，并要求无虫口、无烂斑、新鲜脆嫩。

② 洗净。将鲜佛手拣去杂质，去掉虫口、烂斑，用清水洗干净，放在笋筐内沥干水分。

③ 漂烫。先将生石灰用清水溶解澄清，放入锅中煮沸。再将沥干水分的佛手放入煮沸的石灰水中浸一下。烫漂的目的一则可杀菌、保脆、去除苦味，二则能使佛手中酸与碱起中和反应，去掉部分酸味。

④ 冷却。将漂烫的佛手迅速放入冷清水中冷却，避免影响佛手的脆度。

⑤ 腌制。将冷却的佛手放入缸内腌制。每 10kg 佛手加入 1.8kg 细盐。撒 1 层盐，再撒点食盐水，以利于盐粒溶解。撒盐要均匀，做到底轻面重。腌完后加封面盐。

⑥ 倒缸。第 2 天进行倒缸，将佛手翻倒于旁边空缸内。将缸上面的佛手翻到空缸下面，下面的翻到缸上面。翻好后，将卤水一起舀到佛手缸内，缸上面铺竹帘，加石重压，使卤水淹没佛手，以防空气侵入使佛手氧化变质。

⑦ 拔盐、克卤。将腌制 1 个多月的咸佛手捞起沥干卤水，放入清水缸内浸

泡，用流动水脱盐效果好，脱咸时间短。口尝略有咸味即可。将拔咸的佛手装入酱袋中，将袋口扎紧。酱菜袋相互重叠压卤 4～6h，其中间上下菜袋互相调压 1 次，以利于克卤均匀。

⑧ 酱渍。将压干卤水的菜袋，用手将菜抖松，放入酱缸中酱渍。菜袋要淹没在甜面酱中。

⑨ 翻缸。第 2 天早晨进行翻菜袋。将缸上面的菜袋翻到酱缸下面，将下面的菜袋翻到缸上面。菜袋应全部淹没在酱液中，使吸收酱液均匀，以防酸败。连续翻缸 7 天，以后每隔 3 天翻 1 次。佛手吸收酱中的色素、糖分、营养物质和芳香气味。酱渍 15 天后即可食用。

（3）产品特点　色泽酱红，形似佛手，酱香浓郁，甜咸适口，能理气和胃。

八、桃子的腌制技术与应用

以咸桃坯为例。

（1）原料配比　鲜桃 50kg，食盐 7.5kg，清水适量。

（2）制作方法

① 原料选择。选八九成熟、肉质坚脆的鲜桃为原料。

② 腌制。按 50kg 鲜桃加食盐 7.5kg 的比例进行腌制。加工时，用刀沿着桃缝劈成两片。把劈好的桃片，放在箩中，在清水中浸湿，再倒入缸中，一层桃片一层食盐拌匀，用盐要掌握下少上多，缸满后，把余盐全部撒在面上，待盐溶化后再加盖加压，让桃片浸于盐液中，否则会霉变。经过 7～10 天腌制，出缸晒干。

③ 暴晒。腌好的桃片捞在箩筐里沥干后，摊在竹席上暴晒，每天翻动 2～3 次。晒 3～4 天后，待桃片变深黄色，用手捏不出水分时，即可收放箩里，放在室内 4～5 天，让其自然蒸发水分，最后再晒 2～3 天至干燥即可包装。

（3）产品特点　色泽深黄色，味咸。

九、杏子的腌制技术与应用

以糖渍多味青杏为例。

（1）原料配比　去核青杏 100kg，甘草 2.5kg，精盐 6.5kg，柠檬酸 200g，肉桂粉、丁香粉、豆蔻粉、茴香粉各 50g，清水 25kg，糖 30kg，0.15％～0.2％的亚硫酸盐溶液 30kg，0.5％的明矾、靛蓝、柠檬黄适量。

（2）制作方法

① 原料要求。制作多风味杏青梅的青杏，在成熟度五六成熟、杏核由白开

始转褐变硬时采收。要求使用核小肉厚、杏果直径在 2cm 以上的原料。剔除残次、斑疤、过生、过熟或腐烂的杏果,另作处理。

② 盐渍处理。配制浓度 14%～16% 的食盐溶液,并加入 0.5% 的明矾,搅拌均匀。把经过挑选、清洗的青杏倒入混合液中,使盐水淹没青杏。为使青杏吃盐均匀,每天搅动一次。约腌渍 6～8 天,待青杏腌透,内外色泽都变黄时,把杏捞入竹筐中沥干去核。

③ 去核。去核时杏缝朝上,用木板轻轻挤压或用压核机使核肉分离,亦可用木锤轻轻敲击使核肉分离。但要注意,压核时不要压坏了杏碗的完整度。

④ 脱盐处理。去核后的杏碗,要用清水浸泡脱盐。浸泡中每隔 3～4h 换水一次,一般浸泡 12～24h,待杏碗含盐量在 1%～2%、咸味变淡时捞出,沥干水分。

⑤ 浸硫。配制含二氧化硫 0.15%～0.2% 的亚硫酸盐溶液,将脱盐的杏碗倒入,浸泡 8～12h,捞出后用清水漂洗一次,沥干水分并烘至半干或晒至半干。

⑥ 甘草复合液浸渍。每 100kg 青杏碗的浸液用量及配比如下:甘草 2.5kg,精盐 6.5kg,柠檬酸 200g,肉桂粉、丁香粉、豆蔻粉、茴香粉各 50g,水 25kg。为保持青杏梅的纯绿色,还需加靛蓝和柠檬黄色素进行染色,其用量为杏碗质量的 0.015%～0.025%,其中靛蓝和柠檬黄的配比为 3:7。先将甘草洗净,然后以 25kg 水煮沸浓缩到 20kg。滤取甘草汁后,拌入上述各调料即成甘草复合浸渍液。将色素用少量水溶解,也一并加入到浸渍液中。将复合浸渍液加热至 80～90℃,趁热加入半干的青杏碗,缓缓翻动,使之充分吸收,浸渍 12h 后取出,进行糖渍处理。

⑦ 糖渍处理。每 100kg 青杏碗用糖 30kg,按一层青杏碗一层糖分层腌制。2 天后加糖一次,加糖量为果重的 8%,再过 2 天后再加糖一次,加量为果重的 6%。待有轻微的发酵现象时,将果碗捞出。把糖液放入锅中加热,调整糖液浓度至 50%。煮沸后,将捞出的果碗倒入锅中,在即将沸腾时,把果碗连糖液移置于浸缸中,浸泡 2 天。以后每 3 天加糖一次,每次加糖量为果碗重的 7%,加糖 4 次后再浸泡 2～4 天。将果碗捞出,调整糖液浓度至 65%,并加热至沸,再以此糖液继续浸泡 3～5 天,即可捞出,沥净糖液,进行烘烤。

⑧ 烘烤。先在 60℃ 条件下烘 5～6h,然后升温至 70℃,约烘烤 8～12h,含水量降至 18%～20%,用手摸不粘手时出房。烘烤过程中注意通风排湿和倒盘处理。

⑨ 包装。出房后的杏青梅,应在盘子上堆放 2～3 天进行回潮,然后修整和挑选,剔除杂质、碎渣及色泽不好的产品,将合格产品用塑料食品袋作定量包装。

(3) 产品特点 色泽翠绿,味酸、甜、咸、香。

十、柚子皮的腌制技术与应用

以柚皮糖为例。

（1）原料配比　鲜柚皮 5kg，白砂糖 4kg，甘草粉 30g，五香粉 10g，明矾、食盐、食用色素适量。

（2）制作方法

① 原料选择。挑选厚实、光滑、新鲜、无病斑、无霉变的柚皮。

② 整理、清洗。剔除不清洁和腐烂的部分，用清水洗净，并将表层的油脂细胞充分搓破。

③ 硬化。将柚皮浸泡于 2% 的明矾水中 5h，以增加柚皮的硬度。

④ 脱苦。然后放在 0.5% 的盐水里煮沸，再将煮沸的水挤掉，换上新的盐水再煮，按此法反复换水煮至水里不含苦味。

⑤ 切分。将下锅煮过并晾晒过的柚皮，按一定的规格，用刀切成整齐的小方块。其边角废料尽量不用。

⑥ 糖煮。将备好的 3/4 的白砂糖放入锅中，添加其质量 1/2 的清水，用火煮沸，待糖全部溶化后，根据柚皮的种类和颜色，加入相应的食用色素，再将切成整齐小方块的柚皮倒入锅中煮制，并不断翻动。当煮至锅中糖液变稠、鲜柚皮小方块呈透明状时，迅速从锅中捞出，沥净糖液，摊放到竹匾内，并将余下的 1/4 的白砂糖加入捞出的柚皮中拌匀。

⑦ 烘烤干燥。将拌糖后的柚皮小方块，装入烘盘中，送进烘房，在 55～60℃ 的温度下，烘烤 24h。如果没有烘房，也可摊放在竹筛或竹帘上晾晒干。

⑧ 拌入香料。将已经糖煮、拌糖并烘干或晒干的鲜柚皮小方块，堆放在竹匾内，均匀地拌入甘草粉和五香粉，便成为柚皮糖成品。

（3）产品特点　这种用鲜柚皮制成的柚皮糖，不仅营养丰富，含有维生素 A、维生素 C 及人体必需的钙、磷、铁等无机元素，而且具有理气健脾、和胃止呕、去湿化痰等功效，是一种价廉物美的休闲、营养、保健食品。

十一、橘子皮的腌制技术与应用

以糖醋橘子皮为例。

（1）原料配比　鲜橘子皮 5kg，食盐 100g，白糖 1kg，醋精 250g，生姜 50g。

（2）制作方法

① 清洗、切分。将橘子皮洗净，在开水里煮 5min，捞出后晾凉，用刀切成

细丝，再用凉开水浸泡除去苦味；泡 30min 后捞出，沥干水分，放入干净容器内。

② 糖醋渍。把姜洗净切成碎末和糖、醋精、盐一起倒入盛有橘子皮的容器内，搅拌均匀。腌制 1h 后即可食用。

（3）产品特点　清香，酸甜。

十二、杏仁的腌制技术与应用

1. 杏仁的盐渍技术应用

【椒盐杏仁】

（1）原料配比　甜杏仁 2.5kg，精盐 75g。

（2）制作方法

① 原料选择。选用饱满、扁大的甜杏仁。

② 煮制。将杏仁放入开水中煮沸，捞出，沥干水分，冷却至室温。

③ 盐腌。把杏仁放在容器中加盐。边加精盐边翻动，使盐与杏仁拌均匀，然后用洁净的苫布盖上，腌制 24h。

④ 烘烤。为了防止出现烘烤不透或色泽不均的现象，应把杏仁均匀地平摊在铁盘内，不能摞在一起。置烘箱，150℃烘烤 45min，然后温度降至 80℃，再干燥 10h，使精盐浸入杏仁内。

⑤ 成品。待冷却后筛选，包装，即为成品。

（3）产品特点　颗粒整齐饱满，呈黄色，酥脆咸香，有杏仁的浓香味。

【腌杏仁】

（1）原料配比　杏仁 100g，食盐 7g，蔗糖 0.5g，味精 0.35g，黄豆粉 1.2g。

（2）制作方法

① 原料选择。杏仁要求扁大、颗粒整齐饱满，不得有碎瓣或掉皮。注意不可混有苦杏仁。

② 煮制。将洁净的杏仁放入沸水煮制 5min，待杏仁种皮湿润，稍有褪色，外部组织湿软膨胀，中心组织略膨大时出锅。冷却至常温，沥干水分。

③ 盐腌。将食盐、蔗糖、味精、黄豆粉，烘干磨碎，过 80 目筛，然后与杏仁均匀搅拌，腌制 7h。配加一定量的大豆粉可以使杏仁表面也同时产生风味物质，但用量不宜过多，否则会掩盖杏仁的香气，从而影响产品的风味。

④ 烘烤。把杏仁均匀码放在盘内，放入烤箱，箱内温度首先设置在 150℃，烘烤 45min 后温度降至 80℃，干燥 10h，以使产品水分低于 4%。杏

仁中不但富含蛋白质和糖类，也含有较多的脂类，若烘烤温度过高，会加速油脂的氧化和分解，从而影响产品质量和货架寿命；温度低，杏仁热分解产物少，风味欠佳。

（3）产品特点　呈黄褐色，酥脆咸香，具有杏仁淳厚的香味。

2.杏仁的酱渍技术应用

以酱杏仁为例。

（1）原料配比　甜杏仁35kg，甜面酱30kg。

（2）制作方法

① 原料选择。原料必须使用甜杏仁，以当年产的为好。要求粒仁饱满，大小均匀，无霉烂变质及虫蛀。

② 脱皮。杏仁放入清水中浸泡24h，泡至外皮起皱纹。捞出沥去水，倒入沸水锅内热烫，及时搅拌以使受热均匀，取出杏仁检查，待杏仁中心有白圈（斑鸠眼）时即可出锅，热烫一定要掌握好时间，防止杏仁变软。然后，立即入清水中浸泡，第二天捞出搓去外皮。

③ 烫漂。将去皮白杏仁放入清水中继续浸泡，每隔24h换1次清水，连续浸泡4～5天后，杏仁洁白如玉，食之没有苦味，即可捞出沥去水，用沸水热烫半分钟以去除生味。

④ 酱制。将处理好的杏仁装入布袋，控水5～6h，然后入酱缸酱制。第二天开始翻缸，连续3天，每天翻倒1次，以后每隔5～7天翻缸1次，酱制20天后即为成品。

（3）产品特点　酱杏仁是一种高档酱菜。其色泽金黄，微咸带甜，质脆，酱香味突出。

十三、核桃仁的腌制技术与应用

以酱甜核桃仁为例。

（1）原料配比　核桃仁10kg，酱油5kg，甜面酱10kg，白糖1.6kg。

（2）制作方法

① 原料选择。核桃仁筛去碎末，挑去杂质，选个大且大小均匀的入缸。

② 酱渍。用酱油浸泡2～3天后捞出，控净酱油，装入布口袋中，放入装有甜面酱的缸内，每天打耙4次，酱1个月左右出缸。

③ 成品。食用时，取酱核桃仁的原汤适量，加入白糖熬成黏汁后，浇在酱核桃仁上拌匀即可。

（3）产品特点　颜色紫红，有光泽，酱味浓厚。

第二节 花卉的腌制技术与应用

一、凤仙花的腌制技术与应用

以盐渍凤仙花为例。

(1) 原料配比 凤仙花 10kg,食盐 1kg。

(2) 制作方法

① 原料选择。凤仙花嫩茎采收适期为茎中髓部组织充实而不空心的时候,外部形态表现为植株上部有花,下部有幼果,茎色变浅。过早采收植株组织幼嫩,腌制后易腐烂,鲜茎产量低;过迟采收,茎髓空心,品质下降。

② 整理。采收时,把凤仙花植株拔起,用刀削除根、叶、花、果,去掉直径 1cm 以下的上部嫩茎。

③ 切分、清洗。把凤仙花嫩茎切成 3～5cm 长的小段,清洗干净,沥干水分。

④ 烫漂、浸泡。把切段、洗净的茎煮熟,一般以煮沸后 2～3min 停火,再浸入冷水中 1～2 天,每天换水,以减少凤仙花的烟草味,捞出沥干。

⑤ 盐腌。按配比将食盐拌入凤仙花嫩茎,放置 1～2 天后,沥去盐卤。装坛不宜过满,4/5 为度。最后加上前几年腌制过凤仙花的陈卤水或 10% 的食盐水,盖好坛盖,一般 7～10 天即可食用。

(3) 产品特点 无烟草味,香醇可口,食味佳。

二、鸡冠花的腌制技术与应用

以素腌鸡冠花为例。

(1) 原料配比 鸡冠花嫩苗 10kg,食盐 2.5kg。

(2) 制作方法

① 原料选择。选用新鲜、柔嫩的鸡冠花苗作为原料。

② 整理、清洗。摘除老梗、黄叶等不可食部分。用清水将鸡冠花清洗干净。

③ 热烫。把鸡冠花苗在沸水中热烫 30～60s,以烫透为度。

④ 盐腌。按配比一层菜加入一层盐,装入坛中,最上面撒盖盐,并用席子和竹块捂住坛口,用石头压紧。入坛 3 天后,即可翻坛,每周一次,共翻 3～4次,经过 2 个月即成为盐坯。

⑤ 脱盐、切分。将鸡冠花放入清水中漂洗 30min,沥干水分。将鸡冠花切

成 2cm 长的段。

⑥ 成品。据不同配方要求，将脱盐、切段的鸡冠花苗调配成各种口味。

（3）产品特点 腌制鸡冠花口感适中，颜色淡绿色，具有腌制品特殊的香气。

三、桔梗的腌制技术与应用

1. 桔梗的酱油渍技术应用

以酱桔梗为例。

（1）原料配比 干桔梗 100kg，酱油 120kg，精盐 6kg，鲜姜 6kg，辣椒粉 3kg，大蒜 3kg，味精 0.1kg，芝麻 6kg。

（2）制作方法

① 原料选择。选用质地优良的干桔梗为原料，除去泥土和杂质等。

② 浸泡、挑丝。将干桔梗用清水浸泡 8～14h，当桔梗吸足水分变软后捞出。然后将桔梗的一端固定，用钉板把桔梗划成细丝，或用锥子将其挑成细丝。

③ 脱苦。将桔梗细丝用清水浸泡 8～12h，中间换水 2～3 次，以脱除苦味。然后捞出上榨，压出 30％的水分。

④ 酱油渍。

a. 将芝麻炒熟，晾凉，备用。

b. 将鲜姜、大蒜捣成泥状。

c. 将酱油和精盐放入锅内煮沸后，倒入缸内，晾凉。然后加入姜末、蒜泥、辣椒粉和味精，混合均匀制成调味酱油。

d. 将经脱苦的桔梗丝放入调味酱油中，翻拌均匀进行酱油渍。每天翻动 1～2 次。酱渍 2 天后捞出，拌入经炒熟的芝麻，即可为成品。

（3）产品特点 色泽橙黄色，质地柔韧，味鲜，香辣可口。

2. 桔梗的糖醋渍技术应用

以糖醋桔梗为例。

（1）原料配比 鲜桔梗 1kg，盐、白糖各 50g，醋 100g，红辣椒 2 个，姜 20g，胡椒 3g，桂皮 1 小段。

（2）制作方法

① 整理、清洗。将鲜桔梗去蒂、剥皮，用清水冲洗干净。沥干表面水分。

② 脱苦。因桔梗带有明显的苦味，故将桔梗置于淡盐水中浸泡 1～2h 可以脱除部分苦味。

③ 切丝。用人工或切菜机切丝，长 7～8cm，宽 2～3mm，切好丝后置于水中浸泡，以防变色。

④ 脱水。压榨机压榨脱水，脱水率为 30%～40%。

⑤ 糖醋液的配制。将醋、白糖、盐一同放在水中煮，边煮边放进切好的姜片、红辣椒丝及胡椒、桂皮，煮好后晾凉。

⑥ 糖醋渍。将凉调料汤倒进盛桔梗的坛中密封保存，3 天后即可食用。

（3）产品特点　酸甜咸中微带苦味，口感鲜脆。

四、槐花的腌制技术与应用

以腌槐花为例。

（1）原料配比　鲜槐花 5kg，白糖 100g，味精 5g，醋 100g，面粉 1～2kg，蒜泥、辣椒面、麻油适量。

（2）制作方法

① 清洗。将鲜槐花用清水漂洗几遍，筛去碎末，沥干水分。

② 蒸制。将槐花放入盆里，倒入面粉，搅拌匀后放在笼屉上蒸约 10min。

③ 拌料。出笼放入盆中，搅拌开，晾凉，按辅料比例拌入调味料，即为成品。

（3）产品特点　味甜香。

五、菊花的腌制技术与应用

以糖制菊花为例。

（1）原料配比　鲜菊花 500g，白糖适量。

（2）制作方法

① 清洗。将鲜菊花用清水漂洗干净，沥干水分。锅上火，加适量水烧开，将菊花放入沸水中焯 2min 左右，除去苦味。

② 糖渍。将菊花捞出，沥干水分，晾凉，一层白糖一层菊花，装入玻璃瓶密封，放入阴凉处储藏，腌制 30 天即为成品。

（3）产品特点　味甜，有菊花的香气。

附　　录

Ⅰ　食品安全国家标准　酱腌菜（GB 2714—2015）

1　范围

本标准适用于酱腌菜。

2　术语和定义

2.1　酱腌菜

以新鲜蔬菜为主要原料，经腌渍或酱渍加工而成的各种蔬菜制品，如酱渍菜、盐渍菜、酱油渍菜、糖渍菜、糖醋渍菜、虾油渍菜、发酵酸菜和糟渍菜等。

3　技术要求

3.1　原料要求

蔬菜应新鲜，原料应符合相应的食品标准和有关规定。

3.2　感官要求

感官要求应符合表 1 的规定。

表 1　感官要求

项目	要求	检验方法
滋味、气味	无异味、无异臭	取适量试样置于白色瓷盘中，在自然光下观察色泽和状态。闻其气味，用温开水漱口后品其滋味
状态	无霉变，无霉斑白膜，无正常视力可见的外来异物	

3.3　污染物限量

污染物限量应符合 GB 2762 中腌渍蔬菜的规定。

3.4 微生物限量

3.4.1 致病菌限量应符合 GB 29921 中即食果蔬制品（含酱腌菜类）的规定。

3.4.2 微生物限量还应符合表 2 的规定。

表 2　微生物限量

项目	采样方案①及限量				检验方法
	n	c	m	M	
大肠菌群②/(CFU/g)	5	2	10	10^3	GB 4789.3 平板计数法

① 样品的采样和处理按 GB 4789.1 执行。

② 不适用于非灭菌发酵型产品。

3.5 食品添加剂

食品添加剂的使用应符合 GB 2760 中腌渍蔬菜或发酵蔬菜制品的规定。

Ⅱ　酱腌菜卫生标准的分析方法
（GB/T 5009.54—2003）

1　范围

本标准规定了酱腌菜卫生指标的分析方法。

本标准适用于各种酱菜、发酵与非发酵性腌菜及渍菜等制品中各项卫生指标的分析。

2　规范性引用文件

下列文件中的条款通过本标准的引用而成为本标准的条款。凡是注日期的引用文件，其随后所有的修改单（不包括勘误的内容）或修订版均不适用于本标准，然而，鼓励根据本标准达成协议的各方研究是否可使用这些文件的最新版本。凡是不注日期的引用文件，其最新版本适用于本标准。

GB 2714　酱腌菜卫生标准

GB/T 5009.3　食品中水分的测定

GB/T 5009.11　食品中总砷及无机砷的测定

GB/T 5009.12　食品中铅的测定

GB/T 5009.28　食品中糖精钠的测定

GB/T 5009.29　食品中山梨酸、苯甲酸的测定

GB/T 5009.33　食品中亚硝酸盐与硝酸盐的测定

GB/T 5009.35　食品中合成着色剂的测定

GB/T 5009.39—2003　酱油卫生标准的分析方法

GB/T 5009.51—2003　非发酵性豆制品及面筋卫生标准的分析方法

3　感官检查

具有酱腌菜固有的色、香、味。不得有杂质，无异味、异臭，无霉变。应符合 GB 2714 的规定。

4　理化检验

4.1　水分

按 GB/T 5009.3 中直接干燥法测定。

4.2　砷

按 GB/T 5009.11 操作。

4.3　铅

按 GB/T 5009.12 操作。

4.4　食品添加剂

4.4.1　防腐剂

按 GB/T 5009.29 操作。

4.4.2　甜味剂

按 GB/T 5009.28 操作。

4.4.3　着色剂

按 GB/T 5009.35 操作。

4.5　食盐

按 GB/T 5009.51—2003 中 4.8 操作。

4.6　总酸

按 GB/T 5009.51—2003 中 4.6 操作。

4.7 氨基酸态氮

按 GB/T 5009.39—2003 中 4.2 操作。

4.8 亚硝酸盐

按 GB/T 5009.33 操作。

Ⅲ 波美度与盐水浓度、相对密度和加盐量的关系

波美表读数 /°Bé	食盐百分浓度 /%	盐液相对密度 （15℃/15℃）	1 L盐水中食盐含量 /g	100g 盐水中加食盐量 /g
1	1	1.0070	10.07	1.01
2	2	1.0141	20.28	2.04
3	3	1.0212	30.64	3.09
4	4	1.0285	41.14	4.17
5	5	1.0359	51.80	5.26
6	6	1.0434	62.60	6.38
7	7	1.0510	73.57	7.53
8	8	1.0587	84.70	8.70
9	9	1.0665	95.99	9.89
10	10	1.0745	107.45	11.11
11	11	1.0825	119.08	12.36
12	12	1.0907	130.88	13.64
13	13	1.0990	142.87	14.94
14	14	1.1074	155.04	16.28
15	15	1.1160	167.40	17.65
16	16	1.1247	179.95	19.05
17	17	1.1335	192.70	20.48
18	18	1.1425	205.50	21.95
19	19	1.1516	218.80	23.46
20	20	1.1609	232.18	25.00
21	21	1.1703	245.76	26.58
22	22	1.1799	259.53	28.21
23	23	1.1896	273.61	29.87
24	24	1.1995	287.88	31.58
25	25	1.2096	302.40	33.33
26	26	1.2198	317.15	35.14
26.5	26.5	1.2250	324.63	36.05

Ⅳ 泡菜盐水的种类和级别

泡菜盐水因使用时间和质量不同，可分为以下种类和级别。

1 洗澡盐水

洗澡盐水是指一边泡制一边食用而使用的盐水。此法成菜时间短，断生即食。盐水多是咸而不酸，缺乏鲜香味。配制时，盐水浓度为 28％，再加入 25％～30％的老盐水作调味接种，并根据所泡原料种类适当添加作料和香料。

2 新盐水

新盐水是指新配制的盐水。盐水浓度为 25％，可加入 20％～30％的老盐水，并根据所泡原料种类添加适量的作料和香料。

3 老盐水

老盐水是指使用一年以上的泡菜盐水，有的甚至长达几十年或世代相传。由于使用次数多，色、香、味俱佳，可作为制作泡菜时的接种盐水。由于制作、管理等因素的影响，老盐水的质量，又有优劣之分。

一等盐水：色泽澄黄、清晰、不浑浊、咸酸适度、未生花长膜，色、香、味均佳。

二等盐水：曾一度轻微变质、生霉长膜，但尚未影响盐水的色、香、味，经补救而变好的。

三等盐水：为不同类别、等级的盐水掺混在一起的盐水。

用于接种的盐水，应该用一等老盐水。

4 新老盐水

是将新、老盐水按各占 50％的比例，配合而成的盐水，又称为母子盐水。

参 考 文 献

[1] 高海生，等.蔬菜酱腌干制实用技术.北京：金盾出版社，2012.

[2] 屠康，武杰，等.水生蔬菜加工工艺与配方.北京：中国轻工业出版社，2006.

[3] 张存莉，等.蔬菜贮藏与加工技术.北京：中国轻工业出版社，2008.

[4] 李树和.果蔬花卉最新深加工技术与实例.北京：化学工业出版社，2008.

[5] 武杰.葱姜蒜制品加工工艺与配方.北京：科学技术文献出版社，2004.

[6] 赵晨霞，等.果蔬贮藏加工技术.北京：科学出版社，2004.

[7] 杨万祥，等.家庭咸菜酱菜泡菜.北京：金盾出版社，2008.

[8] 王庆国，杨风光，等.腌菜、泡菜、酱菜配方与制作.北京：中国农业出版社，2006.

[9] 李学贵.西葫芦的腌制技术.江苏调味副食品，2007，24（1）：34-37.

[10] 李学贵.几种特色瓜的腌制技术：下.江苏调味副食品，2006，23（6）：33-34.

[11] 高海生，商文生.多风味杏青梅的生产工艺.农村实用工程技术，2002，(7)：27.